大專用書

實用國際行銷學

江顯新著

三民書局 印行

國立中央圖書館出版品預行編目資料

實用國際行銷學／江顯新著.--再版.
--臺北市：三民，民85
面；　公分
ISBN 957-14-2066-2（平裝）

1.市場學

496　　83006843

國際網路位址 http://sanmin.com.tw

© 實用國際行銷學

著作人　江顯新
發行人　劉振强
著作財產權人　三民書局股份有限公司
臺北市復興北路三八六號
發行所　三民書局股份有限公司
地　址／臺北市復興北路三八六號
郵　撥／〇〇〇九九九八－五號
印刷所　三民書局股份有限公司
門市部　復北店／臺北市復興北路三八六號
重南店／臺北市重慶南路一段六十一號
初　版　中華民國八十三年八月
再　版　中華民國八十五年八月
編　號　S 49238
基本定價　玖元貳角
行政院新聞局登記證局版臺業字第〇二〇〇號

ISBN 957-14-2066-2（平裝）

序 言

從六〇年代開始，臺灣全力拓展貿易，三十年來，進出口金額巨幅成長，已躍居世界貿易大國之林，1993 年臺灣對外貿易總值高達一千六百二十億美元，貿易順差七十八億七千萬美元。但近年來，國際區域經濟組織興起，各國貿易壁壘高築，而國內工資水準激增，新臺幣又大幅升值，際此國際市場競爭日趨激烈，臺灣對外貿易已面臨新的挑戰，必須加速自「國際貿易時代」邁向「國際行銷時代」。

在國際貿易導向時代，企業著眼點僅是促銷產品出口，繼續努力獲取外銷新訂單而已。但進入國際行銷導向時代，國際企業著眼點是如何去滿足國外顧客的需要，由於國際環境陌生而複雜，需從民族、地理、歷史、語言、文字、宗教信仰、價値觀、政治、法律以及經濟、金融各個角度深入瞭解後，所生產的產品才能滿足他們的需要，進而創造新的需要。在進入國際市場方法方面，亦不僅採取單純的出口促銷策略，必須先審愼選定目標市場，進而運用併購、投資與授權策略，更爲迅速而有效，當然也存在較大風險。至於產品運銷過程中，又需要瞭解各國複雜的配銷通路體系；面臨世界各國產品激烈的競爭，加以商情資訊瞬息萬變，必須能掌握機先才能決勝於千里之外。

作者才疏學淺，又缺乏商業方面實務經驗，實不具備撰寫本書之條件；玆以三十年前，行銷學初引進國內時期，曾與王德馨教授合著「市場學」，後來作者據以改撰爲「行銷學」，均由三民書局出版，因而略有行銷學的基礎。後來任職外貿協會，先後擔任行銷資訊處副處長與處長，得以廣泛接觸國際行銷方面的資料，尤其1980年至1986年期間，奉派駐荷蘭鹿特丹辦事處主任，經常陪同國內廠商開發歐洲業務，包括光男、宏碁與捷安特等公司在荷蘭設立行銷據點的經驗，蒙三民書局劉振強董事長錯愛，邀請撰寫「實用國際行銷學」，疏誤缺失之處在所難免，尚祈專家學者與讀者諸君不吝教正是幸。

本書採用淺顯文字，理論與實務並重，全書分爲十章，第一章爲總述，在撰寫國際行銷學概念之前，先說明現代行銷觀念與行銷學基礎理論，俾讓未修讀行銷學的讀者亦能逕行研習本書；第二章爲國際行銷環境，從文化社會、政治、法律、經濟金融各個角度說明國際行銷環境差異性；第三章根據國際經濟統計數字撰寫的全球購買力分析，係區隔國際目標市場的基本參考資料；第四章介紹重要區域經濟組織及興起中的區域經濟組織；第五章討論進入國際市場的途徑與方法，包括併購、海外投資與授權等策略；六至九章則從產品、通路、訂價與促銷觀點，探討各種國際行銷策略，並兼及行銷學基本理論；第十章說明國際行銷研究與資訊系統的重要性，面臨瞬息萬變的國際行銷環境，無疑是國際行銷成功之鑰，值得國際企業重視與力行。

江顯新　謹識

實用國際行銷學

目　次

第一章　總述

臺灣在光復初期，經濟水準與中國大陸沿海各省、印度、巴基斯坦等西亞國家以及大多數非洲國家相去不遠，當時東南亞的菲律賓、馬來西亞、泰國與拉丁美洲多數國家的生活條件皆高出臺灣甚多。而四十餘年來，臺灣地區經濟快速發展不但超越上述所有發展中國家，甚且更凌駕希臘與葡萄牙等西歐先進國；據行政院 1992 年年初的估計，1992 年臺灣地區每人國民生產毛額將突破一萬美元，達一萬零三百三十九美元，據關稅暨貿易總協定(GATT)標準，中華民國臺灣地區今年起將成爲已開發國家。也是二次大戰後，臺灣自極度落後的經濟在全世界第一個發展爲已開發國家（不包括新加坡、香港等城市國家或地區在內）。

臺灣經濟的快速發展，固然由於政府經濟政策所主導，三十年前引進現代行銷觀念，使得國內行銷蓬勃發展，外貿快速成長，貢獻至大。際此邁向國際行銷時代，撰寫本書之前，爲求完整與一致性，將先摘述行銷學精義，讓未研習行銷學的人士亦能逕行閱讀本書，茲自闡揚「現代行銷觀念」❶開始。

---

❶本章關於國內行銷各節內容，取材自作者著《行銷學》，三民書局，民 78 年 12 月初版。

第一節 現代行銷觀念

行銷觀念(marketing concept)是一種商業哲學，現代商業自從有了行銷觀念之後，產生了中心思想，帶來蓬勃的朝氣與活力，導引整個社會日趨繁榮與發展。茲就行銷觀念的含義與所帶來利益，以及兩項基本策略——「整合行銷」與「市場區隔化」簡述如次，作爲本書的導引。

一、行銷觀念的含義與利益

現代行銷觀念基於三項信念：第一、一個企業全部的計畫、策略與經營均以顧客爲中心，以滿足顧客的需要與欲望爲存在的條件。第二、利潤是一個企業的目的，追求最大利潤是理所當然的事。第三、企業在滿足顧客需要、創造利潤的過程中，應隨時注意社會公衆的利益。一個企業唯有時時與社會利益結合一致，譬如重視環境保護與維護消費者利益，才能爲企業帶來長期最大利益。此種觀念又稱爲社會行銷觀念(societal marketing concept)。在此種觀念下，企業被賦與提高生活品質的任務，企業應生產對消費者健康有益的產品，而非單純可獲利的產品。

行銷觀念我們可以稱爲是一種新的商業觀念，相對的，在產生行銷觀念以前是舊的商業觀念。人類悠久的商業歷史中，一直受著舊的觀念的支配，新的觀念雖然來臨不久，卻爲工商業帶來革命性的轉變。

一個公司在新舊觀念下，它的重點、手段、目標便完全不同，這可以從下圖（圖 1-1）看出，在舊觀念下，公司的重點是產品，它們的方法是銷售與推廣那些產品，目標是銷售量愈大賺錢愈多。而在新觀念下，公司的重點是顧客，採用整合行銷(integrated marketing)方法，以滿足顧客需要來創造利潤。

圖1-1　新舊商業觀念下公司經營觀念的比較

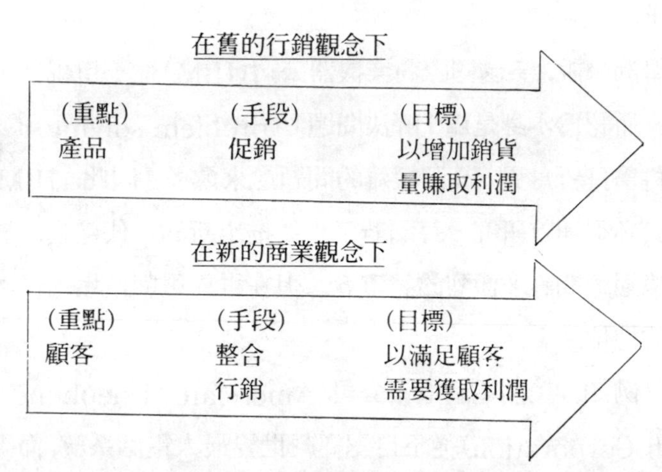

從上述各種觀點的比較下，我們可以清晰地瞭解，在現代行銷觀念下，公司不再以產品導向(product oriented)爲中心，而以顧客導向(customer oriented)爲中心的經營觀念，在這項新的觀念下，現代工商企業多奉行以下幾項原則：

- 顧客置於公司最高的目標。
- 企業不再尋求生產方面的特權，轉而重視市場方面的特權。
- 經常從顧客觀點來指導與檢討公司的經營策略。
- 生產那些顧客願意購買的東西，而不是那些容易生產的貨品。
- 企業追求的是長期最大利益，而不是短期暴利。
- 因此企業一定會重視環保，注重消費者利益，遵守法律規定，以及注重競爭的公平性。

行銷觀念旣然對於現代工商業是如此的重要，至於其究竟產生何種利益，可從以下各方面探討之：

第一、由於認識滿足顧客的需要較生產特定貨品更爲重要，使得一個公司不致於滿足現狀，停滯不前；因爲顧客目前需要被滿足後，一定會產生新的需要，因此，公司的產品也必須不斷的改進，以符合顧客新的要求。

舉例來說，美國國際商業機器公司(IBM)從不自視爲世界最大電腦公司，而認爲本身是爲「解決問題」(problem solving)的需要而存在，由於科學日新月異，高深複雜的問題愈來愈多，因此，IBM 公司全體工作人員必須埋首研究，每隔若干年便推出新的一代電腦，使得該公司雖然面臨國際間許多激烈的競爭者，但在世界電腦市場，仍然屹立在遙遙領先的地位。

又例如，美國電話電報公司(American Telephone and Telegraph Corporation)從不自認經營世界最大電話系統，而認爲公司的責任是滿足大衆「通訊」的需要，在電子通訊的領域裏才能創造無數新的產品。

第二、由於注意顧客需要，企業容易發掘新產品的機會。在現代工商業社會裏，一個公司已不能停留在某一點，爲了迎接來自各方面的挑戰，最好的方法，是根據顧客的需要發掘新產品。以下也有許多好例證。

早年王安電腦公司面臨 IBM 在電腦界強大無比的領先競爭壓力，由於其在滿足辦公室文件處理方面之需要，不斷研究發展，居然能脫穎而出，在世界電腦市場中一度建立自己的王國。

福特汽車公司若干年前推出「野馬」汽車，因爲他們認爲社會大衆喜歡跑車，但價格太貴了而買不起，因而命名野馬汽車，在名稱方面已令人有迅速奔跑的感覺，加以它的外型類似跑車，引擎力量亦較大，而售價與一般經濟車不相上下，因此自問世以來，暢銷歐美市場。

Bell and Howell 公司發明照相機電眼裝置，因爲他們知道許多人都不會調整光圈和焦距，有了電眼自動對光以後，差不多人人都會攝影了。

又美國各航空公司創造了許多新觀念，來促進它們的業務，諸如「先飛後付款」(fly now, pay later)、「飛行—駕車計畫」(fly-drive plans)、「假日旅行整體計畫」(holiday travel packages)與「空中短程往返服務」(air shuttle service)等，都是經過研究顧客需要後的精心傑作。

第三、在現代行銷觀念導引下，公司的利益與社會大衆的利益顯得非常調和。由於企業創造未來利潤係基於滿足顧客的欲望與需要，因此，在創造利潤過程中，非但不會與社會大衆利益發生衝突，反而顯得調和與一致。

二、整合行銷(integrated marketing)

或稱爲行銷組合(marketing mix)，係指綜合運用各種可能的行銷策略與方法，以達到企業經營的目標。

過去，在以產品爲中心的公司內，每一部門發展它們自己的經營觀點；工務部門希望生產低廉的產品，採購部門期望降低原料成本，業務部門想要達成最大的銷售量，財務部門只擔心不要發生呆帳，而沒有一個部門眞正關心到顧客的需要是否眞正獲得滿足與滿意，而在各自爲政的情況下，公司內每一部門都與顧客或多或少發生關連(參看圖 1-2)。

但在以顧客爲中心的公司，行銷部門卻負起協調各部門的任務，以達成滿足顧客，令顧客滿意的目標；換言之，亦即運用整合行銷手段，創造公司最大利潤。

圖1-2 新舊商業觀念下顧客的處境

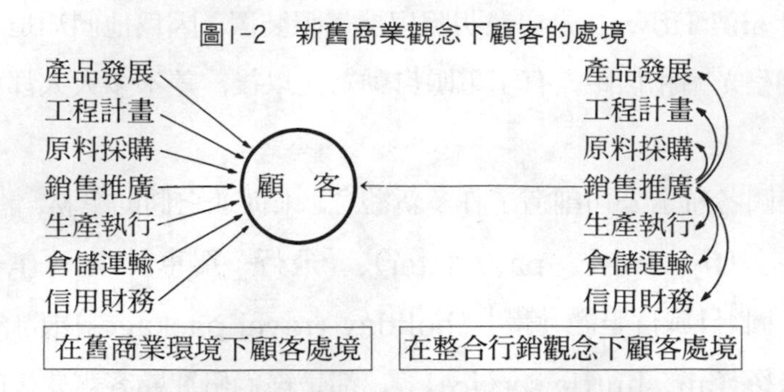

現代企業運用整合行銷時，不但要綜合運用各項手段與方法，而且運用到某一項要素時，又需注意到該一要素的整合力量，例如「產品」是整合行銷的一種要素，但產品本身又可發生整合的力量，「產品組合」(product mix)又包括產品設計、品牌、商標、專利、包裝、標示等種種手段。

又如「促銷組合」(promotion mix)可分爲人員促銷、廣告、宣傳、陳列、展覽等，而且又可細分整合手段，譬如廣告可採用「廣告組合」手段，包括報紙廣告、電視廣告、雜誌廣告、銷售現場廣告等。

總之，今天經營企業如果懂得利用整合行銷，亦卽不斷運用各種整合手段，較易於達到滿足顧客與賺取最大利潤的經營目標。

三、市場區隔化

㈠市場區隔化的意義與利益

市場區隔化(market segmentation)與行銷觀念雖然皆是很簡單的概念，但是，對於現代工商界人士來說，卻是非常有力的競爭武器，享用無窮盡的力量。

對於許多從事行銷人士來說，均有共同的想法，感到市場龐大而複雜，而不知從何處著手推銷自己的產品。事實上，市場上任何一項產品或服務，倘若包含兩個以上顧客，這個市場便可以加以區隔，也就是可分爲有意義的購買集團。因此，市場區隔化就是根據顧客的購買行爲與習慣的差異性，劃分爲許多類似性的消費者羣，來選擇目標市場(target market)，亦所謂利基市場，從而運用最低的行銷費用達成最大的銷售效果，因此對於需要支付龐大促銷費用的國際行銷而言，尤爲重要。

對於工商企業而言，市場區隔化至少具有以下四項利益。

第一、使自己處於有利的地位，發掘比較有利的市場機會。企業藉區隔化的原理，可以認知每一個區隔市場的購買量、潛在需要量、顧客滿足程度以及市場上競爭狀況，使企業能迅速取得市場的優勢地位。

第二、運用市場區隔化知識，使行銷預算集中用於選定的目標市場，從而發揮最大的市場推銷效果。

第三、根據各個市場的特點，企業可隨時調整產品訴求與行銷訴求，而且可以建立多種訴求，以適合各種區隔化市場的需要。

第四、由於企業不斷的研究與分析市場，從對市場區隔的瞭解中，可以爲企業產品發掘新的需要與開發新市場。

㈡市場區隔化的基本要素

由於社會經濟型態、地理環境、消費者性格與購買行爲，在基本上可將龐大複雜的市場上予以區隔，以下列舉出各項要素：

1.社會經濟型態

可按年齡、性別、家庭人數、收入、職業、教育程度、家長年齡結構、宗教、種族、國籍、社會階層加以區分。

2.地理環境

地理區域、城市大小、鄉鎮大小、人口密度、氣候。

3.消費者性格

⑴主觀性與非主觀性

⑵外傾性與內傾性

⑶獨立與依賴

⑷樂觀與悲觀

⑸保守、自由、偏激

⑹獨裁與民主

⑺領導與追隨

⑻高成就與低成就

4.購買行爲

⑴購買頻率：非使用者、輕度使用者、中度使用者、高度使用者。

⑵購買狀態：無知狀態、認知狀態、發生興趣、願意嘗試、試用者、經常購買者。

⑶購買動機：經濟、地位、信賴。

⑷品牌忠誠性：A 品牌、B 品牌、C 品牌。

⑸通路忠誠性：A 公司、B 公司、C 公司。

⑹忠誠程度：輕度、中度、強烈。

⑺價格感受：輕度、高度、不確定。

⑻服務感受：輕度重視、高度重視、不確定。

⑼廣告感受：不易受廣告影響、易受廣告影響、不確定。

㈢市場區隔化策略

雖然，根據各種要素可以將市場一一予以區隔，不過，許多企業不一定需要執行區隔化策略。通常市場區隔化策略不外下述三種情形：

第一、公司僅推出一種產品，使用一種行銷策略而企圖吸引所有的購買者，這種情形稱爲無差異性行銷策略(undifferentiated marketing)。

第二、推出多種產品，採取不同的行銷策略以吸引各種不同的購買者，稱爲差異性行銷策略(differentiated marketing)。

第三、公司集中所有努力，向一個市場或少數幾個市場實施行銷策略，稱爲密集性行銷策略(concentrated marketing)。

以上三種行銷策略茲分述如次 (參看圖 1-3)：

1.無差異性行銷策略

在過去，國內市場上許多產品，幾乎都置於無差異性行銷策略情況下銷售，譬如早年雜貨舖上販售食米、食油及麵粉等，甚至於洗衣粉，僅略分等級決定售價高低，企業無從實施差異性行銷策略；但近年來，包裝、廣告及各種行銷手段日趨發達，絕大多數的商品皆建立自有品牌促銷，無差異性行銷的產品機會反而愈來愈少了。

在歐美國家，早年無差異性行銷策略亦較爲普遍，譬如美國可口可樂公司因擁有世界性的專利，在相當長的一段時間，僅生產一種口味，一種瓶裝的可樂，連廣告字句也多年不需要變動。

同樣的，美國香煙廠家，過去許多年裏，雖然有不同的品牌，但大家生產的香煙幾乎口味都相同，同樣 2 ¾英吋長，用白色的捲煙紙，採用軟紙盒包裝，廣告同樣用「享受吸煙的愉快」之類的語句。

在無差異性行銷策略下，公司不認爲市場的需求具有差異性，而視整個市場爲一大市場。換言之，認爲所有消費者對這一類產品均有共同的需要；因此，希望藉大量的配銷通路、大量的廣告媒體以及廣泛傳播語句，希望在大多數消費者的心目中建立超然的產品形象。

在現今大量生產大量消費的時代，對於某些具有廣泛需求的產品，實施無差異性行銷策略，譬如，大量生產、儲存與運輸，均可節省成本，大量的運用廣告，費用亦可減低，行銷調查研究費用亦可節省下來。

圖 1-3 市場區隔化三種基本行銷策略

2.差異性行銷策略

在差異性行銷策略下，企業決定針對區隔市場設計不同的產品與行銷計畫，藉產品與行銷的差異化，而可獲得大量銷售，並於每一區隔市場建立深厚的基礎。由於差異性行銷，能分別滿足各顧客羣的需要，因此更能獲得顧客的忠誠性。

最近由於企業逐漸大型化，而實施差異性行銷策略的公司愈來愈多。譬如，可口可樂公司已採用各種大小不同的瓶裝，又加上罐裝。國外香煙也不再一式長短，煙味有濃有淡，又有薄荷味，包裝更是多采多姿，變化萬千；荷蘭一家香煙公司，首先推出二十五支盒裝香煙，大大產生促銷效果。

毫無疑問的，差異性行銷策略較無差異性行銷策略將增加總銷售量，不過各種費用亦皆隨之增加，諸如生產費用、行政費用、存貨成本及促銷費用均告增加。

3.密集性行銷策略

無論無差異性行銷策略或差異性行銷策略，皆是以整個市場爲目標，而密集性行銷策略，卻選擇一個利基市場或少數幾個市場爲目標。企業實施密集性行銷策略，主要理由爲與其在整個市場擁有很小的佔有率，不如在某一部分市場擁有很大的佔有率，不但可以節省行銷費用增加獲利，而且可以提高產品與公司的知名度。必要時並可迅速擴大市場。

以上各種市場區隔化策略各有其優點與缺點，端視公司本身條件及有關因素而定，茲分別說明如次：

⑴公司資金　當公司資金不足時，最佳的方法是採行密集行銷策略。

⑵產品特性　乃基於產品的特性而採取不同的行銷策略。由於大多數消費者對於米、鹽、香蕉、鋼鐵等基礎產品，並不能明確的瞭解其差異性，因此這一類產品，皆實施無差異性行銷策略。另一方面，照相機、汽車與家庭電器等差異性甚大的產品，宜採行差異性行銷策略。

⑶市場類似性　顧客的需要、偏好及其他特點甚爲接近時，亦卽市場類似程度甚高，可採用無差異行銷策略。反之，市場差異程度頗高時，卽宜採取差異性行銷策略或密集性行銷策略。

⑷產品生命週期　通常公司發展一種新產品，在引入與發展時期，宜採用無差異性行銷策略，以探測市場需求與潛在的顧客，但進入成熟期或衰退期，則需要採行差異性行銷策略，以開拓新市場，或採取密集性行銷策略，保持原有市場延長產品生命週期。

⑸競爭者行銷策略　公司選擇何種行銷策略，往往視競爭者策略而定，如果一個強有力的競爭者實施無差異行銷策略，本身採取差異性行銷策略，反而能獲得良好效果，不過端視雙方競爭條件與各種情況而定，並不能一概而論。

第二節　產品與市場

在日常生活中，產品與市場各具非常廣泛的含義，因此在研究行銷科學以前，對於產品(products)與市場(markets)需先就行銷的觀點給予較明確的定義，才不致產生觀念的混淆。

就行銷學的觀點，任何有形的物質均可認爲是產品，甚至於服務(services)，因可產生經濟價值亦視爲無形產品。而有形產品自行銷學觀點又可區分爲兩大類，即消費產品(consumer products)與工業產品(industrial products)，前者係不再需要經過任何工商業程序由消費者所購用均屬於消費品，而後者係需要經過加工或者需要經過中間商販賣的產品，所以就行銷學的立場，區分消費品與工業品並不在於產品的性質與形狀，而在於其是否爲消費者最後所使用來加以區別。因此一袋麵粉售與家庭食用是消費品，而販賣給餐館便歸屬於工業品；而一般半成品木材多認爲是工業品，但消費者購買木材自己動手做便是消費品了。由於消費品與工業品的行銷方法，差異性甚大，因此需要加以明顯的界定。至於無形產品——服務，在工業不發達時並未受到重視，但時至今日，其重要性及對國民生產毛額的貢獻，甚至於駕凌有形產品之上。

基於上述產品的分類，就行銷學的觀點，我們也將市場區分爲：消費市場、工業市場與服務市場，茲就各種產品與市場的特色簡述如次：

一、消費產品與消費市場

一個現代企業希望獲得成功與發展，必須徹底認識、瞭解與研究消費市場，以消費者爲中心，儘管其銷售的對象百分之一百是工廠、批發商或零售商，與最後消費者從不發生直接往來，但認識消費者需要仍十分重要。譬如國內一家紡織公司，製造各種布料專門供應國內外製造成衣的工廠，雖然從不直接出售產品給消費者，但該公司依然設置有專門調查與研究消費者的部門，不但要了解國內消費者的需要與愛好，更要了解國外消費者的需要、愛好與流行，如此所製造的布料，無論在品質與花式設計方面，方能迎合國內外消費者心理，適合各國市場需要，才會受到成衣工廠的歡迎，整個公司業務才會繼續擴張與不斷發展。

消費產品與消費市場既然如此重要，故需要自各個角度加以分析與說明。

㈠消費產品的分類

消費產品又可區分爲日用品、選購品與特殊品，其所具行銷特色如下：

1.日用品(convenience goods)

係指消費者日常所需的產品，消費者在購買以前早已熟悉或具有知識，而且僅花很小力量即可購得，一般情形消費者購買日用品，不願花費時間去比較價格與品牌，願意接受任何其他之代替品，自然希望買到最接近之一種。日用品之範圍甚廣，如一般雜貨、糖菓、書報雜誌、牙膏、洗衣粉、燈泡、乾電池等，皆係日用品。當消費者需要某一類貨品時，往往希望立即可以購買，所以這些日用品之商店多數設於住宅區左右或購物中心(shopping center)，當然，爲上班工作者之方便，市區內之百貨商店亦多備有各種日用品。近年來，國內連鎖性的便利商店隨處可見，所出售的商品皆以日用品爲主。

一般言之，日用品之單價均甚低，體積不致於很龐大，不致受到流行和新奇方面太多影響。

從行銷觀點分析，日用品在消費者需要時立即購買，製造工廠必須保持廣大配銷通路。但由於零售商店銷售量有限，製造商如直接向所有零售單位批銷甚不經濟，必須依靠批發商去達到零售市場。

至於日用品的促銷任務，往往落在製造者身上，雖然中間批發商偶爾擔負此一任務，但是零售商由於每一種日用品均擁有幾種品牌。例如香皀或牙膏，零售商不能特別去推銷任何單一品牌，亦不能爲一種或者數種日用品去支付廣告費用，因為許多其他商店均銷售同類貨物。所以整個促銷的任務均由製造商來擔負，製造商不但要運用各種傳播工具來宣傳自己品牌，而且要力求包裝美觀，並注意購買現場的陳列與廣告。

2.選購品(shopping goods)

係指某種產品，消費者在購買之前，往往會前往數家商店去比較品質、價格或式樣。選購品與日用品的主要區別是消費者對於選購品缺少充分知識，當消費者前往購買時，需要比較同一類型的各種貨品的品質、價格或其他特性。所謂選購品，例如服裝、傢俱或其他耐用品、珠寶、布料、皮鞋等等。一般言之，選購品的價值較大，但不像日用品一樣時常需要購買。

消費者對於選購品發生需求時，並非如日用品的需要立刻獲得滿足，而且對於何種品牌或商店並無確定的觀念。舉例言之，某年輕女士下個月需參加婚禮，想購買一件參加婚宴的衣服，並不急於次日即需獲得，並未想到一定前往某商店或購買某一種特定牌子的衣服，僅想到在近期內某一天去買一件赴宴穿的衣服而已。

從行銷學的觀點，消費者購買選購品的習慣，在決定配銷通路與促銷方法時，具有很大影響。通常選購品需要較少零售商，由於消費者購買選購品時，往往願意多花時間去尋找自己所喜愛的商品。不過為便於消費者挑選或比較，同一類採購品往往集中於一個地區。譬如出售珠寶商店集中在某一條街道，而出售傢俱的商店又集中在另一商業中心。

選購品的行銷，製造商與零售商經常合作，由於製造商僅有少數零售站，必須慎重加以選擇，而且對彼等依賴性很大。同時，零售商店對於採購品每次購買數量頗大，不必依賴批發商。製造商多數直接將選購品分配零售商代銷。最後，選購品之另一特色為購買者往往重視零售商店的名稱，勝於製造商的名稱或廠牌名稱。因此，零售商店對於選購品的廣告、陳列與促銷均願擔負部分費用。

3.特殊品(specialty goods)

係消費者對於某種貨品由於其獨特之特性或由於對於品牌特殊之認識，習慣上願意多花時間與努力去購買。因此，消費者在前往購買某一種特殊品時，已經對於所要購買商品具有充分的認識，此一方面與日用品頗相似。但是，消費者僅願意購買特定的品牌，並不願意接受其他代替品，此一點則與日用品頗有不同。所謂特殊品例如電冰箱、電視機、照相機、手錶、機車、鋼琴等，對於部分人士言，汽車、家庭用具、甚至於男性的高級西服，亦屬特殊品。

消費者堅持特定品牌是特殊品重要的特性，彼等寧願花費較多時間與努力去尋找所欲購買的特定商品，因此此類產品的製造商僅需極少的銷售站，此點與選購品相似。

從行銷學觀點，任何製造商的最終目的，希望消費者堅持購買自己品牌的商品，不過屬於特殊品由於多數價格較高，甚少消費者對於特殊品具有高度忠誠性。譬如一個男士某一個時期可能堅持某一種特別品牌之西服，但是經過一段時間後，彼或受電視廣告的影響，而改購其他品牌的西服。

前面曾經述及，特殊品製造商僅需少數代銷商，甚至於一個地區僅需要一家代銷商，即所謂獨家代理。通常特殊品製造均直接與零售商往來，零售商之地位更顯得十分重要，尤其在獨家代理情況下，兩者之間關係益爲密切。加以特殊品的品牌對於製造商與零售商均甚重要，故雙方均願爲產品做廣告。例如零售商刊登廣告時，製造商常負擔一部分費用，而製造商做廣告時每將零售商的名稱列在廣告內。

㈡影響消費的因素

人口和所得是構成市場活動基本的要素，一個國家總人口的多寡，可以決定該國市場的大小，不過，如果國民所得過低，則人口雖多，購買力仍甚有限。譬如，若干非洲國家，雖有幾百萬或幾千萬人口，但是因為其國民平均所得每年僅數十美元，因此購買力仍極低。從另一個角度言，如果某一個國家國民所得甚高，而人口僅聊聊無幾，則購買力亦很有限。譬如，中東的科威特，在伊科戰前每人平均所得尙高於美國，居於全世界首位，但因其人口僅百餘萬人，因此亦不能成為一個廣大蓬勃的市場。

下文僅就人口與所得對消費的影響，分別申述。

1.人口因素(demographic factors)

又可分為總人口、人口地理分布、年齡結構、性別、教育程度與其他因素，分別說明如次：

⑴總人口(total population)　統計分析一個國家總人口與國民所得，很快的可以概括的明瞭市場的大小和購買力的強弱。美國所以成為全世界最強勁最有力的消費市場，乃由於其擁有兩億以上的人口和極高的國民所得。中國大陸所得雖低，但因為擁有十二億人口，因而仍受到國際企業的重視。

⑵人口地理分布(geographic distribution)　人口在地區方面的分布，對於消費市場具有密切關係，蓋無論家庭大小、消費者需要、購買習慣與行為，居住在鄉村的人和城市居民都有著顯著的差別。舉例來說，關於化粧品與美容方面的消費，鄉村居民遠低於城市消費者。

現代人口地理分布，由於工業發達後，世界各國均有一個普遍趨勢，即農村人口顯著減少，逐漸向城市集中。另一方面，由於市區房租昂貴，環境污染情況日趨嚴重，市中心區人口逐漸移向郊區，郊區擴大後，而形成大都會地區(metropolitan area)。所謂大都會地區不一定隸屬同一行政區，不過因為同一都會地區的居民，多在同一市中心區工作，受到共同大衆媒體的影響，因此在消費習慣和行為方面彼此很接近。

⑶年齡結構(age groups)　由於消費者年齡差別，將於產品與服務

產生不同的需要，而構成各具特色之市場。從事行銷的人士，可根據年齡之結構，區隔爲許多不同消費市場。諸如嬰兒市場、兒童市場、少男市場、少女市場、青年市場、成人市場、婦女市場與銀髮市場等等，各個市場對於消費品均有不同需要，以及不同的購買動機與習慣。譬如青少年市場(youth market)，除了需要大量書冊、文具及運動器材等供應品外，亦爲衣著的好顧客，由於他們不斷的發育，但本身並無收入，同時，青少年男女喜變化，式樣需不斷的更換，因此，需要許多廉價而又流行的服飾。本省成衣工業早年所以能夠迅速發展，主要係供應美國青少年男女大量的需要。反之，銀髮市場(senior citizen market)，由於老年人退休後所得有限，多數僅有支出而無收入，對於消費品要求甚低，難得購買衣服。但老年人健康較差，需要較多維持健康的醫藥或滋補品；又老年人生活單調，如果經濟許可的話，喜作國內外旅行，或以下棋、看電視閱讀作爲消遣。

嬰兒市場與兒童市場雖然年齡方面很接近，但本質上卻是一個完全不同的市場。嬰兒市場通常係指從出生至四歲以下幼兒市場，嬰兒初出生，父母加意保護，親友饋贈禮品，所以嬰兒有許多專用的保護化粧品、衣服、玩具等物，也特別注意品質與包裝，以便用來作爲贈品。幼兒食物亦須經特別調製，各種肉類、蔬菜與水果均製成糊狀的嬰兒食物。而兒童市場，父母可能已有數個孩子，購買力薄弱，因此對於兒童的衣服及用品等，較不注意品質，只要價格低廉便易於銷售。

⑷性別(sex)　人口的性別，將每一個市場劃分爲兩個主要部分——男性市場與女性市場。由於男女性別的差異，對於市場消費具有多方面的差異，不但對消費品的需要顯著不同，而且兩性購買習慣與行爲亦有甚大區別。此外，由於女性多數擔任家庭工作，因此，大多數家庭日用品多由女性經手採購；另一方面，女性較有餘閒與興趣從事購買，根據美國市場研究機構的調查，美國70%以上消費品，皆經由婦女之手

所購買。

近年來，由於女性就業率增加，對於市場行銷發生甚大的影響。一方面，家庭收入增加，當然家庭消費隨之提高。又由於男性收入多用於維持家庭生活，可任意支配所得（discretionary income）所佔比例甚小，而女性收入，除一部分用來補貼家用，大部分均可隨意花用，因此對於許多消費性產品如化粧品、服裝、電化用品，以及勞務方面諸如洗髮、燙髮及美容等均增加需要，娛樂方面的支出亦有顯著之增加。從另一個角度看，則女性外出工作後，擔任家務的時間相對減少；因此，能代替操作家務的用具，需要量便大見增加，例如洗衣機、蒸汽電熨斗、洗碗機以及吸塵器等均銷路激增。此外，如調製食品、冷凍食品與各種罐頭食品，皆會受到職業婦女的歡迎。

⑸教育程度(education level)　教育程度與消費者的收入、社交、居住環境以及購買行爲與習慣等，均有密切的關聯性；通常，教育程度愈高的消費者，購買時的理性程度也愈高，但有時亦會傾向強辭奪理與詭辯，一般而言，教育程度較高者喜好格調與品質較高的產品。

⑹家庭單位　所謂家庭單位包含家庭數與住宅數；家庭(family)係指兩個以上有親屬關係的人居住的處所，住宅(households)即指一人或多人所住的居住單位，通常一間住宅即住一個家庭，但一間住屋亦可數家合住。一個國家或一個市場擁有多少家庭單位，對於某一些消費商品的需求具有密切的關係，尤其是新家庭單位的增設，無論增加新的家庭或新的住宅，均可能需要添購傢俱、家用電器以及廚房與衛生設備等；因此這些產品的製造商，非常注意新婚家庭的組成與新住宅的興建。

⑺家庭大小(size of family)　家庭組成分子的多寡，對於許多家庭用品的消費型態，皆具有密切的關連。大同公司的電鍋便是一個明顯的實例，過去，本省每一家庭組成的人數衆多，大同公司多生產六人用、十人用、十五人用與二十人用大型電鍋，近年來，每戶平均人口減少結

果，四人用與六人用二型電鍋反而較暢銷，十人用以上大電鍋的銷路便愈來愈少了。近年來單身貴族家庭愈來愈多，對消費型態產生更大影響。

(8)其他因素　諸如種族、宗教、職業及氣候等，均直接間接對消費行爲產生重大影響。

2.所得因素(income factor)

(1)所得的性質與範圍　所得的意義從經濟學觀點具有不同的解釋，茲先就國民總生產、國民淨生產、國內淨生產、國民所得、個人所得、每人平均所得、可處分所得與可任意支配所得的意義，扼要說明其含義如次：

A.國民總生產(gross national product，簡稱GNP)　亦稱國民生產毛額，係指某一國家某一時期所生產之最後貨品與服務市價的總和，其中包括私人所消費的物品，所投資的物品以及政府採購的物品，但不包括生產過程中許多過渡性的產物或中間性的產物。例如原料與半製成品，最後將轉變爲其他產品，其價值合併計算在最後製成品中，不重複計算。

B.國民淨生產(net national product，簡稱NNP)　由國民總生產中減去資本折舊部分，即是國民淨生產。因爲在生產過程中，機器設備等所消耗的價值，實際上已轉入製成品中，如果不加以剔除，則必高估當期的成果。

C.國內淨生產(net domestic product)　國民淨生產中減除來自國外要素所得淨額，便是國內淨生產。

D.國民所得(national income)　國民總生產與國民淨生產是從貨品與服務之市價來表示，而國民所得是從所消耗之生產因素的成本來表達。事實上，國民淨生產與國民所得之間並沒有甚大的差別，如果不是因爲間接稅的存在，兩者並無不同，所以由國民淨生產中減去間接稅，便是國民所得。

E.個人所得(personal income)　係指一個國家某一時期個人所得的總和。從國民所得中減去公司所得稅，未分配的公司盈餘，以及對於各種社會保險繳納的款項，即是個人所得。

F.每人平均所得(per capital income)　個人所得除以一國的總人口，便是每人平均所得。

G.可處分所得(disposable personal income)　從個人所得中減去應由個人負擔的直接稅即可處分所得。此等直接稅包括所得稅、遺產稅、營業加值稅以及各項交通工具駕駛執照費等。如此減除以後所剩的所得才是個人可以處分的，可以用來消費，亦可不消費——用來儲蓄。

H.可任意支配所得(discretionary income)　實際上，可處分所得仍不是消費者所可任意支配的，因為可處分所得中一大部分必須用來維持個人或家庭之生活。譬如房屋、食物、衣著以及購買汽車等耐久消費品的分期付款等。因此，可處分所得中再減去維持生活的必需支出，即是可任意支配所得；可任意支配所得才是影響消費最重要的因素，所以，從事行銷的人，最重視消費者的可任意支配所得。

國民生產毛額常用來衡量一個國家的經濟力與市場的購買力，國民生產毛額每年或每季增加的幅度，即可測知該一個家的經濟是否景氣以及發展速度。

一個國家財富是否平均分配，通常採取五等分觀念，即自最低所得至最高所得家庭，各區隔為⅕，亦即20%，而比較最高⅕的所得總額，與最低⅕的所得總額，如果比例愈低，顯示財富分配愈平均。據行政院主計處公布之資料，光復初期，臺灣地區最高所得家庭的收入，曾經較最低所得家庭的收入，高出15倍以上，民國53年時，已降至5.33倍，69年時曾一度降至最低點僅約4.17倍，接近世界理想的水平。但近年來，由於股價與房地產價格呈巨幅上升，財富分配差距又略見擴大，75年又回升至4.6倍，民國80年已接近5倍，81年起更見大幅提升，殊值警惕。

(2)所得對於消費的影響 一般來說,國民所得及個人平均所得較大,市場購買力即很強;國民所得增加後,整個市場活動皆受到影響,顯得非常活躍與充滿購買力。但是,國民所得之增加,並不是完全用之於消費,一部分將用來儲蓄,消費與儲蓄皆隨所得增加而增加;不過,所得增加到一定程度後,消費隨所得增加之比例將逐漸減低,而儲蓄隨所得增加之比例會逐漸增高,此種表示所得與消費之間的函數關係稱爲消費傾向。著名的經濟學者凱恩斯則認爲消費固隨所得之增加而增加,但其增加之數量卻逐漸少於所得增加的數量,亦即說邊際消費傾向必定小於一,而且愈來愈小。因此,由於消費傾向具有此種特性,一個原來國民所得甚低的國家,當國民所得有所增加,其增加所得的大部分,甚至於全部會用之於消費;反之,一個原來國民所得很高的國家,當國民所得繼續有所增加,用於消費就僅佔其中一小部分,大部分乃至全部留下來儲蓄。此種消費傾向之理論同樣可以用在富人與窮人身上,窮人的邊際消費傾向比較大,富人的邊際消費傾向比較小。

雖然,國民所得與消費具有密切的關聯,但從事行銷人士,較重視消費者的可處分所得與可任意支配所得,尤其是後者,對於許多消費品發生直接影響,譬如可任意支配所得增加後,一度被視爲奢侈的商品,而轉變成大衆化的商品。在現代經濟發達國家,可任意支配所得約佔可處分所得⅓,近年來,世界各國的可任意支配所得增加甚爲快速。

可處分所得與可任意支配所得增加後,對於消費模式發生多方面的影響。遠在 1857 年,統計學家恩格爾(Ernst Engel)即曾就勞工家庭加以研究,對於所得增加影響消費支出模式發表報告,被稱爲恩格爾法則(Engel Law),該法則指出:「當家庭所得增加,僅一小部分用於購買食物,而用於衣服、房租與燃料方面支出變動較大,但用於教育、醫藥衛生與休閒活動方面的支出,則增加甚多。」

恩格爾法則在本省家庭消費支出變動方面亦表現得甚爲明顯，根據臺灣省政府調查，民國50年時，臺灣地區家庭平均在食物方面的支出高達60%，民國66年時仍接近50%；近年來則由於平均每人所得大幅增加，食物飲料支出比重已降至30%上下，下降幅度殊爲快速；至於家庭在娛樂教育與文化服務以及交通、通訊方面的支出，同一期間所佔比重則呈大幅增加，其餘項目則變動不大（見表1-1）。

表1-1 臺灣地區家庭消費支出比重統計(%)

年份	總額	食品、飲料及煙草	衣鞋	房租、水電及燃料	家具及家庭設備	醫療保健	交通運輸及通訊	教育與休閒	其他
1972	100.00	47.81	6.47	20.78	3.95	3.89	3.53	7.06	6.51
1982	100.00	38.71	6.60	24.30	4.37	5.07	6.86	8.65	5.44
1987	100.00	36.46	6.00	23.00	4.42	5.36	8.50	10.64	5.62
1990	100.00	32.33	5.92	24.62	4.27	4.82	8.83	13.34	5.87
1991	100.00	30.92	5.96	25.70	4.33	5.40	8.92	12.82	5.95

資料來源：行政院主計處

㈢消費者購買模式與習慣

無論從事國內外行銷，消費者的購買模式與習慣均深受從事行銷人士的重視，所謂消費者行爲的五個W，即消費者爲什麼購買？消費者在何時、何處與如何購買？(why、when、where and how consumer buy?)以及誰擔任購買？(who does the buying?)茲簡述如次：

1.消費者購買的動機

消費者爲什麼購買？一定先有動機，動機可解釋爲求得個人欲望的滿足的一種衝動與驅使。消費者最基本購買動機是滿足食、衣、住、行的生活需要，然後才追求保護自我、提高自我及產生快樂的產品，因此，一個市場由於消費者所得高低，其購買動機差異性很大，譬如今天的蘇聯新國協與東歐民衆，他們購買食物是爲了充飢，購買衣服是爲了禦寒；而西歐、美國及日本、臺灣的很多消費者，他們已注重美食或者低熱量食物，購買衣物爲了流行，或者顯示身份地位；因此，由於購買動機的差異性，便要採取完全不同的行銷策略。

2. 消費者何時購買

消費者購買的季節性，對開發市場非常重要，譬如我國的三節，食品和禮品一定暢銷；而西方國家，通常每年耶誕節前一個月內，是銷售的旺季；對於西歐多數國家而言，七、八月是度假期，因此五、六月份起，運動及各種戶外休閒產品均開始暢銷。

對於從事國內行銷人士而言，非常重視一星期中那幾天消費人數較多，以便準備充分的貨源或者舉辦各項促銷活動；譬如我國消費人潮多集中週六下午與週日，而多數歐美國家，通常週五發薪，週末休息兩天，星期天商店不營業，因此消費多集中週五晚間與週六消費或採購。

3. 消費者何處購買

研究消費者在何處購買，可從兩方面加以分析，即消費者在何處決定購買與消費者在何處實際從事購買？消費者對於多數之貨品與服務在購買前皆先在家中作成決定。譬如購買汽車、傢俱與家庭電器用具等。另一方面某種貨品則在購買現場始作決定，譬如一般日用消費品與食物等，而衣鞋、化粧保健用品等，也可能在家中先作成決定，或往購買現場臨時作成決定。

一個公司在產品設計與銷售計畫擬訂之前，應先知道消費者在何處決定購買。假如在商店中才作決定，須注意產品的包裝與購買現場廣告，特別是在顧客自助方式之商店。假如消費者購買是在家中作成決定，即應藉報紙、雜誌與電視廣告來影響消費者，或直接派推銷員逐戶推銷。

4. 消費者如何購買

關於消費者如何購買？在行銷觀點對於零售商與製造商同等重要，

因爲彼可影響產品與價格政策、增進銷售計畫與其他管理經營的決定。茲以價格、服務與品牌的關係爲例來看影響消費者的選擇，某些消費者特別重視價格，彼等購買最便宜的貨品而不關心何種品牌；另一種消費者則購買最便宜的貨品，但求品牌屬於多數人所熟知；另有一部分消費者願意付較高之價格，購買彼等所希望獲得的貨品或服務，因此對於品質和品牌非常的重視。

現代工業社會，多數人生活均甚忙碌，因此消費者的購買習慣具有一普遍趨向，多數消費者寧可付出較高價格，希望各種食物和日用品均有較好的包裝，使購買與使用均較便利。又如近年來歐美消費者喜歡使用信用卡購物，我國也逐漸流行，如果某一家百貨商店堅持現款交易，其營業額必受影響。

5.誰擔任購買

此一問題又可分爲三個角度來加以分析：第一，誰擔任實際的購買？第二，誰作成購買的決定？第三，歸誰來使用？

一般而言，現代女性擔任較多家庭的購買任務，同時她們也作成較多購買的決定。但是自從包裝改進後以及百貨公司、超級市場及便利商店發達以來，男性漸漸對於購買工作亦發生興趣，而擔任較多家庭購買工作。至於家庭中一般耐久品或者價格較高的用品，如購置電視機、電冰箱，多由男女共同作成購買之決定。

近年來，在家庭中作成購買的決定，青少年與兒童之地位愈來愈顯得重要，一方面由於父母觀念的轉變；另一方面由於電視等現代媒體的影響，因此若干製造商與中間商擬訂產品與廣告政策時，已注意及青少年與兒童的影響力。

誰是購買決定者對於一個企業的行銷策略關係至大，假如兒童是購買決定者，製造商將在產品內附有玩具贈品或者舉辦抽獎遊戲。某一間零售商店，假如多數顧客皆是女性，便應該多注意內部的裝飾。

二、工業產品與工業市場

㈠工業產品的分類

工業產品包括的範圍甚廣，可概分爲主要設備、次要設備、原料、半製成品與零件以及供應品等五種，就行銷學觀點加以說明。

1.主要設備(major equipment)

即各種工業機械裝置(installations)包括鍋爐、發電機、電動機、馬達、熔鐵爐、輸送皮帶、電腦主機、起重機、車床、以及各種機械設備等多屬之。以上產品可根據購買者特殊需要而製造，亦可適用於各種工廠。

主要設備銷售途徑有二：第一、製造商直接售與使用者，採取此種銷售途徑之原因包括銷售單位甚大或銷售對象僅有少數，產品具有高度技術性，產品根據特別指定規格而製造或者產品需要經常保養與維修。第二、經由代理商而出售，適於此種場合正與上述情形相反，即銷售單位頗小或銷售對象甚多，產品不具有技術而有標準之規格，以及產品較少需要提供保養與維修服務。

2.次要設備(minor equipment)或附屬設備(accessory equipment)

附屬設備顧名思義係站在主要設備輔助地位，大體言之，份量較輕而較少特殊性，單位價格亦較低，此一類產品包括各種機械工具、手推貨車、減速器、小型馬達、辦公室傢俱、打字機、複印機、小型電腦、以及收銀機等。多數附屬設備均有標準規格，適合於一般使用者需要。

附屬設備價格遠低於主要設備，多數情形皆經過中間商出售與使用者，可使用廣告或其他媒介來促銷。

3.原料(raw materials)

原料係從未經過加工但可能經過製造程序變成實際產品之工業品，包括：⑴貨品保持發現時原始狀態，像礦產品與林漁產品；⑵農畜產品像小麥、棉花、煙草、水果、蔬菜、家禽等動物的產品像獸皮、雞蛋、生牛奶等。以上兩種原料在行銷時有顯著差異。

上述第一種類之原料，供應數量方面是有一定限度，且不可能產生其他代替品，通常僅有少數大規模的生產者，此一類產品必須依照標準小心等加以分級。因其體積龐大而單價甚低，加以生產者與工業使用者相距甚遠，必須首先考慮運輸問題。此一類工業品應該採取最短的分配通路，由生產者直接售與工業使用者，至多不能超過一個中間商，如僱用一經紀人。廣告活動甚少必要，最重要是依照約定品質與數量如期交貨。

至於農產品之行銷，由於農產品來自多數的小規模生產者，因此必須有很多的中間商與很長的分配通路。此一類工業品除同樣須注意運輸外，並應注意儲藏問題。分級與標準化亦不容忽視，不過促銷與廣告活動仍少重要性。

4.半製成品與零件(fabricating materials and parts)

半製成品與零件業已經過部分加工程序，將變成實際產品之一部分之工業品。半製成品須經過繼續加工程序變成產品。例如鐵砂可加工製成鋼，鋼又可加工製造各種機械，棉紗可加工編織成衣料，麵粉可加工製成麵包；而零件僅係裝配於產品而成為產品之一部分，而不改變其形式。譬如火星石、輪胎和風扇皮帶之安裝於汽車，鈕扣之釘於衣服等。

半製成品與零件行銷，中間商地位頗不重要，通常均由生產者直接售與工業使用者，為保證按照所需之規格與時間交貨，訂單遠在半年以前或更長時間作成決定，不過訂購者往往向生產者提出要求，保證在價格下跌時能享受低價之利益。對於促進半製成品與零件之銷售，廣告與促銷均不甚重要，最主要因素基於品質價格與服務。

5.供應品(operating supplies)

或稱物料，係不斷的用於維持企業之經營，但不變成實際產品的一部分。例如煤、汽油、機油、文具與紙張等。供應品是工業市場的「日用品」，單價低、需要經常重複購買，發生需要時立即購買補充。

因此，從行銷的觀點，供應品與前述四種工業品截然不同，供應品需要廣大配銷通路，較多的中間商，在價格競爭方面則甚爲激烈，往往由於單價略微高於其他競爭品時，而失去原有之市場。

(二)工業市場的特性

以下四種工業市場需求的特性，可以充分說明工業市場與消費市場顯著的不同：

1.工業市場乃基於引導(derived)而來

工業市場主要係爲滿足消費市場的需要，工業市場購買的多數貨品，最後仍由最後消費者所使用。因此工業品之需要是基於消費品的需要而來。譬如鋼鐵的需求量，乃基於消費者需要汽車、電冰箱和縫衣機等而來。

由於工業市場的需要是引導需要，現代大規模工業品的生產者，常將其增進銷售之計畫透過電視與報紙等媒介，直接指向最後消費者。譬如美國大煉鋼廠，每在聖誕前，刊登大幅廣告祝福大家享受一個白色聖誕，鼓勵消費者多購電冰箱、烤箱與採用不銹鋼廚具等，間接促銷鋼材。

2.工業市場缺乏彈性

此種特性與前述引導需要頗爲相似，即工業市場的需要極少受價格變化的影響。例如服裝的鈕扣價格突然漲跌，對於鈕扣需要並無顯著的影響，蓋由於鈕扣價格上漲時，成衣廠如認爲有必要可略調高售價因應。

另一種因素，工業製成品中所包含零件與原料的價值僅佔極小部分，譬如消費者購買一加侖油漆，其中所含化學原料之價值甚微，而一臺電冰箱所含油漆的價值，更微不足道，亦均是工業市場的需要缺乏彈性的原因。

3.工業市場的變化影響甚大

工業市場需要發生變動時，其所影響範圍則甚廣大，甚至於影響一個企業的存續。譬如一家生產個人電腦286主機板的工廠，個人電腦朝向386型與486型發展，如該工廠不能開發新產品，而286主機板無人問津，工廠便會面臨關閉的命運。

4.工業市場需具備專業知識

此點恰與消費市場特性相反，標準工業購買者通常對於所要購買的貨品，具有充分了解與知識，彼等深知何時應更換供應者或者採用其他競爭品之優點。一個大規模企業，通常均僱有專家擔任購買工作，此等專家爲表現其勝任稱職，自然會儘最大努力表現其特長——爲其公司購買價格最低、品質最好的貨品，而且可從供應者處獲得最多服務的產品。

由於製造工業品的公司，使用人員銷售之比例遠大於製造消費品之企業，因此對於推銷員必須經過仔細的挑選，加以專業的訓練，並給予適當的報酬，使其發揮專業精神作最有效的促銷。

㈢工業市場的購買模式

消費者購買的基本動機乃爲滿足欲望，工業使用者購買的基本動機則是爲求取利潤。由於兩者基本目的不同，消費者購買動機顯得複雜而難於決定，工業購買的動機較爲單純而且有秩序、目的與計畫。僅將工業購買動機的特點分述如下：第一、在品質與數量符合條件下，工業使用者欲購買最低價格的貨品，但爲不使生產計畫受影響，購買者通常需獲得品質與數量適當供應的保障。第二、工業使用者希望所購工業品能有助於最後製成品的銷售，譬如皮鞋工廠願購多數人熟知的鞋跟，成衣工廠樂於採用名牌衣料，均係希望藉著名廠牌的零件或半製成品，而增加本身產品的聲譽使易於銷售。第三、工作效率與服務態度非常重要，包括推銷人員友好態度、供應迅速、付款條件優厚、信用購買、技術指導以及迅速保養與服務等。

以下再就工業市場的購買模式說明如下：

1.交易進行談判期間較長

工業市場進行交易時，其談判期間遠長於消費者購買，乃由於 (1)購買之決定通常須由多數人達成協議； (2)購買之數量通常均很龐大； (3)某些工業產品須依特定規格而訂購； (4)需要較長時間完成準備工作。

2.購買次數較少

在工業市場，購買次數遠少於消費者購買，某些公司主要設備要若干年始買一次，製造商所需之零件與原料，均根據長期供應合約而購買，事實上等於一年購買一次或數年購買一次，甚至於如文具類供應品，亦是每數週、數月購買一次。

3.採購數量龐大

工業使用者購買的數量，通常遠大於消費者購買，由於此一事實，工業品出售者必須嚴格注意，不要發生任何錯誤——包括推銷人員水準太差、價格不合理、不按時交貨或者產品規格不符而開罪顧客或因而失去顧客。

4.直接銷售

在消費者市場直接銷售情形較爲少見（多層次直銷是一種特殊行銷策略），但工業市場直接銷售是合理而且必要的，由於可能購買的顧客數量有限而多數均屬於大規模之購買者，而且工業市場購買前或購買後均需要技術方面的服務。因此之故，工業使用者爲促進直接銷售的力量，必須擁有一支高水準的推銷員，否則必須運用中間商而失去工業品直接銷售的利益。

5.由多數人影響購買的決定

中型以上的公司企業，購買行爲很少單獨由一個人作成決定，甚至於小型公司，多數事務雖均由老板兼經理一人決定，但在購買以前，通常先聽取辦公室或工廠職工的意見。當一個大企業設置有採購部時，往往產生一種錯覺，誤以購買決定的權力在於採購部或採購部經理。實際上購買步驟中：(1)誰人決定購買，(2)誰實際擔任購買工作，(3)誰人選擇供應者，多數情形下，採購部僅擔任實際購買工作而已，偶爾也可選擇供應者，但購買之決定往往來自更高階層——老闆、總經理或者工廠廠長等。

6.相互購買的約定

工業購買另一重要的習慣是相互購買（reciprocity arrangements)，所謂「假如你買我的東西，我也買你的東西」。相互購買有時可能表現三角形甚至於多角形，譬如甲公司經常購買乙公司的產品，但本身的產品不適用於乙公司，而提出條件要乙公司向丙公司購買，因爲丙公司是甲公司的顧客。在現代工業市場，相互購買是製造商增加銷售、發現新顧客的重要手段。

7.根據商品目錄購買

工業使用者時常根據商品目錄而購買，特別是具有標準規格、短期使用、價格較低之產品，商品目錄買賣可節省人力、物力與時間。至於價格昂貴、必須依照特殊規格訂購的產品則不宜適用商品目錄買賣的方法。商品目錄發行的方法有兩種，或由製造商或批發商獨家所寄發；或由同一業別或數種業別聯合發行。從行銷觀點，藉商品目錄推銷產品，雖可減低對人力銷售的依賴性，但亦增加印刷方面的成本。

8.提供服務

對於獲得各種服務之提供是工業購買者強烈的購買動機，多數工業品的出售者，必須隨時向可能購買或實際購買者提供各種的服務。譬如電腦的代理商，向某公司推銷其產品，他聲明願意代爲選擇與訓練使用人員，交易作成後，他並提供免費維修服務。工業品的製造廠商往往因能提供較佳的服務，而擊敗其他競爭者。

9.品質與數量的要求

工業使用者對於產品適當數量的供應與品質符合要求，至爲重視，蓋由於其所需的工業品，對於其最後製成品發生直接的影響，任何品質不符或數量與時間供應不適當時，均嚴重影響其業務與聲望。然則，工業品適當的供應並非一件易事，尤其對於原料而言。例如農產品因風災、水災而歉收，或因氣候、蟲害而品質受損，林產品、礦產品因風雪阻隔而無法輸送等。

10.租賃代替購買

工業購買另一種重要模式——租賃(leasing)，其地位愈來愈顯得重要。在過去租賃僅限於大型主要設備，但近年來，歐美行銷發達國家，舉凡大小主要與次要設備，包括各種機械設備、辦公桌椅、打字機等均可租賃。

對於出租人而言，用租賃方式推銷產品，除總收入每超過售價外，並且可以有保養與修理費用的附帶收入，尤爲重要者爲擴展銷路，將可能購買者變爲實際購買者。譬如國際商業機器公司（IBM）利用租賃方式，使得價格昂貴電腦銷售變爲可能。

從租用者觀點，租賃方式具有以下各方面的利益：

(1)租賃方式允許工業使用者可將其資金用於其他方面。

(2)可能從納稅方面獲得利益。現代多數國家租金可於應納稅款內扣除。

(3)租賃費用或可視爲公司營業支出，因此如果公司賺錢，實際已享受使用設備的利益。

⑷僅有少量資本的新公司，亦可獲得理想的設備。

⑸使用者可從出租人處獲得最新發展的產品。

⑹租賃的設備由出租人負責保養與修理，使用人可免除許多煩惱。

三、服務業與服務市場

對於落後經濟社會而言，服務業無足輕重，並未賦與一定的地位。但一個國家經濟愈發展，社會愈富裕以後，服務市場亦日見重要。至於如何界定服務業的含義，行銷學者與國內外統計機構，各有不同的看法，本書採廣義的定義如次：

「凡提供服務來滿足消費者的欲望與工業市場的需要，均歸屬於服務業。」

㈠服務業的類別

因此在上述廣義定義下，我國政府機構所發布統計資料中的第三類產業皆屬於服務業。所謂第一類產業係指包括農、林、漁、牧業，礦業以及土石採取業；而第二類產業包括製造業、建築業與水、電、瓦斯業。至於第三類產業——服務業，行政院主計處公布的資料中，有兩大分類，其一包括商業、運輸業及其他服務業；另一類則區分爲商業，運輸、倉儲與通訊業，政府服務，以及金融、保險與企業服務業。經濟部商業司另作較詳細的分類如次：

- 商業（批發業、零售業、國際貿易業、餐飲業）。
- 運輸、倉儲、通訊業。
- 金融、保險、不動產及工商服務業（經紀、法律及工商服務、機械設備租賃等）。

• 公共行政、社會服務及個人服務業（公共行政及國際事業、環境衛生服務業、文化及康樂服務業、個人服務業及國際機構或外國駐區機構）。

美國對於服務業的分類與我國大同小異，亦可分爲下述三大類：⑴金融、保險及房地產；⑵批發、零售；⑶一般政府服務、運輸、通信及公用事業。至於日本則分爲四大類：⑴電氣、瓦斯、自來水業；⑵金融、保險、不動產業；⑶運輸、通信業；⑷流通業。日本的分類並未將政府部門算進服務業之內。

美日兩國皆將電氣、瓦斯、自來水等公用事業列爲服務業，我國則列爲第二類產業，蓋由於水本身係有形物質，而電能發生動力，瓦斯供應火力，均能由無形物質轉爲有形物質，而且都要經過加工製造過程，所以列爲工業產品亦頗合理。至於餐館因係將原材料加工爲食品滿足消費者的需要，許多學者主張列爲第二類產業，但因其有形原材料所佔售價甚低，滿足消費者需要仍以服務爲主，故近年來多數國家均將餐館列爲服務業。

隨著經濟的發展，消費者需要不斷的增加，幾乎每月每週甚至於每日都有新的服務業出現，譬如臺灣自日本引進卡拉OK以後，隨後KTV大爲盛行，隨後又出現RTV，DTV與PDK等以歌唱爲中心的娛樂性服務業。故服務業欲詳加分類概括一切頗爲不易，設於華府的OTA機構(Office of Technology Assessment)對美國服務業擬議中作如下的細分：

表1-2　美國服務業分類之擬議

A.中間市場服務業(生產者服務業)
　(A)金融服務業 (financial services)
　　①銀行業
　　②保險業
　　③租賃業
　(B)運輸及配銷 (shipping and distribution)
　　①海運
　　②鐵道
　　③貨卡
　　④空運
　　⑤批發、倉儲、經銷
　(C)專業及技術 (professional and technical)
　　①技術授權 (licensing)及銷售
　　②工程設計服務
　　③建築設計
　　④營建管理及契約承包
　　⑤其他管理服務
　　⑥法務服務
　　⑦會計
　(D)其他中間服務業
　　①電腦、資料處理及通訊服務(含軟體)
　　②業務授權(franchising)
　　③廣告
　　④其他(商業不動產、商務旅遊、保全、郵政、合約維修等)
B.最終市場服務業(民間消費者服務業)
　　①零售業(含家用不動產業)
　　②保健
　　③旅遊、休閒、娛樂
　　④教育
　　⑤其他社會服務(含政府服務)
　　⑥其他個人服務(餐飲、住宅及車輛維修、洗衣、家庭清理等)

近年來臺灣的服務業亦愈來愈多，究應如何細分其類別亦缺乏統一標準，茲根據中華徵信所大型企業排名列舉重要服務業及三大公司，如下表（表 1-3）：

表1-3　1991年臺灣主要服務業及其三大公司　　　　金額單位：新臺幣億元

行業／公司	金額	行業／公司	金額	行業／公司	金額
●航運業		●人壽保險業		●圖書出版業	
中華航空	405.6	國泰人壽	1,291.8	英文雜誌社	9.6
長榮海運	316.1	新光人壽	661.0	陳氏圖書	7.2
陽明海運	6.8	南山人壽	244.0	光復書局	7.2
●百貨批發零售業		●產物保險業		●房屋仲介業	
統一超商	125.8	富邦產物	167.7	太平洋房屋	9.5
萬客隆	113.0	明臺產物	87.9	信義房屋	3.9
遠東百貨	104.8	新光產物	84.3		—
●汽車買賣業		●證券投資業		●保全業	
和泰汽車	348.9	中華證投	1,537.8	中興保全	16.1
南陽汽車	173.0	元大證券	8.0		—
匯豐汽車	128.0	統一證券	7.9		—
●汽車客運		●租賃及分期付款業		●觀光旅遊業	
統聯客運	11.6	迪和	71.3	東南旅行社	4.8
大有巴士	8.9	銳豐實業	47.5		—
新竹客運	8.6	康財實業	26.4		—
●倉儲運輸		●工程技術服務業			
大榮貨運	22.1	中鼎工程	64.9		
偉聯運輸	15.0	榮電	58.2		
新竹貨運	12.9	中華工程	22.6		
●資訊服務		●旅館業			
臺灣IBM	83.2	來來大飯店	19.2		
臺灣全錄	31.1	麗晶大飯店	15.3		
宏碁科技	30.5	國賓大飯店	14.5		
●進出口業		●餐飲連鎖業			
義新	93.7	麥當勞	25.9		
三商行	90.0	肯德基	9.0		
高林	73.4	哈帝	3.0		
●金融業		●廣告業			
郵政儲匯	12,743.3	聯廣	13.5		
合作金庫	12,071.1	奧美廣告	12.8		
臺灣銀行	8,120.2	華威葛瑞	6.9		

資料來源：1992年版中華徵信所 *TOP 500*

(二)服務業的重要性

現代社會經濟愈趨發展，服務業地位愈見重要，近年以來，美國的國內生產毛額已⅔來自服務業，服務市場也佔了7/10的勞動力。就臺灣地區而言，根據行政院主計處統計，民國79年服務業所佔國內生產毛額的比重已達53.5%，而工業（包括建築業與水，電，瓦斯業）佔42.3%，農業僅佔4.2%，而在民國41年時，農業所佔比重高達32.2%（同年工業僅佔19.7%，服務業佔48.1%）。

至於各類產業所使用的勞動力，三十餘年來亦變動甚大，同一資料來源，民國41年時第一類產業所使用的勞動力高達56.1%，第二類產業爲16.9%，而第三類產業佔27.0%；到了民國79年，三種產業使用勞動力的比例已演變爲12.9%、40.9%與46.3%，可見服務業使用的勞動力亦已躍居首位；據預測，臺灣到了西元2000年時，從事服務業的人口也可能像美國一樣，達到70%的高比重。

一個國家服務業所佔比重愈來愈高，很多經濟學者擔心是否會發生產業空洞化現象，進而影響到經濟的持續成長。尤其近年來，新臺幣大幅升值，工資一再提高，臺灣中小型製造業紛紛移往中國大陸與東南亞各國，而服務業卻低污染、管理容易，附加價值高，因此國內資本與人力一齊湧向服務業，的確是值得關心的現象。不過就行銷學的觀點，產業的衰退與發展，乃是基於市場的需要，並不能無中生有，而且高附加價值，係某一產業或某一公司所創造而來，並非取之於其他產業或其他公司，譬如一塊價值八十元臺幣的生牛排，家庭主婦買回家食用，並未創造附加價值，而一家小餐館賣一百八十元一客的牛排，創造了一百元的附加價值，而一家裝潢美輪美奐的高級西餐廳，可能賣八百元給顧客享用，因此創造了七百二十元的高附加價值，事實上，要社會富裕後，有人願意付八百元享受一頓美好的晚餐，才創造了這項需要。今天臺灣社會處處呈現高消費的場所，三十年前就不可能發生這種現象。因此國內服務業目前快速發展，只要是先由於消費市場與工業市場的需求存在，便毋需過分憂慮。

服務業類別愈來愈繁多，發展愈來愈快速，可以歸之於以下各種客觀因素的形成：

⑴社會及市場富裕度升高，

⑵休閒時間日漸增多，

⑶女性的勞動參與率大為提高，

⑷人民壽命預期越來越長，

⑸產品複雜度增加，

⑹生活型態日益多樣化、複雜化，

⑺對生態及資源稀有性之關切程度提高，

⑻新產品數量大增，因此造成整個社會諮詢協力、維修裝保、附加價值之類服務需求大大提高而加速此類行業的快速成長。

㈢服務業的特色

服務業種類繁多，欲明確的指出它的特色頗為不易，但為研究方便起見，有必要作一歸納說明：

第一、服務業被稱為無形的產品，所以原則以人力(包括學識、專業知識、經驗及分析、判斷能力等）為主，配合以硬體或有形的產品，譬如旅館的房間，餐館的用餐場所與廚房，以及資訊服務公司的軟硬體設備等，事實上往年的傳統服務業，幾乎全面使用人力，極少利用有形產品，譬如辦公室清潔服務公司，全部由人力打掃，但是現在都使用吸塵器、打蠟機與地毯清洗機等，修鞋店過去端賴鞋匠的雙手，時至今日，修鞋店不但擁有各種機器設備，而且採取連鎖經營，儼然大型企業型態，洗衣業情況亦復如此。

第二、服務業一般都有不可儲存、易逝的特性，工業產品通常可保存一段較長的時間，農產品雖然易於腐壞，但仍可以透過冷凍與冷藏設備，保存一段時間，至於服務業，係以人力爲主，具有不可儲存性，譬如電影院場場客滿，便可帶來高利潤，如果觀衆稀少，便會賠錢；一輛公車往返一趟，花的人力、燃料及折舊等成本幾乎相同，滿載與三、五顧客成本幾乎相同，也無法儲存下次再用，因此服務業就行銷觀點，更需要精確的行銷企劃與策略。

第三、對於服務業而言，多數情形下生產與消費多不可分離。以餐館爲例，顧客點了菜以後，廚師才開始準備材料與炒菜，然後由侍者送與顧客食用，這是服務市場的特色，顧客上門後才提供服務。如果由食品工廠生產速食食品，置於超級市場販賣，由於主要販賣的是有形產品，而且可以儲存一段時間，生產和消費也可以分離，因此雖然同樣是販賣食品，便屬於工業市場行爲。

第四、服務業消費者在需求方面差異性甚大，消費者對於農產品的需求差別最小，對工業雖然有不同的需求，但差別性仍有一定的限度，譬如新婚夫婦欲購置一臺電冰箱，固然對電冰箱的大小、型式、色彩、功能、價格以及品牌等有所選擇，但其差異性仍有一定的限度，而服務業卻不然，一家資訊服務業如果有十個客戶，可能每一個客戶的需求完全不同，會計與律師事務所的顧客亦大致如此。

第五、服務業具有相當不確定性與可變性，消費者選購有形產品時，雖然也沒有把握買到完全符合自己理想的產品，但是仍有相當程度的確定性，服務業有時候卻完全沒有把握，譬如根據廣告去看一場電影，看完以後卻發現完全不是自己想看的影片。多年以前，美國兩位拳擊天王巨星，在波士頓爭世界拳王頭銜，轟動全美，一票難求，有人花了一、二百美元購買一票，自紐約市開車數小時去觀賞此一世紀大賽，更有許多人專程自西岸搭機前往波士頓，該場比賽竟然是開賽不到一分鐘，挑戰者在四十秒鐘內以一記左鉤拳，擊倒衛冕拳王，比賽就此結束，幾乎尚有⅕的觀衆仍在排隊入場，紛紛要求退票。服務業的不確定性和可變性，這可以說是一個很特出的實例。

㈣服務業的行銷策略

服務業基於上述各種特色，因此更需要好的行銷企劃，或者出奇致勝的行銷策略；但是服務業種類繁多，新的服務業不斷興起，服務業的行銷策略必然也是千變萬化，日新又新；本書此處僅敍述若干以往成功的實例，希望能達到舉一反三的效果。

1.有形化策略

不可觸摸性，無形是服務業重要特色之一，加上不確定性，可轉變性等特色，使得服務業行銷較有形產品行銷更爲困難，故轉變無形爲有形化，是服務業重要策略；譬如日本多數餐館，均將主要供應的菜色用塑膠做成非常逼眞的樣品，置於餐館前櫥窗內，不但可以引起消費者食慾，而且顧客確切知道付出的代價所獲得的服務。國內青葉、梅子、芳鄰等餐館，將提供的菜式用彩色照片印在餐單上，也是有形化策略。又航空公司爲女空服務員，設計具有本國服裝與優美文化特色的制服，也能使無形服務有形化。

2.標準化策略

服務業主要以人的服務爲主，但是人才愈來愈難求，工資愈來愈高，所以服務業一方面要重視顧客個別的需求，但另一方面要採用標準化策略，以節省人員費用支出；譬如世界最大連鎖速食店——麥當勞，從餐飲設備、內外裝潢、座位安排、餐單和廣告品的印製、供應食品的配方與製造流程，以及服務方式，不但完全統一一致標準，而且詳細的寫成作業手冊和管理手冊，因而大大節省人力和各項成本。

3.自動化策略

爲了節省服務業所需龐大人力，自動化和機械化也是服務業非常重要的策略，尤其電腦資訊發達以後，服務業得以節省成本開創更大的空間，以銀行爲例，目前幾乎已全面電腦化，並普設點鈔機與自動提款機，不但可減少人員，而且對顧客的服務更正確又快速。

4.差別訂價策略

不可儲存性是服務業另一重要特色，由於服務收入機會過去就消逝無蹤。因此，幾乎所有的服務業都要掌握一個原則，在提供服務時間內達到最大賺錢效果，所以旅館和航空公司的盈虧，完全要看住房率與載客率高低，因此遇到淡季時，就會採取優惠的價格促銷；國內電影院通常早場觀衆較少，因此多給予特價優待。

5.兼職與臨時員工策略

多僱用兼職與 part time 員工，也是服務業節省人力成本一項策略，既可以支付較低工資，也可以節省保險和退休給付，許多美國速食店往往一間舖子，僅僱用一至二位正式職員，擔任經理與管理帳務，其餘都是學生兼職或 part time 人員，由於他們都有一套書面的周密管理辦法和訓練計畫，也可以經營得井井有序。

6.連鎖與聯盟策略

服務業由於競爭激烈，資本雄厚的公司往往採取連鎖店的方式經營，既可打響店號以廣招徠，也可節省進貨成本與廣告促銷費用；資本較薄弱的公司則可以採加盟店的方式達到連鎖經營的優點。至於不同行業間往往採聯盟方式合作，以保證業務來源，最顯著的例子是國際旅遊服務業間的合作，旅行社、航空公司、租車公司與旅館經常維持緊密的合作關係。

(五)服務業的發展趨勢

雖然許多人士擔心，製造業所佔國內生產毛額愈來愈低，經濟趨於空洞化；但是服務業高利潤，低污染，創業與管理容易，市場需求旺盛，勢將成爲開發國家的經濟主流。茲就我國服務業未來發展趨勢探測如次：

1.服務業發展空間愈來愈寬廣，競爭也更趨激烈

由於政府積極推動經濟自由化、國際化政策，預期未來更多的服務業加入競爭行列，民國80年中，財政部一次核准了十五家民營銀行；國際保險業、運輸業即將進軍臺灣市場，外商銀行也愈來愈多，美國速食業、日本的大型百貨公司本來已競爭白熱化，後繼仍不乏其人。但對於希望創業的人來說，自由化與國際化確爲服務業帶來非常寬廣的發展空間。

2.新的服務業大量興起

由於前述社會富裕度升高，休閒時間增加，預期壽命愈來愈長，以及消費者生活日益多樣化、複雜化，加以政府放鬆對服務業干預與管制，國內新興服務業愈來愈多，以娛樂休閒業而言，臺灣可以說是五光十色，無奇不有，只要不涉及賭博和色情，警察機關幾乎極少干預。其他新興服務業，譬如專爲男性服務的護膚美容公司，民間的快遞公司，室內運動場所，現代化搬家公司，以及銀髮族住宅羣與綜合醫療設施等。

3.服務業複合化與綜合化的發展

服務業增加對顧客的服務項目，不但可以滿足顧客其他方面的需要，本身也可以增加收入，因此許多的服務業朝向複合化與綜合化發展，日本美容店就常供應咖啡與烤麵包，有時附售鮮花；日產汽車展示場，則附設汽車用品販賣場；臺北目前許多大型書店，也常附設簡單餐飲場所。

4.服務業邁向全面資訊化

由於電腦資訊愈來愈發達，使得服務業的發展更爲寬廣，近年來甚至於大樓出租業，也已以智慧型大樓爲號召，1992年夏季完工的臺北信義路震旦關係企業大樓，號稱國內第一幢最完善的智慧型大樓，內部不但空調、音響、保全系統等完全由中央電腦控制外，每一間辦公室並預先舖設電子線路與插座，透過大樓架設人造衛星接收器與全球電子網路，使大樓內每一家公司每一間辦公室，透過終端機均可與全世界主要資料庫連線，獲得所需最新資訊，並可經由這些系統舉行電子國際會議，甚至於大樓外帷幕牆，尚可發布電子資訊與廣告。至於貿易、批發、零售等較大規模公司，皆以紛紛實施電腦資訊化，譬如臺灣多數的超級市場，顧客購買的貨物經過光電系統結帳，同時可完成結帳與存貨登錄所有帳務與會計等工作。

5.服務愈趨向個別化

服務業本身具備個別化的特色，亦即顧客在需求方面差異性甚大；故服務業的行銷策略，一方面要藉標準化節省人力成本，另一方面更不能忽視這種個性化趨勢，以滿足顧客個別需求，並開發業務新機會。譬如日本的健身房對新的顧客，通常先做健康檢查，再針對個人的體型、生理狀況建議合適健身方式。這種重視個人健康的態度，深受顧客的歡迎，健身房也因而發掘許多新的健身服務項目。

6.服務業邁向國際化

對於現代化服務業而言，臺灣可以說是發展較晚的，1991 年我國進出口貿易已接近一千四百億美元，銀行才算眞正跨出國際化步伐，到國外去設立分支機構，其他服務業起步更晚。至於外國服務業進入臺灣市場，也由於我國政府種種限制，也一直到八〇年代才逐漸開放，不過發展步伐殊爲快速，美國速食店，日本的大百貨公司近年來已隨處可見，外商銀行也已爲數甚多。1993 年中起將陸續開放保險業、運輸業等大型服務業。服務業的雙向國際化未來將加速發展，國內服務市場競爭將更見激烈，而我國服務業也將邁向國際市場上去衝刺。

第三節 邁向國際行銷時代

1992年，臺灣平均每人國民生產毛額突破一萬美元，這將是二次大戰以後，第一個自「開發中國家」發展爲「已開發國家」的地區，實在值得國人驕傲。據行政院主計處發布的數字，中華民國臺灣地區1991年的國民生產毛額爲一千八百零三億美元，在全世界排名第二十一位；同年每人平均生產毛額八千八百十五美元，世界排名第二十五位；同年外貿總值高達一千三百九十億美元，是世界第十四大貿易國。

事實上，臺灣經濟發展，引進現代行銷觀念爲期甚晚。二次大戰後，臺灣仍處於非常落後經濟型態，當時上海已擁有自動電扶梯的四大百貨公司，馬路上車水馬龍，金融機構、娛樂場所林立，處處充滿繁榮景象。所以，歐美日等國家幾乎花了一百年以上時間，自舊商業演進到現代行銷體系，臺灣卻只花了五十年時間。而歐美日自國內行銷邁向國際行銷，差不多也已用了一個世紀，目前仍繼續推進中；而臺灣由於外貿發展過於迅速，三十年後面臨勞動力缺乏，新臺幣大幅升值各種壓力，已不得不奮力投入國際行銷時代，因此，許多國內外經濟學者預測，臺灣也許再用二十年時間，在國際化方面，就可以迫近歐美日等工業先進國家水準了。

一、從傳統商業到國內行銷

臺灣在光復初期，可以說完全處於傳統舊商業時期，小型批發與零售業、小旅館、小餐館，其他服務業規模更小，最爲人熟知的服務業只是修鞋修傘補絲襪的一人攤位，電影幾乎是唯一的大衆娛樂事業。當時幾乎無對外貿易可言。砂糖出口曾經一度佔我國外匯收入的90%，然後又由香蕉輸日獨撐大局多年。

臺灣現代行銷興起甚晚，茲簡述其發展過程如次：

迄至民國54年10月，第一家現代大百貨商店——第一股份有限公司創立於臺北市漢口街，臺北遠東百貨公司則開設於民國56年，次年冬季今日百貨公司又緊接開幕，高雄的大統百貨公司開業，國內百貨業又進一步大型化現代化，至於近年在忠孝東路商業圈開設的統領、永琦及太平洋崇光（SOGO）百貨公司，其規模與水準均已臻於世界一流水準。80年底，另一家中日合資大型百貨公司——新光三越在臺北市南京西路開幕。

至於超級市場(supermarket)，民國五十年代首先有欣欣大衆公司開設，其後今日、遠東、大統等百貨公司附設的超級市場均已具相當規模水準。其後又有獨立的中美、頂好與西門等專業性超級市場開幕，至於上述統領、永琦及崇光等三家百貨公司與日本超級市場體系所合作開設的超級市場，其規模與水準亦已達到世界一流水平。但臺灣地狹人稠，土地價昂而又極難取得，故歐美流行的購物中心及超大型特級市場(hypermarket)尚未啓步；而歐洲式以零售商爲對象的批發商，由荷蘭萬客隆（Makro）公司興建，在民國78年底前後先在臺北地區先設立三家超大型批發倉庫，第一個據點選擇在桃園大湳，建坪五千五百坪，賣場規劃爲地下一層，地上兩層共四千坪(目前大型超級市場賣場約一千坪)，停車場也佔二層樓，爲有效利用空間，屋頂亦用做停車場，共計有八千坪。

具有全世界設立超大型自助批發倉庫經營經驗的萬客隆公司，未來數年內預定在臺灣要擴充爲十個據點，經營項目有生鮮、食品、百貨用品，計二萬五千個項目，服務對象主要以中、小型商號與企業、學校、團體爲目標，不對一般消費大衆提供服務，並需憑證購物，不替客送貨，故顧客需自備交通工具。

民國51年臺灣電視公司開播，臺灣開始進入電視時代；同年，大同公司開始生產黑白電視。58年，彩色電視開播，聲寶公司開始生產當時被視爲「貴族化」的產品——彩色電視機。

民國60年，臺灣汽水廠開始生產可口可樂，67年統一超級商店成立，係我國最早成立的便利商店連鎖店，其後味全等便利商店在各大都市紛紛設立。自民國73年麥當勞到臺灣，自從第一家店在民生東路、敦化南路打亮名號後，其他外國速食店亦紛紛跟進。

個人電腦自72年開始在臺灣流行，此後數年發展速度之快，確令人驚訝不已；民國75年，臺灣民間環保意識擡頭，彰化鹿港民衆反對杜邦設廠，使得環境保護與經濟發展孰輕孰重，殊難斷定。

在航運方面，無論海運與空運臺灣在國際地位本來都無足輕重，但二十年來，長榮海運從一艘船發展爲全世界最大貨櫃輪船公司，由公營招商局改組而成的陽明輪船公司，也躍居全球十大之內。在空運方面，原來僅有中華航空公司飛國際航線及國內大城市之間航線，遠東飛國內航線，另一兩家小飛機公司飛離島航線及做包機生意，79年起，交通部核准了復興、永興、大華多家國內航線，80年又核准了長榮航空飛國際航線。

銀行業一向由政府所主導，但財政部一次核准了十五家民營銀行，每家最低資本額高達新臺幣一百億元，皆已在81年春夏間相繼開幕。顯然從八十年代開始，臺灣已全面邁入現代行銷時代。

二、從國際貿易到國際行銷

從六〇年代開始，我國全力拓展國際貿易，三十年來，我國進出口貿易發展殊爲迅速，已躍居世界貿易大國之林，1993年我國對外貿易總值達一千六百二十億美元，貿易順差七十八億七千萬美元。但近年來，國際間區域經濟組織興起，各國貿易壁壘高築，而國內工資水準激增，新臺幣又大幅升值，際此國際市場競爭日趨激烈，臺灣對外貿易已面臨新的挑戰。

過去三十年來，隨著出口貿易迅速發展，培養了很多優秀的國際貿易人才，但面臨國際市場新的挑戰，熟練的出口貿易專業人才，漸感到英雄無用武之地；貿易開發信寫得再好，卻得不到回音；好不容易盼到復函詢價，又找不到供應商；或者自認產品已價廉物美，對方仍認爲報價過高；僥倖談妥一筆生意，卻毫無利潤可言，遇到新臺幣升值，還要大虧其本。上述現象說明面臨國際市場競爭日趨劇烈，國際環境愈來愈複雜情況下，我國已被迫加速自「國際貿易時代」邁向「國際行銷時代」了。

傳統出口貿易是將本國的產品賣到國外去，也可以將他國的產品推銷到其他國家，所謂三角貿易。但是無論單純出口貿易或三角貿易，通常它們重視的是發掘貿易機會，尋找適合的供應工廠，注重報價、付款條件、報關、運送、保險與押匯等程序與手續的正確性。但是，對於國際行銷言，不僅重視上述各項貿易程序和手續，在開發國外市場以前，首先要從市場調查研究開始，並要做好內部研究，充分認知本身的產品與本公司具備的條件，然後運用市場區隔方法選定目標市場與行銷策略，運用最少人力、財力，在最短時間內攻佔目標市場。更重要的是，傳統出口貿易的廠商，在貨物裝船押匯以後，認爲這一筆生意已經結束，很少會去想到顧客使用後是否會滿意，心中期待的只是新的訂單。但對於國際行銷企業而言，當貨物裝船後，他們關心船隻是否會如期到達目的港口，如先發現航運途中可能延誤時，本身雖無任何責任，仍儘速通知對方；貨物如期抵達後，如果是消費品，他們還關心貨物何時擺上零售店的貨架，何人來購買？顧客對於產品品質、色彩、設計、包裝以及價格的反應？甚至於顧客使用後是否滿意？售後服務是否週全？皆受到關注。

由於從事國際行銷人士，關心國外顧客的欲望是否獲得滿足，重視國外市場環境的保護與消費者的權益，也因此可獲得國外市場最新行銷資訊的回饋，因而創造顧客新的需要，開發新的國外市場。

外銷企業邁向國際行銷時代以後，業務擴展將更爲快速，通常經歷跨國企業、多國企業而邁向全球化經營，至於如何加以區分各個階段頗爲不易，而且區分標準變化頗快速，本書根據多數行銷學者目前標準區分爲跨國企業階段；多國企業階段與全球企業階段；此項標準原則係依據海外據點的多寡來認定，由於企業規模差異很大，故區分標準並不很科學，僅供作參考。

㈠跨國企業階段

外銷企業爲了增強競爭力，開始到國外設立行銷或生產據點，就進入跨國企業階段。由於外國環境和國內完全不一樣，雖然是一項很小的計畫一個很小的據點，跨出這一步也很不容易，失敗的機率很大。

面臨國際市場競爭日趨激烈，而國內又有工資激增、新臺幣升值的壓力，臺灣的外銷企業十之八、九躍躍欲試，希望至海外設立行銷或者生產據點，但海外市場傳回不利消息，頗令人沮喪，以致躊躇不前。所幸近十餘年來，中國大陸市場開放，給予同一文字語言，擁有共同歷史文化的臺灣企業，首先跨到海峽對岸去投資設廠，而大多數係中小企業，十餘年時間裡已有近一萬家公司在大陸投資設廠。

除了中國大陸外，臺灣企業前往海外投資設廠或者設立據點以美國與泰國最多，歐洲及馬來西亞、印尼、越南亦漸增多。企業跨出海外的第一步可以說是最難的一步，這一步跨出後，也許知難而退，也許更長更遠的路繼續走下去。

㈡多國企業階段

企業海外據點自單一據點增爲數個據點，當超過十個生產或行銷據點時，我們認爲這家企業已進入多國企業階段。企業在跨國企業階段，仍由運用國內生產、行銷與管理系統，略增加熟悉國際行銷人才，指揮與監控海外子公司或運銷據點，但邁入多國企業階段，國外市場的重要性漸超過國內業務，複雜的國際行銷環境，加以國際金融管理，操作與控制，以及研究開發業務，企業必須專設相當龐大的國際行銷部門，負責國外業務，甚至於企業負責人與高級管理階層，乃至於董事會均要以具備國際行銷導向的觀念，海外事業才能得心應手，日趨繁榮與擴大。

㈢全球企業階段

上述跨國企業與多國企業皆可以解釋爲係「跨越母國國界以外市場從事行銷活動，但無論跨國或多國企業通常仍以本國公司爲總部，從事國際行銷活動，縱然海外據點有一、二十家之多，本國總公司仍扮演中心地位，負責指揮，監控與整合，子公司與子公司之間較少協調與聯繫。

企業在海外據點達到三十個或超過三十個以上時，由一個總部指揮、監控一切海外業務，漸漸變得不可能或者無效率，雖然母國仍有一個總公司，但已變成法律上、名義上的，或者董事會經常舉行會議的所在地。因此當企業海外據點超過三十個以上時，已達到全球企業階段。事實上企業海外據點的家數多寡，並不一定是界定是否全球企業的標準。如果某大國際企業在全世界僅設有十餘個產銷據點，但其每個據點均擁有數百、數千員工，而以全球理念經營，應該歸屬於全球企業；而某一出口企業雖在世界各國設有五、六十家經銷商，每一經銷商員工不過數人或數十人，每家經銷商工作均頗爲類似，雖有衆多的行銷據點，並不能認爲是全球企業。故企業演進至全球企業，除擁有較多的海外據點外，仍應具備以下各項特色❷：

❷參見 1992 年 3 月 2 日《工商時報》載國良先生特稿〈迎接全球化的經營世紀〉。

第一、企業全球化的目的，係在追求全球利益，而非僅係單一國利益，或地域性利益；故任何重大決策，皆以全球觀點爲出發點。

第二、全球企業應建立即時連線作業全球資訊網路系統，以達成資訊快速傳輸，以及協調、考核、控制之功能。

第三、透過資訊的深入研析，企業須將全球多區域間利益之條件，諸如天然資源，附加價值生產過程、市場與產品等因素加以差異化、多角化與整合。從而產生在成本、價格、品質、促銷與通路上具有全球的競爭優勢。

第四、全球企業必須重視本土化，不可硬移植母國企業的管理與文化風格。推行本土化的具體作法，包括：

⑴擢拔當地幹部爲高級管理階層。

⑵擴大當地公司獨立的決策權力。

⑶儘量在當地或鄰近國家採購零組件與供應品，減少自母國進口。

第五、全球企業應設立各地域總部，並授權地域總部間相互聯繫、協調與整合，使全球資源使用效率與利基發揮到極限。

第六、建立全球廠牌或品牌，以及完整的行銷體系。

根據上述標準，企業要進入全球化階段是很不容易的，臺灣的大型製造業如臺塑、大同等公司，雖然已在國外設立頗多生產與行銷據點，但與上述標準仍有一段距離，宏碁電腦勉強可歸類於全球企業階段。至於歐、美、日巨型企業，依據美國《財星雜誌》（*Fortune*）資料，1992年全球前十五大企業，均可稱爲不折不扣的全球企業，包括：

美國的通用汽車（General Motors）、福特汽車（Ford Motor）、艾克森石油（EXXON）、IBM 電腦、奇異電機（General Electric）；日本的豐田汽車（TOYOTA）、日立製作所（HITACHI）、松下公司（MATSUSHITA）、日產汽車（NISSAN）；英國的皇家石油公司（BRITISH PETROLEUM）；西德的賓士汽車（DAI MLER

-BENZ)、福斯汽車（VOLKS　WAGEN）；義大利的飛雅特汽車（FIAT）、IRI 集團；以及韓國的三星集團（SAMSUNG）。

如上所述，企業邁入全球化經營殊爲不易，必須擁有龐大的財力以及充分的國際行銷、管理與金融人才，其行銷體系也變得十分複雜，爲便於瞭解請參看以下「全球化精義圖」（圖 1-4）：

圖1-4　企業全球化精義圖

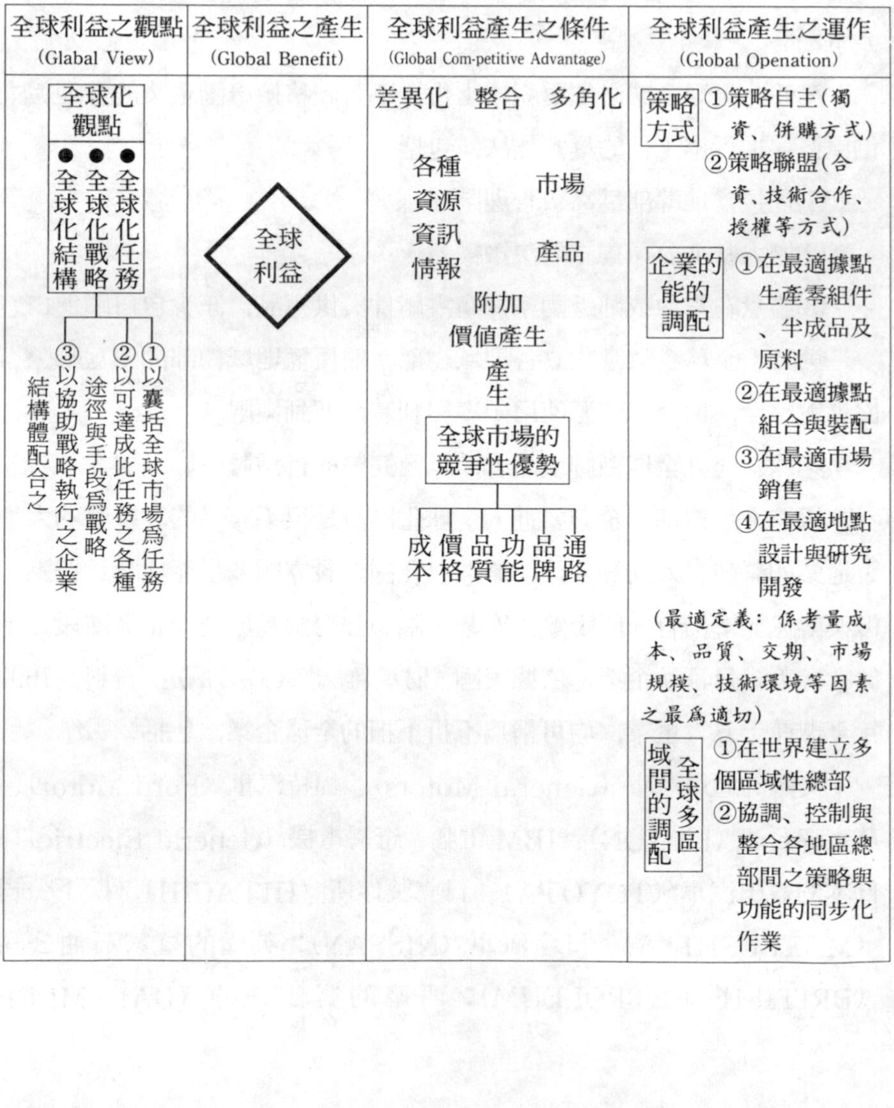

全球利益之觀點 (Glabal View)	全球利益之產生 (Global Benefit)	全球利益產生之條件 (Global Com-petitive Advantage)	全球利益產生之運作 (Global Openation)
全球化觀點 ●全球化結構 ●全球化戰略 ●全球化任務 ①以囊括全球市場爲任務 ②以可達成此任務之各種途徑與手段爲戰略 ③以協助戰略執行之企業結構體配合之	全球利益	差異化　整合　多角化 各種資源　資訊　情報 市場　產品 附加價值產生 產生 全球市場的競爭性優勢 成本　價格　品質　功能　品牌　通路	策略方式 ①策略自主（獨資、併購方式） ②策略聯盟（合資、技術合作、授權等方式） 企業的能的調配 ①在最適據點生產零組件、半成品及原料 ②在最適據點組合與裝配 ③在最適市場銷售 ④在最適地點設計與研究開發 （最適定義：係考量成本、品質、交期、市場規模、技術環境等因素之最爲適切） 全球多區域間的調配 ①在世界建立多個區域性總部 ②協調、控制與整合各地區總部間之策略與功能的同步化作業

三、國際行銷的定義

在說明現代行銷觀念、產品與市場以及全球行銷體系以後，我們再來對「國際行銷」一詞試作下一個定義，首先說明行銷的由來與定義。

㈠行銷的由來

人類在中世紀以前，過著自給自足生活，種植自己的食物，縫製自己的衣服，建築自己的房屋與製造自己的工具，無所謂勞動力與任何型態的交易。然而當一個人製造的東西超過其需要或需要的東西超過其自己所能製造時，即產生交易，而交易就是行銷的中心。雖然彼時交易制度停留在極簡單的基礎上，交易對象僅限於手工藝品，行銷僅屬萌芽階段，迨工廠開始大量生產以後，行銷才眞正向前邁進一步。

現代行銷開始在工業革命以後，由於工業革命的結果，城市人口逐漸增加，鄉村人口逐漸減少，多數手工業轉移到工廠，爲供應工廠中成千成百工人的日常生活需要，另外又興起若干其他之工業。此後任何人再也不能生活在自給自足之情況下。但十九世紀下半期以至於二十世紀的前二十年，行銷仍僅停留在幼稚階段，不過此一期間由於市場供不應求的關係，製造工業成長極爲迅速。

第一次世界大戰結束，當「生產過剩」與「剩餘物資」等名詞進入經濟學詞彙後，人們擔心的已不只是如何生產大量貨品，而是如何去銷售。因此大衆瞭解如無高度的行銷技巧，即不可能有高度的生產活動。尤其是世界經濟發生不景氣時期，由於行銷的遲緩而迫使生產減少，當多數人身受痛苦以後，行銷因而顯出其重要性。

㈡行銷的定義

現代社會每一個人皆生活在行銷（marketing)範圍之內，但行銷一詞觀念甚爲模糊，容易產生誤解，往往多數人僅認識其一部分意義，譬如售貨員或業務經理談論到行銷時，意指推銷或銷貨管理；廣告經理論及行銷時認爲就是廣告與促銷，而一位貨車司機說起行銷時，往往僅聯想到倉儲與運輸，究竟行銷的定義如何？據美國行銷協會定義委員會（The American Marketing Association Committee on Definition)對行銷一詞之定義：「引導商品與勞務從生產者到達消費者或使用者的一切商業活動過程。」(The performance of business activities that direct the flow of goods and services from producer to consumer or user.)以上定義之範圍頗顯狹小，不足以概括現代行銷實際之功能，因爲行銷的範圍並不僅限於已製成產品到達最後消費者之過程，而遠在準備原料製造產品之前即已開始。譬如如何訂定價格？擬訂促銷的方法與廣告策略，甚至於一件產品是否應該製造？以及產品的設計、品牌、包裝與標籤等，均應在產品製造以前或製造過程中先予決定。再者行銷範圍亦並不終止於產品到達消費者或使用者手中爲止，而應瞭解產品售出後是否使消費者滿意？消費者是否會繼續購買或使用？消費者是否會向其友人推介？因而增加產品的銷路或公司的信譽？由於此等原因，某一些產品銷售後，對於品質或使用仍加以保證，在一定期間內免費修理或保養服務。現代大規模百貨商店，對於售出貨物於一定期間保證包退包換，皆係取得顧客信任與增加公司信譽的方法。

又美國的經濟學家包爾・馬蘇（Paul Mazur)在他一篇著作中說：「行銷是傳送生活水準給社會。」(Marketing is the delivery of a standard of living to society.)這可以說是一個非常具有特色、簡短而有力的廣義解釋。哈佛教授馬爾康・麥克納(Malcolm Mcnair)很欣賞這個定義，但為它增加了「創造」一字：「行銷是創造與傳送生活水準給社會。」(Marketing is the creation and delivery of a standard of living to society.)

因此根據以上廣義之解釋，一個公司僅能製造好的產品，或僅能滿足特定消費者的需要，並不能充分表示一個企業的成功，因為在現代廣義的行銷領域裏，一個成功的行銷政策必定要與整個社會生活標準結合在一起。譬如八〇年代世界經濟無比的繁榮，我國國民所得亦迅速提高，一個進步的企業對此種趨勢必須有深刻認識，在釐訂行銷策略時應注意生產高級品，與社會生活標準不斷升高的潮流配合一致，而且一個現代企業並要時時與社會整體利益結合為一致，才能長期發展立於不敗之地。

以上定義雖給予我們一廣闊而深刻印象，但對於行銷學的認識仍缺乏一明確概念。因此本書作者在所著《行銷學》一書中對「行銷」一詞另作闡釋如次：

「行銷是綜合的商業活動過程，包括產品(或服務)的計畫、訂價、配銷通路與促銷，來滿足消費者或使用者的需要，從而創造新的需要，並提高社會的生活水準。」

以上定義與其說是法理上或經濟上的「定義」，不如說是一個「解釋」更為適當，為幫助讀者易於瞭解起見，採用此一解釋頗有必要，並補充說明如下：

第一、行銷是一種商業活動，因此與商業無關的活動，例如：純粹生產或製造過程、政黨活動、非營利社團活動以及人民團體之集會等，均不屬於行銷的範圍。但近年來行銷一詞更廣泛的引用，所謂非營利機構的行銷，甚至於政府與政黨亦可採用行銷手段，但均不列入本書討論的範圍。

第二、行銷是一種綜合商業活動過程，即所謂行銷組合(marketing mix)。此乃現代行銷學一項極重要的觀念，由哈佛大學鮑敦教授所首先倡導，目前已普遍爲行銷學者所接受。在行銷組合觀念下，行銷主管人員應針對不同環境，組合各種行銷手段來達成行銷目標。各種行銷手段包括：⑴產品計畫，⑵訂價，⑶配銷通路，⑷人員促銷，⑸廣告，⑹其他促銷方法等。此等手段爲達成行銷的目標，可分別使用，亦可聯合使用，以創造或滿足消費者的需要。

第三、行銷主要目的雖然是滿足消費者或使用者的需要，但並不因消費者或使用者的需要獲得滿足而終止；而希望由於需要獲得滿足後，消費者或使用者願意繼續購買與使用，或引起其他潛在消費者或使用者的興趣，並且由於發展新的需要而生產新的產品。

第四、服務（services)的提供同樣可以滿足消費者的需要，故亦屬於行銷之範圍，而且隨工商業的發展，服務行銷的重要性愈見增加。

㈢國際行銷的定義

在認識行銷定義以後，再來說明國際行銷定義便容易得多，以下就是引伸而來的定義：

「國際行銷是一種跨越國界的綜合商業活動過程，包括產品(或服務)的計畫、訂價、配銷通路與促銷，來滿足國外消費者或使用者的需要，從而創造新的需要，並提高社會的生活水準。」簡言之，國際行銷就是跨越國界的行銷活動。

從以上定義亦引申說明如下：

第一、國際行銷是跨越國界的商業活動，因此本章前述跨國行銷、多國行銷與全球行銷均屬於國際行銷範圍，甚至於因從事國際行銷，在國內擬訂的各種行銷計畫，根據國外消費者需要設計產品，擬訂外銷產品的價格策略等，以及設計國外媒體所使用的廣告，都可以認爲是國際行銷的範圍。

第二、國際行銷是一種綜合的商業活動過程(參閱上述國內行銷說明)，因此單純根據國外買主樣品生產(亦即 OEM)出口，只能算是經營出口貿易，不歸屬於國際行銷範圍。

第三、因此從事國際行銷事業應主動發掘國外目標市場，調查與瞭解目標市場消費者或使用者的需要，從而設計與生產產品，以適當的價格，有效的配銷通路與促銷方法，來滿足顧客的需要，並時時要發掘或創造新的需要，以開發新產品。

第四、現代行銷任務不但要爲企業創造利潤，也要善盡社會責任，國際行銷亦復如此，因此從事國際行銷企業要注意遵守行銷對象國家的各種法律規定，不斷的改進與提高產品的品質，對當地環境與消費者保護規定予以重視與配合，在能力許可範圍內，應多從事一些公益慈善活動。

第五、國際服務市場範圍日見擴大，我國外銷業者過去較少注意，未來將有很大的拓展空間。

第四節 臺灣的國際行銷地位

就臺灣對外貿易發展過程觀察，五〇年代可以說是發展進口替代工業時期，七〇年代則是發展輕工業的出口主導時期，七〇年代爲發展重化工業時代，八〇年代上半期是出口大幅擴張時期，並開始帶來鉅額外貿順差，而下半期對外貿易進入自由化，國際化時代，預期九〇年代，臺灣對外貿易將進入全球化與整合國際行銷時期。

一、對外貿易值

事實上，五〇年代臺灣對外貿易微乎其微，據海關統計，1959 年以前，出進口合計未超過四億美元，至 1965 年，對外貿易總值首次突破十億美元，1970 年突破二十億美元，次年又創下三十億美元的紀錄，此後呈大幅成長，1975 年已突破一百億美元，1989 年復創下一千億美元的高紀錄。

臺灣對外貿易在 1970 年以前，除 1964 年有微額的盈餘外，各年均爲逆差，但 1970 年到 1980 年期間，對外貿易已轉爲順差，但貿易盈餘並不大，自 1981 年起順差才出現大幅成長，1985 年開始，臺灣外貿盈餘均保持在一百億美元以上。

1992 年 12 月底臺灣外匯準備九百億美元，高居全世界第一位。

自 1952 年以來臺灣對外貿易值統計如附表 1-4。

表1-4　歷年臺灣地區對外貿易統計　　單位：百萬美元

期　間	總　額	出口值	進口值	差　額
1952	303	116	187	− 71
1955	324	123	201	− 78
1960	461	164	297	− 133
1980	39,544	19,811	19,733	+ 78
1986	64,043	39,862	24,181	+ 15,680
1987	88,662	53,679	34,983	+ 18,695
1988	110,340	60,667	49,673	+ 10,995
1989	118,569	66,304	52,265	+ 14,039
1990	121,930	67,214	54,716	+ 12,498
1991	139,039	76,178	62,861	+ 13,317
1992	153,477	81,470	72,007	+ 9,463
1993	162,022	84,946	77,076	+ 7,708

資料來源：財政部統計處

二、臺灣對外貿易在世界的地位

臺灣對外貿易佔世界的地位，自早年的微不足道，至七〇年代中期出口突破 1%，1986 年突破 2%，次年達到高峰 2.3%。近年來則由於產業外移，尤其勞力密集工業大量移至大陸，最近兩年再降回 2%。至於進口佔世界貿易比重，則於 1980 年首次突破 1%，而於 1988-89 兩年達到高峰 1.8%，近年來回降至 1.6%。

在全球貿易排名方面，近年來亦大幅向前躍升，1990 年我國出口在全球排名第十二位，進口排名第十六位，請參閱附表 1-5、1-6。1991 年排名大致不變，但 1992 年以後，中國大陸對外貿易勢將超前臺灣地區。

表1-5　1990全球出口貿易排名　　單位：一億美元

國家（地區）別	金　額	順　位
全世界	33,817	
前西德	3,984	1
美國	3,939	2
日本	2,869	3
法國	2,100	4
英國	1,860	5
義大利	1,687	6
荷蘭	1,318	7
加拿大	1,270	8
比／盧	1,183	9
前蘇聯	1,046	10
香港	822	11
中華民國	672	12
韓國	649	13
瑞士	639	14
中國大陸	621	15
瑞典	574	16
西班牙	556	17
新加坡	527	18
沙烏地阿拉伯	443	19

奧地利	419	20
澳大利亞	395	21
丹麥	351	22
挪威	341	23
巴西	321	24
墨西哥	301	25
馬來西亞	294	26
芬蘭	267	27
印尼	257	28
愛爾蘭	238	29
泰國	228	30
南非	189	31
印度	178	32
其他國家	3,918	

資料來源：《臺灣地區進出口貿易統計月報》

表1-6 1990全球進口貿易排名 單位：一億美元

國家（地區）別	金 額	順 位
全世界	35,231	
美國	5,166	1
前西德	3,426	2
日本	2,348	3
法國	2,331	4
英國	2,249	5
義大利	1,801	6
荷蘭	1,262	7
前蘇聯	1,209	8
比／盧	1,201	9
加拿大	1,165	10
西班牙	877	11
香港	825	12
瑞士	699	13
韓國	688	14
新加坡	608	15
中華民國	547	16
瑞典	546	17
中國大陸	534	18
奧地利	500	19
澳大利亞	389	20
墨西哥	353	21

泰國	338	22
丹麥	317	23
馬來西亞	293	24
芬蘭	271	25
沙烏地阿拉伯	270	26
挪威	269	27
葡萄牙	251	28
印度	234	29
巴西	224	30
印尼	218	31
愛爾蘭	207	32
其他國家	3,615	

資料來源:《臺灣地區進出口貿易統計月報》

第五節 主要出進口貨品與貿易夥伴

一、主要出進口貨品與貿易夥伴

四十年來臺灣地區出口貿易結構方面變化極大,1952年時,農產加工品佔總出口近70%,其中砂糖一項又佔絕大比例,同年農產品又佔22.1%,而工業品僅佔8.1%。隨著工業化快速發展,工業品出口地位愈來愈居重要地位,近年來工業產品出口佔出口總額的比例已超過95%,農產加工品降爲4%上下,而農產品佔出口比重已不到1%。

㈠主要出口貨品

在工業產品出口結構方面,原由輕工業爲主導的情況,亦隨著工業升級而發生變化,1992年起,重化工業品已逼近輕工業品,幾乎已各佔出口的半數。因此在主要出口貨品方面，原由紡織品，成衣、鞋、帽、傘、玩具及運動用品主導的情況，近年來則變爲機電等產品漸有超前趨勢。

根據財政部統計資料，1992年臺灣地區主要出口貨品統計如表1-7。

㈡主要出口市場

臺灣地區出口貿易曾高度依賴美國市場，八〇年代中期曾接近總出口一半，貿易順差往往達百億美元以上，以致美國動輒採取301法案報復，所幸分散外銷市場策略成功，1991年臺灣輸美貨品所佔比重已降至30%以下，且有逐漸下降趨勢，貿易順差亦已大幅降低。

表1-7 1991臺灣地區主要出口貨品　　　單位：十億美元

商品別	金額	年增率
1.紡織品	12.0	16.7%
2.電子產品	8.2	5.9
3.機械	6.8	17.6
4.基本金屬及其製品	5.8	11.3
5.資訊與通訊產品	5.7	12.5
6.塑膠、橡膠及其製品	5.2	16.7
7.鞋、帽、雨傘	4.4	7.5
8.運輸工具及其設備	3.9	13.9
9.玩具、娛樂用品及體育用品	3.0	4.7
10.動植物產品	2.6	17.7
11.電機產品	2.5	15.0
12.精密儀器	2.0	18.3
13.家具	1.7	17.3
14.化學品	1.6	22.6
15.皮革、毛皮製品	1.3	−4.0
16.水泥、陶瓷及玻璃	1.2	5.3

17.家用電器	1.0	11.1
18.木材及木製品	0.9	−4.2
19.調製食品	0.9	18.8
20.其他	5.5	15.8
合　計	76.2	13.3%

資料來源：財政部《進出口貿易統計月報》

臺灣對日貿易歷年一直有很大逆差，雖舉國上下共同努力拓展日本市場卻未奏功，1991 年對日貿易逆差已接近一百億美元。對香港出口，則由於近年來轉口至中國大陸金額龐大，已超越日本成爲臺灣第二大出口市場，前西德則居於第四位。

臺灣地區主要出口市場與進口來源統計如表 1-8。

表1-8　1991主要出口市場與進口來源　　單位：十億美元

國　別	出　口		進　口		貿　易 出(入)超
	金額	%	金額	%	
1.美國	22.3	29.3	14.1	22.5	8.2
2.香港	12.4	16.3	1.9	3.1	10.5
3.日本	9.2	12.0	18.9	30.0	(9.7)
4.德國	3.9	5.1	3.0	4.8	0.9
5.新加坡	2.4	3.2	1.4	2.3	1.0
6.荷蘭	2.2	2.9	0.8	1.3	1.4
7.英國	2.1	2.7	1.1	1.8	1.0
8.加拿大	1.6	2.1	1.0	1.7	0.6
9.馬來西亞	1.5	1.9	1.4	2.2	0.1
10.泰國	1.4	1.9	0.6	0.9	0.8
11.澳洲	1.4	1.8	2.0	3.2	(0.6)
12.法國	1.4	1.8	1.1	1.8	0.3
13.南韓	1.3	1.7	1.7	2.8	(0.4)

14.印尼	1.2	1.6	1.2	2.0	0
15.義大利	1.0	1.3	0.8	1.3	0.2
16.菲律賓	0.8	1.1	0.2	0.4	0.6
17.沙烏地阿拉伯	0.6	0.8	1.7	2.8	(1.1)
18.比利時	0.5	0.7	0.4	0.6	0.1
19.瑞士	0.4	0.5	1.0	1.6	(0.6)
20.巴西	0.1	0.2	0.8	1.3	(0.7)
21.其他	8.5	11.1	7.5	11.7	1.0
合計	76.2	100	62.9	100	13.3

資料來源：財政部《進出口貿易統計月報》

㈢主要進口貨品與進口來源

臺灣海島天然資源貧乏，因此出口愈大進口也愈多，不過四十年來，在進口貨品結構方面變化不大，資本設備、農工原料與消費品一直保持一定比例；據財政部統計，1991年，計進口資本財佔16.7%，農林原料佔72.4%，以及消費品佔10.9%。

主要進口貨品請參閱表1-9，至於主要進口來源則請參閱表1-8。

表1-9 1991臺灣地區主要進口貨品 單位：百萬美元

商品別	金額	年增率
1.基本金屬及其製品	8,078.4	34.7
2.化學品	7,127.9	22.1
3.電子產品	7,107.5	23.5
4.機械	6,171.6	15.0
5.運輸設備	3,963.9	2.1
6.原油	3,203.8	0.7
7.紡織品	2,018.8	33.2
8.精密儀器	2,016.1	24.5
9.電機產品	1,805.9	−5.7
10.資訊與通訊產品	1,689.6	−3.0
11.紙漿、紙、印刷品	1,426.6	18.0

12.調製食品、飲料及菸類	1,239.0	12.6
13.木材	761.9	14.9
14.玉蜀黍	732.9	4.0
15.棉花	583.0	43.0
16.家用電器	505.8	−7.1
17.黃豆	492.3	−4.0
18.麥類	173.7	−14.3
19.其他	13,762.4	9.6
合　計	62,860.6	14.9

資料來源：財政部《進出口貿易統計月報》

二、臺灣是世界第二十大市場

臺灣面積雖僅三萬六千平方公里，人口二千萬人，但強大市場購買力已引起世界各國的重視。據紐約國際商業公司 1992 年中公布的資料，將臺灣列爲世界第二十大市場，代表全球購買力的 0.83%，以下係世界二十大市場的國家及所代表的購力（%）：

1.美國	19.79	11.加拿大	1.94
2.日本	9.22	12.墨西哥	1.42
3.中國大陸	9.22	13.南韓	1.38
4.前蘇聯	7.30	14.西班牙	1.35
5.印度	4.99	15.印尼	1.26
6.西德	4.64	16.澳大利亞	1.00
7.義大利	3.72	17.土耳其	0.93
8.法國	3.55	18.荷蘭	0.91
9.英國	3.26	19.波蘭	0.85
10.巴西	2.50	20.中華民國臺灣地區	0.83

國際商業公司同時又將上述二十大市場繪圖（圖 1-5）表示出來：

圖 1-5　全球二十大市場圖示

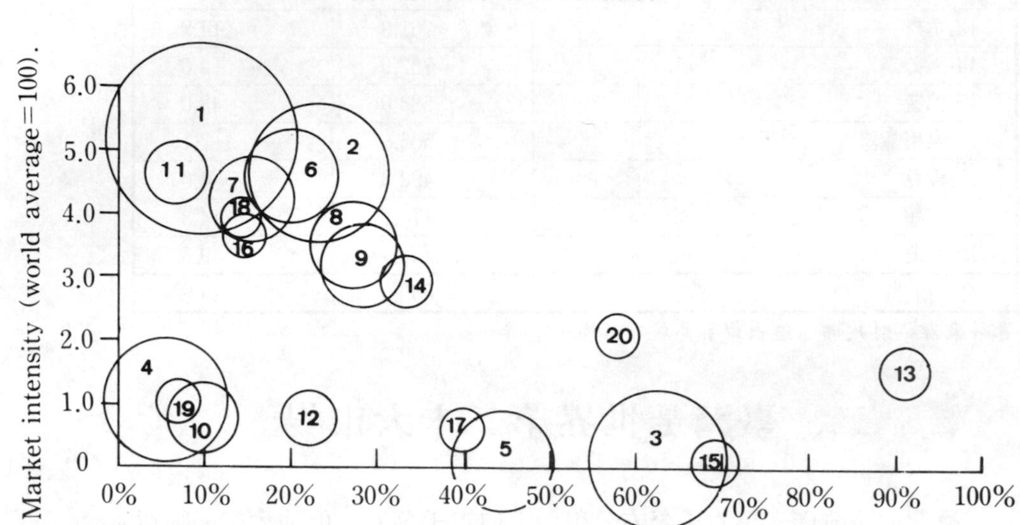

〔註〕

上圖圓圈大小代表市場規模(即所佔全球市場的比重)，圓圈中心點在橫軸方面代表 1986-90 期間的市場成長率，縱軸方面代表市場強度，並對上述名詞說明如下：

1. 市場成長率：此處市場成長率係指 1986-90 期間一國人口，鋼鐵消耗量、電力生產，以及小客車、貨車、大客車、電視機數量增加累計的平均值。

2. 市場強度(market intensity)：係指富裕程度，亦即各國間市場購買力的比較，主要指標包括：每人使用中小客車(倍計)、電話機、電視機、鋼鐵消耗量、電力生產、私人消費支出(倍計)，以及城市人口比重(倍計)的平均值。

3. 市場規模(market size)：採用指標包括總人口(倍計)、都市人口、私人消費支出、鋼鐵消耗量、電力生產，以及電話機、小客車、電視機的數量。

以上各項指標可參閱本書第三章各國統計資料。

又下表(表 1-10)係全世界主要地區及最大十二市場的購買力比較。又據瑞士國際經營研究所(IMI)及世界經濟公會所(WEF)調查，

1992 年世界各國綜合競爭力，臺灣在十四個新興工業國家中排名第二，僅次於新加坡，臺灣在科學技術方面的競爭力則高居第一位。

十四個新興工業國家是：臺灣、巴西、香港、匈牙利、印度、印尼、韓國、馬來西亞、墨西哥、巴基斯坦、新加坡、南非、泰國及委內瑞拉。1991 年臺灣在綜合競爭力排名是居於第四位。

表1-10　全球主要市場購買力比較

	市場規模（佔全世界市場的%）			市場強度（全世界＝1.00）			1986-90 累計市場成長率
	1980	1985	1990	1980	1985	1990	
●主要地區							
亞洲	20.23	24.57	30.88	0.34	0.39	0.41	30.20
西歐	25.79	24.05	22.99	2.90	2.70	3.50	19.98
(歐體)	18.68	19.60	19.80	3.31	3.17	3.88	22.98
(歐協)	2.87	2.63	2.26	3.24	3.35	4.58	15.96
東歐	17.78	15.96	10.80	2.17	1.40	1.12	8.14
北美	23.46	21.93	21.73	4.50	4.61	5.18	9.00
拉丁美洲	6.35	6.52	6.72	0.77	0.69	0.74	15.00
(拉丁美洲協會)	5.84	6.02	6.00	0.82	0.74	0.77	14.00
中東	1.55	2.90	2.34	0.51	0.62	0.54	16.77
非洲	3.80	2.92	3.36	0.21	0.20	0.20	18.06
大洋洲	1.04	1.15	1.18	2.93	3.23	3.76	14.50
全世界	100.00	100.00	100.00	1.00	1.00	1.00	
●主要國家							
美國	21.39	20.80	19.79	4.56	4.93	5.24	10.00
日本	9.42	8.07	9.22	3.56	4.25	4.64	22.90
中國大陸	4.70	6.28	9.22	0.19	0.20	0.23	62.20
前蘇聯	13.62	12.24	7.30	2.11	1.40	1.05	5.64
印度	1.49	3.98	4.99	0.09	0.11	0.13	44.20
前西德	4.79	4.41	4.64	3.81	4.38	4.64	20.03

義大利	4.04	3.36	3.72	3.36	3.20	4.15	15.56
法國	3.81	3.84	3.55	3.44	3.45	3.55	27.32
英國	3.23	3.29	3.26	2.78	2.92	3.26	28.45
巴西	2.46	3.60	2.50	0.88	0.81	0.84	10.00
加拿大	2.07	2.30	1.94	3.98	4.22	4.69	7.00
墨西哥	1.28	1.21	1.42	0.85	0.68	0.80	22.00

資料來源: *Business International,* July 6, 1992

注: 本表資料之說明請參閱上圖

〔第一章附表索引〕

〔第一章附圖索引〕

〔問題與討論〕

1.在你的印象中,國內那一些企業已奉行現代行銷觀念? 試舉一、二實例申述之。

2.行銷的定義有廣義與狹義之分,試比較分析其含義。

3.說明市場區隔化(marketing segmentation)的意義與利益。

4.自行銷學觀點,有形產品可分爲消費產品與工業產品兩大類,試說明其差異性,並請列舉數項產品,何種情況下視爲消費產品,從另一個角度觀之,又可視爲工業產品。

5.試述服務業特性與可採行的行銷策略。

6.服務業未來發展趨勢如何?

7.何謂國際行銷? 並引申說明其含義。

8.請說明「國際貿易」與「國際行銷」的區別。

9.試舉出一、二家國內或國際公司,說明其已邁向全球化經營階段。

10.簡述臺灣的國際行銷地位。

第二章　國際行銷環境

從上章中得知，從事國內行銷或者國際貿易行爲均較爲單純。國內行銷是在原已熟悉的環境中促銷產品，而國際貿易產品促銷工作多由進口商擔任；但從事國際行銷卻明顯的複雜而艱難，要在一個陌生的環境中從事綜合的商業活動，必須深入瞭解其社會文化、政治、法律、經濟等因素，才能揮軍出擊，增大勝算。

第一節　社會文化與國際行銷

中文「文化」一詞與英文的 Culture 均具有非常廣泛的含義，美國文化人類學家 Kroeker 和 Kluckhohm 合編了一書，專門闡釋 Culture 的意義，比較引用了數百種不同的定義。本書採用大多數人類學家所沿用的解釋，即「文化是一群人爲適應他們的環境，所建立起來代代相傳的生活方式。」上述定義可引申說明如下：

⑴文化並非與生俱來，而是學習而來的。

⑵文化是爲適應社會生活，對人類原始本能與衝動的反覆灌輸，世代相傳。

⑶文化是群我關係的一種自然應對與態度，也是人類解決共同問題

的共同方法。

(4)文化不同層面交互影響，或者鄰近地區交互影響。

(5)文化同時涵蓋意識與潛意識的價值、想法、態度及象徵。

(6)文化可以說是一群人的共同行爲的理想規範。

因此，從國際行銷的觀點，欲探索一個國家、或一個民族、一個社會的文化環境，需自各個角度去瞭解和認識，本書擬就教育水準、宗教、語言、風俗習慣、社會結構以及態度與價值來加以說明，且由於我國對外貿易一向以美國、日本爲主，先就兩國文化傳統及行爲對照比較❶，也因而對以下說明更容易瞭解，本節末並對部分國家對色彩圖案的喜愛和禁忌表列供作國際行銷的參考。

表2-1　美日之間文化傳統及行爲對照比較

	日本	美國
偶像觀念	群體	個人
態度	否定自我的相依性	自我表達的獨立性
強調	責任	權利
風格	合作	競爭
假定	互賴	獨立
自我觀點	組織人	專業個人
勞工認同感	公司	技術／機能
管理方式	通才	專才
信任方式	關係	合約
社會結構	垂直	水平
文化態度——1	我們很特別	每個人與我們都一樣
文化態度——2	願意接受調整	可塑性很低
組織目標——1	分享市場工作及就業率	獲利率
組織目標——2	全球市場的競爭	國家市場的競爭
組織目標——3	品質／顧客導向	生產／財務導向
政府與企業的關係	合作	獨立
公私部門的生涯互動	從政府走向企業	從企業走向政府
金融結構	債權比例8:2	4:6
主要相關者	員工	股東
主要價値／目標	和諧、共識	成功、勝利

❶參閱《全球行銷管理》，環球經濟社，民80年1月版，p.124。

一、教育水準

一個國家的教育水準往往與其經濟發展程度是一致的，教育水準不但與富裕程度具有密切的關係，也影響消費行爲。不同的文化修養表現出不同的審美觀，購買商品的選擇和方式也不相同。因此，教育水準對國際行銷影響可自以下三方面加以說明：

⑴教育水準低的國家宜銷售價格低廉，易於使用與操作的產品，而教育水準高的國家，卻需要先進、精密、性能多、品質高的產品。

⑵國際行銷工作需要經常進行市場調查、消費者訪問等活動，在教育水準低的國家這些工作進行較爲艱難，也不易找到適合的調查人員。

⑶教育水準也影響各種行銷策略的擬訂，譬如在文盲率很高的國家，做廣告最好不用文字形式，而多使用電視、廣播或現場示範、試用、試飲、試食等方式。

評估一個國家教育水準的高低，通常比較一國認字率，表 2-2 係部分國家有關的資料：

表2-2　主要國家十五歲以上人口識字率(1991)

瑞士	100.0%	巴西	81.0%
加拿大	99.0%	馬來西亞	78.5%
美國	95.5%	斐濟	85.5%
紐西蘭	100.0%	秘魯	85.1%
法國	98.8%	埃及	48.0%
香港	88.1%	蒙古	89.5%
澳洲	99.5%	泰國	93.0%
德國	100.0%	菲律賓	93.5%**
英國	100.0%	肯亞	69.0%
義大利	97.0%	斯里蘭卡	88.5%

日本	100.0%	巴基斯坦	35.0%
新加坡	90.7%	中國大陸	73.3%
臺灣	91.7%	印尼	85.0%
南韓	96.0%	印度	52.1%
澳門	61.3%**	奈及利亞	51.0%
汶萊	85.1%	阿富汗	29.4%
匈牙利	98.9%	寮國	83.9%
南非	79.3%	緬甸	81.0%
波蘭	98.7%	越南	88.0%
沙烏地阿拉伯	62.0%	孟加拉	35.3%
土耳其	81.0%	尼泊爾	26.0%
墨西哥	90.3%	柬埔寨	35.2%
巴拿馬	88.2%		

資料來源:《亞洲週刊》, 1993 年 2 月 14 日出版, p.8

注: **10歲以上人口認字率

二、宗教

世界上有無數的宗教, 中國也有很多很多的宗教, 但本書僅扼要說明世界三大宗教: 基督教、佛教與伊斯蘭教(回教), 而基督教又分爲天主教、東正教與新教三個教派, 各有其流行地區, 西南歐及南美國家多信奉天主教; 新教(亦稱基督教)流行於西北歐、北美和澳洲; 東正教則在前蘇聯與東歐部分國家。中東以至北非, 大體上屬於伊斯蘭教之範圍, 亞洲很多地區則盛行佛教, 印度信奉印度教, 由於印度有八億多人口, 印人又分布世界各地, 所以印度教也是世界重要宗教之一。

不同宗教具有不同的文化傾向, 影響著人們認識事物的方式、行爲準則與價值觀念, 從而影響著人們的消費行爲; 因此對從事國際行銷人士而言, 非常重視宗教習俗, 以下係較普遍的影響:

㈠宗教的假日

節慶與行銷活動具有密切關係，對於基督教國家而言，聖誕節是商品銷售旺季，尤其是禮品與玩具，通常在聖誕節前兩個月就要運抵市場鋪銷。而每年九月份是回教的齋戒月(Month of Ramadan)，朝聖的重要節日，反而沒有任何商業活動，甚至於觀光旅遊都要避免。至於星期天是基督教的安息日，不適合洽談商務。

㈡宗教上的禁忌影響消費行爲

例如，回教禁酒與禁食豬肉，女性極少在公共場所露面，還有許多不同的禁忌，在在都影響行銷活動。由於禁酒，天氣又特別炎熱，汽水和果汁反而暢銷，由於女性不能外出，因此女性家居服裝及內衣反而非常講究。由於回教認爲豬不潔淨，因此一切與豬有關的圖案和文字都不能出現在商品的標示和包裝上。印度教則因牛是聖牛，而禁食牛肉，但因多數印人係素食主義者，牛乳和牛乳製品反而需求甚大。

㈢各宗教婦女的地位亦影響行銷活動

現代女性對於購買的決定擁有很大的發言權，也實際從事購買行爲，故婦女的地位對於行銷活動便發生很大的影響。一般而言，基督教新教的婦女地位最高，天主教次之，佛教又次之，回教婦女地位最低。在中東回教國家，甚至於一般家庭用品的採購均由男性擔任。

㈣不同的宗教形成多個不同的市場

一個國家如有多種宗教，等於分割爲若干不同市場，對於國際行銷人士來說，必須根據各種宗教的禁忌、規範與特點，擬訂不同的行銷策略，包括產品設計、包裝、標示、廣告及其他促銷手段等，以滿足各個市場特殊的需要。例如，在比利時，荷蘭語系與法語系，天主教與新教各有其政黨與報紙，產品欲打入比利時市場，必須分別運用不同的產品策略與廣告媒體。

三、語言

世界上語言不下三千種，但爲國際社會常用的有英語、西班牙語、法語、德語、日語、俄語以及十二億人使用的中國語、八億人使用的印度語，而目前英語被視爲國際商業最普遍使用的語言。語言是國際行銷的重要工具，無論產品設計、包裝、標示、開發市場、廣告與促銷等，尤其是開發新市場，熟悉出口市場語言可收事半功倍之效，否則恰好事倍功半。

語言是一個國家文化的縮影，它是人們思想的、觀念的「直接現實」，例如英語中描述工商業活動的詞彙非常的豐富，這說明英、美工商業非常發達。而許多落後的國家，工商業活動的詞彙卻很貧乏。愛斯基摩人使用的詞彙不多，但描述雪的詞彙卻特別多，這是因爲他們居住寒冷地帶，不同形式、不同程度的雪，對他們生活起居(工作、娛樂、旅行和其他活動)影響甚大。而英語中描述雪的詞僅有一個(snow)，阿拉伯國家根本沒有雪這個字，因爲那兒不下雪。從事國際行銷還要特別注意某一國的語言文字在另一個國家完全不同的含義，譬如通用汽車公司製造的Nova雪佛蘭汽車，它的英文含義是「新星」，在西班牙語系這一類型的汽車賣得非常不好，原來"Nova"在西班牙語的意思是「跑不動」。又某一美國公司一項食品的品牌含義爲「使人滿意」，而翻譯成法語卻是「使人懷孕」，無怪乎在法國一直銷售欠佳。作者早年在荷蘭工作也親自經歷一個小故事，有國內兩位重要官員來荷考察請代訂旅館，電報中並特別囑咐房價經濟一點，作者就要秘書代訂海牙的一家海濱大飯店，因爲有特別優惠折扣，名稱是 Holland "Bad" Hotel，"Bad"一詞在荷語、德語含義都是"Beach"(海濱)的意思，因爲是旅館名稱，回電未予翻譯，也忘記用英文註記，兩位官員接到電報大爲惱怒，復電說：「我們只是想節省一點，住便宜一些的旅館，並不想住到『壞』(bad)的旅館處，請復電告之代訂的旅館到底壞到什麼程度?」

語言除了一般使用的「正常語言」外，還有所謂「時間語言」、「空間語言」、「友誼語言」與「協定語言」，對於國際行銷都非常重要。所謂「時間語言」係指作成決定所使用時間長短來衡量的，有些國家以迅速答覆來表示重視，但也有些國家故意延長答覆表示慎重。據美國商業習慣，如對方作出迅速答覆，則認爲重視所提之事，反之則表示興趣缺乏。所謂空間語言是指行銷活動的空間位置和距離，各國人民對空間看法不一，從事國際行銷活動時，應該注意各種文化對空間看法不一，這樣才不會造成對方不快。一般來說，美國人談生意可以在辦公室、咖啡館、午餐桌上、高爾夫球場或者在家裏，但不喜歡靠得很近，保持二至三公尺較爲適宜，印尼人不在家裏談生意，日本人也很少邀人到家裏談業務，但可以靠得很近，中國人在空間語言方面很少有任何禁忌。友誼語言係指友誼建立過程中的方式與習慣，譬如美國人喜歡一見如故，初次見面就喜歡互稱小名(first name)，歐洲人士寧願尊稱姓氏，某某先生，某某女士，除非相當熟悉後獲得對方同意才能以 first name 稱呼。以無聲的協定語言來說，在有些國家一旦簽訂合同，則表示交易的協議過程結束，此後一切按合同內容辦理。但是希臘人和中東國家的生意人，時常會提出要求修改合同。對於美國和多數歐洲國家而言，重要合同內容談判確定後，往往會先簽一份意願書(letter of intention)，對於意願書的內容非不得已不會要求修改，更不會棄之不顧，但對於回教國家和中國人來說，既然稱之爲意願書，棄之不顧又何妨。

語言習慣對於國際行銷也非常的重要，東西方人士在商業交談的基本態度上便存在很大差別，西方人士往往靜靜聆聽對方的談話，也很少使用肢體語言；而中國人和日本人爲了禮貌起見，不但口上一直回答“yes”，而且不停的點頭，但是代表的意思只是表示「知道了」，西方人士卻認爲你同意他的觀點，造成很大的誤解。而中東國家人士在回答“yes”時，卻含有其中東語文“聽從上帝意旨”的意思，因此當中東人士說“yes”時，也可能代表贊同，也可能是反對。又英文如詢問「你不反對我的提議嗎?」答覆應該是：「不，我不反對你的提議。」中國人卻習慣說「是的，我不反對你的提議。」

四、風俗習慣

一國的風俗習慣呈現於多方面，對國際行銷具有廣泛的影響，茲擇要分析說明如下：

㈠喜慶節日與假期

喜慶節日通常與宗教具有密切的關係，已在本節討論宗教時論及，中國農曆新年與宗教較無密切的關係，通常工商業會休假一、兩星期，日本、韓國等亞洲國家也慶祝農曆新年，不過假期沒有中國長。巴西等中南美國家每年二月間嘉年華假期，舉國狂歡的日子亦甚多。

又歐洲人士休假多集中在每年七月上旬到八月中旬，這一段時間幾乎找不到洽談商務的對象。

㈡時間觀念

美國人常說“Time is money”，因此美國人的生活與工作的節拍都令人感到過於緊湊，歐洲人就比較喜歡優閒；但歐、美人士都非常守時，約定時間一定要準時；中國人和中東人時間觀念就沒有那樣注重，尤其中東國家人士認為一切都是「上帝的意旨」，因此彼此不守時，甚至於爽約都無所謂。

(三)禁忌

除了宗教的禁忌外，例如基督教非常不喜歡 13 這個數字，特別是每月 13 日適逢星期五他們最不喜歡，所以千萬別選 13 日星期五作重要商務會談，或簽訂合約等。對於數字中國不喜歡四，因為四與死同音，所以許多大樓都沒有標示四樓。又譬如印度人認為新月出現的第一日是兇日，因此要避免這一天和印度人談生意。事實上，世界各國禁忌甚多，再舉若干例子以供參考。

美國人不喜歡蝙蝠(代表凶神惡煞)，英國人不喜歡象(代表蠢笨無用)，差不多西歐人都不喜歡山羊(代表壞人或膽小鬼)，又西歐人都不喜歡菊花、杜鵑花，甚至於所有黃色花(不吉利或者不忠誠)，日本人則不喜歡狐狸(貪婪)與荷花(喪花)，印度人不喜歡玫瑰(悼念之用)。

(四)作息時間

並不是所有國家上班都採 9-5 制(或接近這一段時間)，中南美洲以及歐洲的西班牙、葡萄牙和希臘，他們上班時間常常安排至近中午及近我們晚餐的這段時間，下午二至四時多半休息，午餐多在二時至三時，晚餐可能自十時開始延至深夜。法國和比利時中午休息通常也較荷蘭、德國為長，法、比兩國多數商店也在十二時至十四時休息，悠閒的去享受午餐。

(五)色彩

色彩的愛好與憎惡也是文化的一部分，為什麼某一民族特別愛好某一種顏色，另一個民族又特別憎惡那種顏色，有時很難解釋，只好歸之於「基於學習」,「代代相傳」。例如，愛爾蘭人和義大利人特別喜歡綠色，綠色的設計和包裝都會有利於促銷，但馬來西亞人最忌綠色，產品顏色如採用綠色，或者使用綠色包裝都會滯銷。

一般來說，歐美各國喜愛柔和、淡雅顏色，偏愛調和色彩，東方國家則愛好鮮明的絕對色，但是由於文化交互的影響，各國人民對色彩愛好程度也逐漸轉變中。下表(表 2-3)列舉世界部分國家對顏色的特別喜愛和禁忌。

(六)飲食起居

關係銷售那一類食品？促銷那一種建材和傢俱？都有著密切的關聯性。美國速食店進軍香港市場，漢堡店都很成功，烤雞店經營得非常艱苦，原因是廣東人會做各種美味的雞，卻沒有漢堡這道菜。美國綠巨人玉米罐頭在亞洲暢銷，在歐洲卻賣得不好，因爲歐洲許多國家玉米是用來餵豬的。德國人和法國人比義大利人更喜歡吃義大利麵，比利時人喜歡吃炸洋芋條當午餐，日本人喜歡吃生魚片和壽司，中國人幾乎什麼都吃。

要銷售建材和傢俱到海外市場，首先要瞭解住宅大小和材料，以及居住環境，一般來說美國人住很大的平房，還有很大的庭院，日本房屋狹小，大都市很少有大庭院的住宅，不過日本人和美國人都用木製建材；而歐洲人的房屋大小介乎美、日之間，喜歡庭院，但像美國那樣大的花園住宅卻也少見，歐洲房屋建材則多用石材。在美國市場暢銷的建材和傢俱，絕對不能移售於日本和歐洲，必須針對日本和歐洲各國住宅需要而特殊設計，建材和傢俱的國際行銷還要特別注意濕度和氣溫，庭園傢俱似乎是美國一枝獨秀。

表2-3　部分國家對顏色的喜愛和禁忌

國名	喜愛	禁忌	國名	喜愛	禁忌
英國	綠色。		泰國	紅、白、藍爲國家色，偏愛鮮明色彩。	黑色。
愛爾蘭	傳統的漆枯草綠色最受歡迎。	不歡迎英國國旗的紅白藍色組。	馬來西亞	紅、橙色、黑色及鮮艷的色彩。	綠色、黃色傳統爲王室服色，因此一般人不穿黃色服裝。
瑞典	無特殊愛好。	不宜在商業上使用代表國家的藍、黃色組。	新加坡	紅、藍、綠。	黑色。
法國	紅、黃、藍等鮮艷色彩。	墨綠色(納粹軍服色)。	巴基斯坦	鮮艷，以國旗上的翡翠綠最受歡迎，銀色、金色也爲大多數人所喜愛。	黃色、黑色。
德國	北部喜愛淡雅的灰色，南部喜愛鮮明的色彩。	茶色、深藍色、褐色。	印度	紅、黃、藍、綠、紫、橙色等鮮艷色彩。	黑色、白色、淡紫色。
義大利	綠色，服裝、化妝品喜用淡雅的色彩，食品、玩具等則喜歡鮮艷的色彩。	黑色(不吉利)，紫色(消極)。	沙烏地阿拉伯	綠色及鮮明的色彩。	黃色、粉色、紫色。
瑞士	紅白相間色組與濃淡相間色組。	黑色。	埃及	綠色(國家色)，視白底或黑底上的紅、橙、淺藍和青綠色是理想色。	藍色(惡魔)，不歡迎暗淡顏色和紫色。
希臘	黃色(吉祥)，藍和白相配色，或鮮明色彩。	黑色。	巴西	紅色，強烈鮮明的色彩。	紫色、黃色、暗茶色。
荷蘭	橙色和藍色代表國家色，節日廣泛使用橙色。	無特別禁忌。	墨西哥	紅、白、藍色組。	無特別禁忌。
美國	無特殊的愛好，大多數喜愛鮮艷的顏色，但不傾向於強烈的單色。	在商業上紅字不受歡迎(因帳面赤字用紅字表示)。	阿根庭	黃、綠色組。	黑色、紫色、紫褐色。
日本	柔和而又鮮艷的色彩，特別喜歡紅白相間的顏色，近年來視灰色、黑色爲高級產品。	深灰色。			

五、社會結構

社會結構或稱社會組織涉及範圍甚廣，最受到國際行銷關注的有家庭大小、社會階層以及女性的地位，茲分述如次：

㈠家庭大小

在傳統上可區分小家庭和大家庭，小家庭又稱核心家庭，由父母和子女組成，大家庭又稱擴大家庭，由父母、子女、祖父母甚至於兄弟姊妹住在一起，現代歐美日等先進國已較少見大家庭，反而由於社會觀念變遷，所得增加，出現許多單身家庭，而且所佔比例愈來愈大，值得國際行銷人員重視。單身家庭增加迅速原因，包括⑴年輕人成年後提前離開父母獨居；⑵晚婚；⑶離婚率增高。

家庭大小直接影響消費型態，一般來說小家庭購買的家用電器和用具都會較小，在購買電鍋時多選購四人份或六人份的，不會買八人份、十人份的，但社會富裕後購買行爲也會轉變，小家庭也會買大電冰箱、大電視機等。甚至於單身家庭也會購買大型電器，不過不會買很多炊具，因爲單身人一定外食居多。

㈡社會階層

現代社會制度下，階級觀念已逐漸消失，但由於收入的多寡，可區分三等分爲高所得階層、中所得階層與低所得階層，或五等分爲最高所得階層、高所得階層、中所得階層、低所得階層與最低所得階層。一般來說，在購買消費品時，高所得階層重視品質與品牌，較不重視價格，低所得階層恰好相反，而中所得階層可能三者皆重視，或較重視品質和價格。

各所得階層在心理方面存在很大差異性，進而影響消費行爲，茲就中高所得階層與低所得階層心理方面的差異比較如表 2-4 ❷：

表2-4　不同所得階層在心理方面的差異

中、高所得階層	低所得階層
1.著眼在將來	1.著眼在現在
2.生活在長遠的時間裏	2.生活在短暫的時間裏
3.多數住在城市地區或市郊	3.多數住在市中心區或鄉村
4.較傾向於理智	4.較傾向於情感
5.對於世界具有建設性的意識	5.對於世界具有模糊的和非建設性的意識
6.視野寬闊和無限制的	6.視野狹窄和有限制的
7.作成決定時經過周密考慮	7.作成決定時僅略加考慮
8.充滿自信，願意冒險	8.過分重視安全
9.思想趨向無形的和抽象的	9.思想趨向有形的和知覺的
10.將自己與國家大事聯繫在一起	10.生活在自我和家庭的圈子裏

㈢女性的地位

時代進步女性地位愈來愈提高，又可分爲女性在經濟社會中的地位，以及女性在家庭的地位兩部分敘述之：

1.女性在經濟社會中的地位

一般來說，經濟發展程度愈高，婦女在社會中地位也愈高，美國婦女的地位又較歐洲爲高。在亞洲來說，中國(無論大陸和臺灣)婦女的地位皆相當高，不但就業率普遍，女性擔任各機構主管的比例亦甚高，以臺灣的外貿協會與南韓貿易振興會爲例，1992 年時，外貿協會中級主管中⅓以上是女性，而南韓貿易振興會幾乎一位都沒有。而中國大陸擁有多位女性大使，而日本、韓國極爲少見。1992 年底，美國選出五位女性參議員，四十七位女性衆議員，美國女性地位更進一步提高可想而知。

❷參閱本書作者著《行銷學》，三民書局，民78年12月初版，p.62。

北非與中東原來婦女在社會中毫無地位，但近年來教育普及，女性地位日漸提高，埃及就是顯著的例子，不但就業人數多，婦女擔任主管的也愈來愈多；中東的科威特甚至於有女性擔任企業的負責人。

2.女性在家庭的地位

行銷人士特別重視婦女在家庭中的地位，因為家庭中何人作成購買的決定，對產品設計、包裝、廣告及促銷均有密切的關係。1993 年春季《突破》雜誌曾對臺灣家庭選購消費品，女性消費者決策參與率作過一次調查，下表係調查結果供作參考(表 2-5)：

表2-5 臺灣家庭常用商品消費決策率

決策方式 決策項目	電視	冰箱	微波爐	汽車	食品及日用品	旅遊	總計
太太	12.62	22.9	40.65	7.01	70.56	17.29	171.03
先生	32.71	21.96	15.89	54.67	5.14	13.08	143.45
一起	54.67	55.14	42.99	37.85	23.83	68.22	282.7

六、態度與價值觀念

從國際行銷的觀點，非常重視人們對時間、新事物、財富和風險的態度和觀念，茲分別敍述如下。

(一)對時間的態度

「時間就是金錢」、「時間就是生命」、「今天能做的事不要拖到明天」，這些都是美國人的口頭禪，也足以說明美國人是世界上最重視時間的民族。歐洲人就悠閒得多，走路較為緩慢，進餐的時間很長，他們看到美國人行路匆匆，甚至於譏諷說：「何必這樣急於奔向墳墓」。南美洲和中東國家則對時間觀念非常模糊，一切都可以留待「明天」再說。

美國重視時間，所以一切節省時間的產品都受到歡迎，如快餐、即溶咖啡、立即顯影照相機、微波爐、一分鐘快煮米等。歐洲和南美洲人爲享受一杯香濃的咖啡，他們從挑選咖啡豆，研磨成粉，然後點燃傳統的酒精壺，慢慢煮一杯自己喜歡的咖啡，對於美國人是很難想像的一件事。所以，美國滿街充斥速食店，超級市場內調理食品種類繁多，在歐洲就少見多了；南美洲的家庭主婦往往花三、四小時準備一頓晚餐。

㈡對新事物的態度

美國人也是最愛好新奇，對新事物最能接受的民族；因此美國市場最歡迎新產品，全世界創新產品都把目標對準美國市場。歐洲人就比較傳統和保守(除衣著類外)，新產品攻入頗爲不易。以多年前的匈牙利魔術方塊爲例，在美國幾乎瘋狂的暢銷了一年半，歐洲市場才開始接受，而且也只流行了數個月而已。但是衣著類——衣服和鞋子，卻傳統上由歐洲領導流行，義大利的衣服和鞋子都著名於世。

㈢對財富的態度

財富能改善生活，增進幸福，絕大部分的世人均喜愛財富，但對財富的態度卻不盡相同。歐美人心中愛財，口上也頌揚財富，認爲一個人財富多少與能力大小有關，社會機會平等，人人都可以追求財富，有錢的人處處受到尊敬，這也因爲歐美國家有完善的稅制，擁有財富愈多，表示繳稅也愈多。東方人同樣愛財，但多數人口中卻聲稱「錢財如糞土」，「財富是罪惡」。這種對財富不同的表達態度，對於國際行銷人士來說，在廣告促銷方面需要特別注意，在廣告詞句與訴求方面稍不注意，便會發生負面的效果。譬如在中國大陸做廣告便要特別注意，因爲共產主義一向視財富如罪惡，雖然今天大陸的中國人也在拼命追求財富，但是他們只能做不能說，更不願他人知道，因此如果在大陸推出高級公寓或別墅時，在臺灣常用的廣告詞句：「代表尊貴、財富、地位」便不適宜，很容易引起負面效果，宜採用：「舒適、恢復疲勞、提高工作效率」，或者說：「讓你充滿活力，爲國家社會作更多的貢獻」等用詞較爲適合。

㈣對風險的態度

一國國民冒險的態度，或者從事商業行爲對風險的態度，均對國際行銷發生影響，在一個謹愼的民族，購買商品不願冒任何風險時，廠商對產品品質一定要能提出強而有力的保證，價格也要老幼無欺，所以零售店要做到一定天數內包退包換的保證，商品才容易暢銷。

第二節　政治風險與國際行銷

臺灣的企業近年來除湧向中國大陸投資，也在泰國、越南投資頗多，並計畫投資於菲律賓和俄羅斯，這些投資都存在許許多多政治風險。

國際行銷與出口貿易不同，每一筆出口貿易在較短時間內會完成交易，而海外併購或投資，每一計畫短則數年，長則十餘年，所動用金額往往非常龐大。多年前日本三井曾與伊朗國營石油公司合作，預定耗資二十五億美元建造一座世界最大化學工廠，但當建廠完成85%時，發生兩伊戰爭，三井損失極爲重大，竟造成那一年三井難得一見的虧損。

政治環境涉及層面非常廣泛，茲就政府型態、政黨制度、政府干涉、其他政治風險等分別討論之。

一、政府型態

最主要可區分爲民主政體和獨裁政體，民主政體又可區分爲民主共和和君主立憲；獨裁政體則可能是一人獨裁、少數人獨裁或一黨獨裁。在民主政體下，通常政府政策具有穩定性和連續性，相對的政治風險較低，譬如 1992 年底，美國共和黨執政十二年後，現任總統布希卻輸給了民主黨的克林頓，雖然兩黨候選人在競選時政見有著很大不同，但當民主黨執政後由於民主政治政策連續性的特色，對外人投資的態度並不會有顯著的改變。而在獨裁政體下，政治風險就大多了。

二、政黨制度

通常可分爲兩黨政治、多黨政治與一黨政治三種型態，實施兩黨政治與多黨政治的國家，多屬民主政體，一黨政治也可能是實施民主政治的國家，例如日本、新加坡與墨西哥皆是一黨獨大國家，他們政治上都非常民主，但多數一黨政治傾向獨裁政體，尤其是共黨國家。

英國與美國是標準兩黨政治，交互執政。英國有工黨和保守黨，前者傾向改革，較爲激進，重視社會福利，因此往往接近社會主義理想；而後者較爲保守，傾向資本主義。二次大戰後，英國工黨執政多年，但自從保守黨柴契爾夫人當選後，主政長達十年，迄今(1992 年底)仍由保守黨的梅傑擔任首相。美國則有民主與共和兩黨，前者立場接近英國工黨，後者則接近保守黨，自雷根當選總統共和黨執政長達十二年，1993 年起才改由民主黨的克林頓擔任總統。對於外國投資的態度，一般來說英保守黨與美共和黨較傾於鼓勵。

多黨政治常見於歐洲大陸國家，而以義大利具代表性，必須多黨聯合在一起才能組成政府，因此政策常常呈現妥協性，有時中間偏右，有時中間偏左，內閣極不穩定，往往數個月就會更換一個政府，但由於多黨政治多屬民主政制，政府政策有其一致性，政權更迭對外人投資影響不大。

三、政府干涉

政府干涉可能表現於國有化(nationalize)政策，外匯管制，進口限制及勞工政策各方面，茲分述如次：

㈠國有化政策

亦即沒收，係政府干涉最嚴重的一種，國際企業進行海外購併與投資前，首先要考慮的是地主國是否會實施國有化政策。一國實施沒收有時係針對一部分產業進行，例如墨西哥政府 1937 年宣布沒收外資鐵路事業，1938 年接掌境內外國石油工業；另一種情形是宣布對全國外資產業實施國有化政策，最顯著實例是古巴卡斯楚奪取政權後，一夕之間沒收了古巴所有的外資企業。

沒收又可分爲補償性沒收與無補償性沒收，一般來說，一個政府基於某種目的沒收一項或少數幾項產業，通常會經由談判給予相當程度的補償。如果經由革命奪得政權宣佈全面性沒收，則很少給予補償。

近年以來，由於資訊發達，對外投資往往基於互利的觀點，實施國有化政策已較爲少見。

㈡外匯管制

海外投資目前較關切的反而是外匯管制問題，全球除少數工業先進國外，皆實施不同程度的外匯管制，以中國大陸爲例，雖然鼓勵世界各國前往投資，但目前仍實施相當嚴格外匯管制辦法，而且人民幣對美元的匯率官價與黑市之間仍有相當差距。在外匯管制情形下，外資企業如何匯出利潤，或者撤資時如何匯出投資金額，皆是進行海外投資前預先要妥爲規劃。

一個國家原先沒有外匯管制，但因爲發生嚴重外匯短缺情形，而宣布外匯管制。例如八〇年代初期，奈及利亞就曾嚴重延後支付外匯措施。一般而言，民主政體較少會實施突發性外匯管制。

㈢進口限制

一個政府爲保護本國農工業，或者爲平衡貿易收支，往往採取進口限制。譬如我國對日貿易呈現巨額逆差，許多產品包括汽車在內，均限制自日本進口，重大工程招標時亦僅開歐美標。美國亦常爲促進公平交易，藉 301 方案大幅提高關稅來限制自對手國進口某類產品。

除上述情形外，限制進口亦可能藉實施進口許可證，進口配額，或限制外資企業採用本地生產之零配件，或規定外資企業產品一定比率自製率等來加以規範。

㈣勞工政策

政治風險多發生在落後國家或專制獨裁國家，唯獨勞工問題係工業國家的產物。由於歐美先進國社會福利制度周全，各產業皆有強大的工會組織，往往政府訂定法律限制企業任意解僱員工，超時工作有一定的規範，工會還可能聯合要求加薪與分享利潤等。

四、政治風險之規避

由於政治風險涉及的層面非常廣泛，因此企業無論藉購併或投資進入國際市場，應主動採取適當的因應策略，防患於未然。

- 避免涉及重要民生物資；譬如糖、鹽、主要糧食、肥料、汽油等。
- 避免涉及重要工業原料；例如水泥、鋼鐵、電力及重要化工原料、機械工具。
- 避免涉及可能影響國防之產業，例如交通工業與電訊設備。
- 避免涉及公共衛生與消費者健康之產業；譬如主要食物與主要藥品。
- 避免涉及與大眾傳播有關之產業；譬如印刷出版業、電視廣播業及主要服務業。
- 避免涉及造成環保問題的產業；諸如會造成大量污水、廢氣或噪音之產業。
- 避免影響公共安全或可能抵觸法律之產業；譬如生產煙火或含有酒類之糖果。
- 避免生產百分之百依賴當地原料、技術與勞力之產業。
- 避免投資與當地產業可能發生激烈競爭之產業。
- 避免投資需消耗當地大量外匯或能源之產業。

以上係就消極觀點的一些建議來規避政治風險，國際企業更應採取積極措施來增進良好的關係。

- 不圖謀一己之利益，應注意當地員工與地主國之利益，因此要辦好員工福利，準時繳納各項稅捐。
- 深入瞭解地主國社會文化環境，鼓勵母國派遣員工學習地主國之語言，時時注意不與當地人生活傳統發生衝突。
- 管理階層多擢升當地有才幹之員工，並採取地主國行銷方式爭取顧客、服務顧客。

- 對當地公司儘可能賦與決策權，勿造成當地人印象一切控制於總公司。
- 儘量參與當地節慶活動，並多從事慈善公益工作。

第三節　法律制度與國際行銷

國際行銷的法律環境非常廣泛而複雜，不但本國法律有各種規定限制外，本國與他國所簽訂的雙邊條約與協定、區域經濟組織之法規、國際貿易法規以及地主國的法律規章等，欲國際行銷進行順利，均需密切關注與遵守其規定，茲分別簡述如次：

一、本國法律規定

世界很少有國家對國際行銷採完全放任態度，或多或少制訂法律或頒佈命令予以管制，常見的有以下數種類型。

㈠對出口國家或地區的限制

譬如多年前我國一直限制與共產地區從事貿易往來，美國也有很長的一段時間限制高科技產品輸往共產地區。近年來我國雖已開放對中國大陸的出口與投資，但許多高科技產品、重化工業仍在禁止之列。美國至今(1992 年底)仍對越南、古巴禁止貿易往來。

㈡對出口產品的管制

如前述高科技與國防科技往往禁止出口至具有敵對意識的國家或地

區，當然也包括對外投資在內。又世界各國對於武器、彈藥、痲醉藥物及古玩等之出口，均有管制之特殊規定。

㈢對海外投資的管制

在外匯短缺的國家，對於企業赴海外投資有相當嚴格的限制，我國企業八〇年代中期以前，企業欲投資海外，需向經濟部申請許可始得爲之。一國政府亦由於政治因素限制企業對外投資，譬如我國目前仍禁止水泥、鋼鐵與汽車等工業赴大陸投資。

除了上述規定外，海外公司並受到本國稅法的限制，許多國家並規定海外事業不得違反本國經濟利益。

二、雙邊條約與協定

早年我國與美國簽訂有「中美投資協定」，斷交後則代之「臺灣關係法」，1993 年兩國又將簽訂「貿易及投資架構協定」，這些都是典型的雙邊條約與協定，以規範兩國間彼此的政治、經濟與貿易關係。

在雙邊條約中，通常要依據最惠國待遇原則和國民待遇原則。所謂最惠國待遇原則是指締約國一方現在和將來給予任何第三國的優惠待遇，必須同樣給予對方。這裡所謂的優惠待遇是指一國在貿易、關稅、投資、航運等方面給予另一國的優待，如放寬進口限制、減免關稅、給予投資獎勵及允許對方航輪過境與靠岸等。至於國民待遇是保證給予締約國的公民、企業和船舶在本國境內享受與本國公民、企業和船舶同等的待遇。

近年來，由於國際相互投資愈來愈多，各國相互簽訂租稅協定也愈來愈普遍。所謂租稅協定主要目的在避免雙重課稅(double taxation)，亦即海外企業已向地主國繳納所得稅，則其本國政府僅課徵高於地主國稅率之部分。

三、區域經濟組織之法規

經濟區域組織之法規雖是規範區域內會員國的法規，但是對於區域外國家亦具有不同程度的影響，譬如在歐洲共同體實施三十餘年的「羅馬條約」(the Rome Treaty)，不但衝擊歐洲鄰近國家，對全世界各國也帶來廣泛影響。因此，歐體新通過的「馬斯垂克條約」(the Maastricht Treaty)，未曾施行前已引起世界各國政府的關注。

1993 年底，美國、加拿大與墨西哥將組成北美自由貿易區，因此三國所簽訂的「北美自由貿易協定」亦將對全世界造成廣泛的影響。

四、國際貿易法規

有關國際貿易法規涉及範圍甚廣，包括商務仲裁、商標註冊、專利登記、統一提單，以及海運、民航、電訊公約等，而最受關注的是發生商務糾紛時如何解決爭端的問題以及各項工業所有權的保護。

㈠仲裁

一般而言，國際貿易發生糾紛時解決的途徑，不外乎和解、訴訟與仲裁三途。透過私人談判和解是最佳解決途徑；而訴訟則應儘量避免，訴訟不但費時費錢，而且不易獲得公正的判決，如在地主國進行訴訟，則易引起當地人民的反感。因此發生貿易糾紛和解不成時，最好是訴諸於仲裁。

仲裁(arbitration)是當前世界各國解決貿易糾紛最常使用的方法，通常在簽訂合約時先行約定，發生貿易糾紛時約定由簽約的某一方所在地的仲裁機構擔任仲裁，或者約定由國際仲裁機構擔任仲裁。如果合約中未曾列明仲裁條款，一旦發生貿易糾紛，亦可經由雙方同意指定仲裁機構進行仲裁程序。

目前世界先進國家多設有仲裁機構，我國多年前亦已有「中華民國仲裁協會」的設置。至於國際仲裁機構最具權威的首推國際商會(The International Chamber of Commerce)的仲裁法庭(Court of Arbitration)。該會並建議，有意藉仲裁解決爭議的契約當事人，在契約中或其他重要文件加列下述條款：

"All disputes arising in connection with the present contract shall be finally settled under the rules of conciliation and arbitration of the International Chamber of Commerce by one or more arbitrators appointed in accordance with the said rules."

中文譯意爲：所有有關本契約所引起的爭議，最終必須依國際商會仲裁及調解規則，選定一個或一個以上的仲裁者依上述規則處理。

美國仲裁協會(The American Arbitration Association)原先是美國最早的仲裁機構，原以處理美國境內或與美國貿易糾紛案件爲限，但現已擴張至處理全球的仲裁案件。該會建議列入契約的仲裁條款如下：

"Any controversy or claim arising out of or relating to this contract, or the breach thereof , shall be settled by arbitration in the United States, in accordance with the Rules of the American Arbitration Association and judgement upon the award rendered by the arbitrator may be entered in any court having jurisdiction thereof."

中文譯意為：本契約所引起或有關本契約之任何爭論，得在美國依美國仲裁協會之規則仲裁之，仲裁者所作之判定得供法庭裁判之參考。

至於仲裁的程序，各個仲裁機構頗為類似。茲以國際商會的仲裁法庭為例，通常先邀各爭議人調解爭議，調解不成才開始仲裁程序。仲裁之原告與被告各從合格可被接受的仲裁人中選定一人為之辯護，國際商會的仲裁法庭則從有名的律師、法官、教授等人士之名單中選一人為裁判。仲裁人(即裁判)會安排會議聽兩造的意見，然後據以作成判斷。由於國際商會執法謹嚴公正，因此裁決效果極佳，歷年所作判決約有90%為雙方當事人所接受。

仲裁判決除了雙方當事人均接受圓滿結果外，是否具有強制力亦為當事人所關切。一般而言，仲裁判決仍須到債務人所在地或履約地進行訴訟，取得法院的判決才得以強制執行。美國則訂有聯邦仲裁法(Federal Arbitration Law)，承認仲裁條款具有法律效力，部分歐洲國家亦訂有類似條文。但有一些中東國家法律規定，如果仲裁不在中東國家進行，則仲裁結果不能強制執行。此外，全球超過五十六個國家已簽字於聯合國「承認及執行外國仲裁判斷會議」(U.N. Convention on the Recognition and Enforcement of Foreign Arbitral Awards)，這些國家相互承認仲裁判決在簽字國具有拘束力。

㈡工業所有權

工業所有權包括專利、商標或品牌。專利不僅指新發明、新型、新式樣，尚包括製造過程與設計，以及處方(formulas)等工業財產與智慧財產。歐美國家對保護工業財產權的重視遠自十九世紀開始❸，我國直至近十年因仿冒問題的嚴重性才受到重視。

發明、新型、新式樣與商標權利，均屬於知識財產或無形財產權，總稱爲工業所有權(industrial property)。時至今日，國際經濟愈發達，專利權與商標權的保護如僅限於一國國內實施，亦不能發揮其功能，必須倡導爲國際性之保護。工業先進國家早已注意及此，尤其是歐洲諸國，面積甚小而交通與商業發達，遠在1883年，西班牙、義大利、荷蘭、葡萄牙、比利時、瑞士、塞爾維亞、巴西、瓜地馬拉、薩爾瓦多等十國發起簽訂保護工業所有權的「巴黎公約」(Paris Convention for the Protection of Industrial Property)，自組成「國際工業所有權保護聯盟」(International Union for the Protection of Industrial Property)，自那時起，簽字國的數目逐年均有增加，截止1968年9月已擁有七十八個會員國。該聯盟目前之秘書處——即設在瑞士的聯合國國際智慧所有權保護局(United International Bureau for the Protection Intellecture Property)，主要目標在於如何加強各主權國家在所有權範圍內的合作，並如何使工業所有權的保護更爲適當，也更易於獲得。並於獲得後，能有效的被尊重。

除上述「巴黎公約」外，另有五項國際協定，均與保護工業所有權有關。茲列其名稱暨簽訂日期與主要內容如次：

⑴制止貨品來源之虛僞指示之馬德里協定(Madrid Agreement for Repression of False or Deceptive Indication of Source on Goods)，1891年4月14日簽訂，共有二十九個簽字國。主要內容爲協定簽字國對於所有附有虛僞來源指示之貨品，當輸入時，應予沒收，或禁止輸入，或採取其他行動或制裁。

⑵關於國際標章註冊之「馬德里協定」(Madrid Agreement Con-

❸參閱本書作者著《行銷學》，三民書局，民78年12月初版，pp.103～105。

cerning the International Registration of Marks), 亦於 1891 年 4 月 14 日簽訂, 共有二十一個簽字國。該協會規定商標註册(包括服務商標註冊), 向設於日內瓦之聯合國智慧所有權保護局爲之, 每件國際註冊可在數國生效, 亦可能在所有簽字國生效。

⑶關於國際商業設計存放之「海牙協定」(The Hague Agreement Concerning the International Deposit of Industrial Designs), 1925 年 11 月 6 日簽訂, 參加協定的一共有十四國。乃規定簽字國或會中條件的非簽字國, 將其工業設計逕向聯合國智慧所有權保護局作國際存放, 即可獲得其他簽字國之保護。

⑷關於標章註冊用之國際貨品及服務分類之「尼斯協定」(Nice Agreement Concerning the International Classification of Goods and Services for the Purpose of Registration of Marks), 於 1957 年 6 月 15 日簽訂, 參加該協定共二十四國, 該協定規定一種商標及服務標章註冊所用之貨品及服務分類。

⑸原產地名稱的保護及其他國際組織之「里斯本協定」(Lisbon Agreement for the Protection of Appellations of Origin and their International Registration), 1958 年 11 月 30 日簽訂, 該協定的目的, 在對於原產地之名稱, 提供保護。

綜觀「巴黎公約」與以上各協定之內涵, 國際工業所有權, 不僅包括發明專利、新型、工業設計(新式樣)及商標幾種權利, 並包括商號(trade name)、來源指示(indication of source)、原產地名稱(appellation of origin)及不正當競爭在內。

工業所有權的保護, 其本身自非終極之目的。工業所有權保護乃鼓勵工業化、投資及公平交易的一種手段。凡此種種, 均經過詳細的設計, 使有助於人類獲致更多的安全與舒適, 更少之貧窮, 及更爲美滿的生活。

五、地主國的法律規章

地主國法律涉及範圍非常廣泛，幾乎所有商務法律均與國際行銷發生密切關係。譬如大家近年來所熟知的美國「301 條款」，係美國爲制裁外國不公平貿易行爲的報復手段，尤其「特別 301」與「超級 301」殺傷力極大，各國行銷業者均聞之色變。又譬如德國與其他許多歐洲國家對於促銷方法限制甚多，規定極爲繁雜，連專業律師也不能完全清楚，略舉數實例如下：

- 德國商品廣告禁止使用比較用語，如「最佳」「較佳」等。
- 法國禁止廠商以低於成本價促銷商品，亦不准引誘購買甲物而贈送乙物。
- 芬蘭嚴格禁止煙酒、藥品(包括減肥藥)在報紙或電視從事廣告活動。
- 奧地利對於商品以折扣與獎品促銷，訂有嚴格的規定。
- 比利時對藥品訂定有最高價格的限制外，且規定批發商與零售商的利潤分別爲 12.5%與 30%。
- 西班牙對電影院的廣告課稅。

地主國法律如此廣泛而錯綜複雜，茲就具普遍性影響者，諸如消費者保護規定、環境保護法規、反傾銷法規、公平交易法等，分別說明於後。

(一)消費者保護規定

由於中華民國消費協會強力的推動，消費者運動在國內已不陌生。

美國則遠在 1891 年在紐約成立消費者聯盟，1898 年成立消費者聯盟全國總會。消費者運動原於一般消費者基於健康對食品安全的考慮，稍後所關切產品的範圍延伸至耐久消費品，諸如家庭電器、視聽器材與汽、機車等，進而擴及虛僞宣傳、不實標示、企業壟斷等領域，1962 年 4 月 15 日美國總統甘迺迪在向國會所提出的「保護消費者權利的特別咨文」中，揭櫫消費者的四項基本權利：

1.求安全的權利

消費者在購物或接受服務時，對於有害健康或危害生命安全的產品或服務，有要求獲得安全保障的權利。

2.求知的權利

消費者有瞭解眞象的權利。由於消費者資訊來源困難，爲避免因受詐欺、虛僞、誤導的消息、廣告、標示等行爲而受傷害，消費者有權利要求了解物品的性能、價值、規格等資料，再決定是否購買。

3.選擇的權利

消費者應有足夠而明確的資訊，以及自由競爭的市場，不受企業壟斷的威脅，針對產品的品質、價格以爲選擇的依據。

4.表達意見的權利

當政府在制定經濟或社會與消費者有關的政策或法令時，消費者有權利充分表達其意見，並受到尊重的權利。政府與企業經營者亦應按照消費者的意見。消費者在受損害時，亦有權利提出抱怨及申訴。

其後在 1969 年，美國尼克森總統又提出消費者的第五項權利——求償的權利。即消費者在購買商品或接受服務而遭受損害時，有要求合理賠償的權利，其求償的範圍包括了物質、精神、身體之損害等。

從上述美國宣示的消費者基本權利，產品輸出或在國外生產，以及從事國際行銷活動，應注意以下普遍性的原則：

- 食品、藥品、電器應嚴格注意其安全性，符合地主國有關安全法律的規定。
- 商品品質或服務品質，應與消費者支付的價格相對等。
- 商品應按地主國的商品標示法詳予標示，並應與標示內容完全符合一致。
- 商品廣告應注意其眞實性，不得刊登誇大與虛僞不實的廣告，地主國對商品促銷有法律規定者應遵守其規定。
- 商品訂價應符合自由的精神，不應有價格壟斷的現象。
- 從事郵購與直銷更應注重誠實信用原則，地主國如有法律規定者應符合其法律規定。
- 由於本身商品導致消費者受損害時，應予適當的賠償與救濟。
- 商品或服務如附有定型化契約時，應同時注意消費者之權益。

㈡環境保護法規

環境保護與消費者保護具有密切的關係，也是消費者保護的延伸，不但要保護這一代的消費者，也關懷未來子孫的權益，因此現代國家愈來愈重視環境保護，對於從事國際行銷的人士來說，更應如履薄冰了。

環保問題已發展為世界性問題，環保政策與經濟發展互相衝突，因而引發南北對抗(貧窮國家與富裕國家的衝突)，本書不擬就理論方面進行探討，僅就發展國際行銷的立場，敍述國際企業如何因應國內外日趨嚴格的環境保護標準，分別就海外投資與商品出口兩大部門敍述之。

1.海外投資與環境保護

各國環保標準不一，企業赴海外投資以前，必須充分瞭解地主國環保標準，並編列充分的預算，在設廠前或設廠同時先做好環保設施，如屬於高污染工業，並應與預定設廠地點的附近居民先做好溝通工作。

設置工廠最重要環保項目是空氣污染的管制與水污染的管制，兹將我國與其他主要國家的標準比較如表 2-6 供參考。

表2-6　我國與其他國家環保標準比較

類別	比較國家 管制項目	臺灣	日本	美國	韓國	新加坡
空氣污染管制項目	硫氧化物(SOx)	750 PPM	33～750 PPM	50～1500 PPM	1700 PPM	750 PPM
	氮氧化物(NOx)	250～500 PPM	56～500 PPM	56～750 PPM	1000 PPM	850 PPM
	粒狀物	50～700 毫克	100～700 毫克	28～500 毫克	1000 毫克	1000 毫克
	粒狀物不透光率	20%	20%	20%	40%	40%
	燃油含硫量	1.5%	0.1～1%	0.1～1.5%	1～4%	2.5%
水污染管制項目(注)	生化需氧量(BOD)	50～100 毫克	80～200 毫克	80～200 毫克	—	—
	化學需氧量(COD)	100～650 毫克	50～200 毫克	350 毫克	200～750 毫克	500 毫克以下
	懸浮微粒	50～200 毫克	50～200 毫克	50～200 毫克	50～200 毫克	50～200 毫克
	透視度	15 cm	無	無	無	無
	毒性物質及重金屬	我國管制鎘、鉛、汞、鋅、銀、銅等，均與日本、美國、加拿大標準一致				

資料來源：行政院環保署　　製表：孟錦明

注：水污染項目我國均以民國八十二年管制標準爲主

廢棄物的處理，也愈來愈受到各國環保的重視。譬如 1992 年中發生在我國高雄楠梓電子公司，由於廢棄印刷電路板處理不當，幾乎遭遇勒令停工的處分。

2.商品輸出與環境保護

環保是一股無可抗拒的力量，雖然企業家並不喜歡環保，但大勢所趨，從事國際行銷活動也唯有做好環保一途了。

商品輸出如何做好環保工作，較遵守保護消費者規定更爲複雜而困難。法國工業界、環保人士、法國消費者協會於 1992 年初已合力完成法國「綠色標準」的規定，將經過正式立法頒布施行。

上述綠色標準核可範圍，包括自產品設計一直到產品報廢的銷毀處理的全部過程，只要過程的任何一個細節對環境有所影響都包含在內。因此綠色標準與以往傳統的國家標準有很大的不同，其檢驗包括用料、製造、包裝、使用、銷毀，兼及每一個細節，也就是環保人士所稱的「由搖籃到墳墓」的一貫制。

法國即將施行的綠色標準無論法國企業或外國企業皆可提出申請，經審查通過後，由法國國家標準協會(AFNOR)發給「綠色標籤」，產品就可以在法國市場通行無阻。進一步，此一制度也將推及於歐體及全歐洲。

至於德國，將於 1993 年起實施「德國包裝法規」，今後未符合法規規定的進口產品，一旦被德國海關查獲，將遭到退運。鑑於環保要求的高升，歐體其他各國亦根據德國版本爲藍本擬訂包裝法規，屆時歐體或全歐洲將出現一致性的規定。

德國自 1993 年起亦實施「RESY」和「GREEN DOT」(綠點)兩項標誌，國內外企業都可以提出申請。產品如僅使用紙板類爲包裝材料，只要申請取得「RESY」標誌即可，費用不高手續亦較簡單。假如包裝材料使用廣泛者，則需申請 DSL 的「GREEN DOT」標誌，不但費用高手續亦較複雜。

至於無論是否申請 DSL 的「綠色標誌」，如果在德國市場出售的產品所使用的包裝材料爲塑膠類，則必須在外箱上標示「回收代碼」(Recycling Codes)，其代碼爲：(1) PETE：保特瓶之類的材料；(2) HDPE：高密度 PE 材料，如果汁瓶、清潔劑瓶；(3) V：即 PVC 材料；(4) LDPE：低密度 PE，如麵包袋、垃圾袋；(5) PP：聚丙烯材料，如瓶蓋、吸管；(6) PS：保麗龍之類材料；(7)其他材料：如微波盤、蕃茄醬瓶等。

按照德國新包裝法的要求，未來最好以紙類材料來取代塑膠材料。在未有效取代現有包裝材料前，減量使用一方面可減少廢棄物，另一方面可作爲應付嚴格包裝法的設計基礎。

德國包裝法規已逐漸成爲全球包裝法規的典範，從事國際行銷人士宜注意此一趨勢。

(三)反傾銷法規

世界各國爲保護其本國產業，往往訂有反傾銷法律(Antidumping Law)。反傾銷制度是關稅貿易總協定(General Agreement of Trade and Tariff，簡稱 GATT)所允許的合法措施，GATT 公約第六條允許會員國「對一國產品以低於其正常價格輸往另一國，致嚴重損害進口國之某一產業，或有嚴重損害之虞或阻礙某一產業之建立時，得以對之課徵不高於該產品之傾銷差額(margin of dumping)的反傾銷稅，以抵銷或防止傾銷。」

上述條款僅爲原則性規定，茲就美國對進口產品課徵反傾銷稅的條件、標準及計算方式舉例說明如下❹：

1.反傾銷稅課徵要件

根據美國有關反傾銷的規定，發布反傾銷稅課徵命令的要件包括：

(1)美國商務部認定外國出口商已將產品以「低於公平價格在美國出

❹參閱蔡宏明先生撰寫〈反傾銷差率，你該知道!〉，《工商雜誌》，1990年3月號。

售。」

⑵美國國際貿易委員會認定：由於被控產品以低於公平價格在美國出售，已使其國內相關產業遭受重大損害或威脅，或使該產業之建立遭受嚴重阻礙。

若符合上述二要件，美國得對進口產品課徵反傾銷稅，該稅之數額應等於商品之外國市場價格與美國價格間之差額，或稱傾銷差率。

2.反傾銷價格的認定：

構成反傾銷的重要要件之一，主要在於出口價格低於正常價格，亦即美國所謂低於公平價格。美國對於外國市場價格(foreign market value)可能由下列三種方法計算而得，即：

⑴產品出口國市場售價　即指相同或類似產品在出口國本國市場銷售之價格。若其本國市場交易量不及5%，則改採用以下兩種方式之一。

⑵第三國售價　與輸美產品在外型、功能上最相似者。

⑶推定價格　係根據下列項目之和計算推定價格：

A.產品出口前之生產費用，如原料、工資和固定成本。

B.本國市場之行銷和管理費用，並不得少於第①項之10%。

C.產品之毛利，不得少於①＋②項之8%。

D.輸美產品之包裝與裝箱費用。

㈣公平交易法

公平交易法源於反托拉斯法(Antitrust Act)，美國雪耳曼法案(Sherman Act)首先倡導，其他工業先進國紛紛跟進，形成風潮。反托拉斯法原來亦係為保護消費者目的，倡導自由競爭以防止獨佔與聯合壟斷，近年來世界各國更延伸含義制訂公平交易法，倡導公平的競爭環境，使中、小企業或新加入企業增大成功機會，消費者的權益也因而獲得更周密的保護。茲以我國「公平交易法」為例說明一般要點如下：

1.獨佔、結合及聯合行爲之規範

獨佔、結合及聯合行爲將限制競爭、妨害市場及價格功能，以及消費者之權益，故「公平交易法」原則上加以禁止。但聯合行爲態樣甚多，效用亦不一，並不宜完全否定其功能，故我國「公交法」規定如果聯合行爲有益於整體經濟與公共利益時，經中央主管機關許可者，不在此限。

至於事業結合發展之結果，有導致獨佔、限制市場競爭的可能，故公交法乃對事業結合訂有明文規範，但爲兼顧鼓勵中小企業藉合併以達到經濟規模之政策，我國「公交法」僅對達到一定規模之事業要進行結合才予規範，規定事前須向中央主管機關申請許可。

(1)事業因結合而使其市場佔有率達⅓者。

(2)參與結合之一事業，其市場佔有率達¼者。

(3)參與結合之一事業，其上一會計年度之銷售金額，超過中央主管機關所公告之金額者。

2.不公平競爭之防止

(1)不當限制商品轉售價格之行爲　亦即所謂「維持轉售價格」(Resale Price Maintenance)，係屬於上下游廠商間垂直聯合行爲之一種。舉例而言，若製造商甲在將商品出售於批發商乙時，要求乙必須按照其所規定的價格轉售於零售商，或甲直接限定其製造商品之零售價格等行爲，即所謂之「維持轉售價格」。

若上游廠商施行維持轉售價格的政策，無形中將剝奪下游廠商自由決定價格的權利，產生限制配銷階段價格競爭的效果，對市場競爭將有不利之影響，其中尤以產品差異化程度高或具獨佔、寡佔傾向之產品爲然。故多數國家對於廠商之維持轉售價格行爲多抱持禁止態度，僅對於出版品或部分市場競爭激烈之日用品給予例外許可。

(2)仿冒他人商品或服務表徵行爲　仿冒行爲嚴重侵害他人事業之權益，我國「公平交易法」明白規定事業就其營業提供之商品或服務，不

得有下列三款之行為:

A.以相關大衆所共知之他人姓名、商號或公司名稱、商標、商品容器、包裝、外觀或其他顯示他人商品之表徵，為相同或類似之使用，致與他人商品混淆，或販賣、運送、輸出或輸入該項表徵之商品者。

B.以相關大衆所共知之他人姓名、商號或公司名稱、標章或其他表示他人營業、服務之表徵，為相同或類似之使用，致與他人營業或服務之設施或活動混淆者。

C.於同一商品或同類商品，使用相同或近似未經註冊之外國著名商標。

⑶於商品或廣告為虛偽不實或引人錯誤表示行為　廠商所提供之商品資訊，涉及之範圍極廣，其中有關商品之價格、數量、品質、內容、製造方法、製造日期、有效期限、使用方法、用途、原產地、製造者等資訊，常被消費者引為決定購買與否之主要判斷依據。因此，部分業者即利用此消費者購買行為之特性，作虛偽不實或引人錯誤之廣告標示。例如品質內容與商品名稱不符，實際重量少於包裝盒上標示之重量，國產品標示為進口品，塗改有效期限等，藉以誘使消費者購買，造成消費者之權益受損並影響其他業者之正常發展，進而形成市場之不公平競爭。

⑷損害他人營業之信譽行為　營業信譽是社會對於企業之評價，評價之高低，往往影響該企業之經濟活動，甚至關係該企業之存廢。在商場如戰場之今日，企業間存在激烈競爭，某些不肖業者藉陳述或散布不實消息，打擊競爭者之營業信譽，以達到減少競爭之目的，其作為係屬有害交易秩序之不公平競爭行為，故各國公平交易法多予禁止之。

⑸不正當之多層次傳銷行為　多層次行銷(mutil-level marketing)亦係現代行銷方法的一種，公平交易法禁止的是不正當的多層次傳(行)銷行為(或稱直銷行為)，我國「公平交易法」第二十三條明文規定:「多層次傳銷，其參加人如取得佣金、獎金或其他經濟利益，主要係基於介

紹他人加入，而非基於其所推廣或銷售商品或勞務之合理市價者，不得爲之。」

不正當多層次傳銷俗稱「老鼠會」，與正當的多層次傳銷行爲，可從下表（表 2-7）各項判別指標加以區別。

表2-7 正當的與不正當的多層次傳銷的區別

判別指標	正當的多層次傳銷	不正當的多層次傳銷
①經銷商利潤來源	以零售利潤及其與下線經銷商間的業績獎金差額爲主要來源。	以介紹他人加入抽取佣金爲主要收入來源。
②公司利潤來源	主要靠整體經銷商之零售業績。	主要靠最低層新入會員之入會費。
③加入條件	無須繳費或僅繳交小額資料費用且無須訂貨。	須繳交高額入會費或認購相當金額商品。
④產品價格	產品價格合理具有市場競爭力。	產品訂價偏高或價值很難確定。
⑤產品保證	有滿意保證或責任保險。	無滿意保證或責任保險。
⑥產品退貨	可接受一定期間無因退貨。	不准退貨或退貨條件嚴苛。
⑦經銷商之保障	經銷商之義務、責任及應享權利規定清楚。	缺乏保障。
⑧經營理念	長期提供優良產品，滿足顧客需求。	短期內詐欺大量財富，賺飽就跑。
⑨公司壽命	長久。	短暫。
⑩公司策略	零售與推薦並重，鼓勵建立銷售網。	鼓勵會員推薦新人以擴展組織業績。
⑪制度特性	公平合理，精密周延，很難坐享其成。	強調高報酬，易升遷，可以坐享其成。

資料來源：行政院公平交易委員會

以上係「公平交易法」部分重要規範，此外竊取他人營業祕密之妨礙公平競爭行爲、有妨害公平競爭之虞行爲，或其他足以影響交易秩序之欺罔或顯失公平行爲，均可能爲「公平交易法」所禁止。

違反上述「公平交易法」之行爲，各國處罰規定不同，我國「公平交易法」規定最高可處行爲人三年以下有期徒刑，拘役或科或併科一百萬元以下罰金。

第四節　經濟金融與國際行銷

對於國際行銷而言，一個國家的經濟環境與金融環境更會發生直接而密切的關係，以下分別就人口、所得水準、經濟發展階段、地理因素、基本建設、經濟制度以及金融環境等，茲分別扼要列述如次：

一、人口

人口的多少是決定市場購買力基本因素，一個國家不管它如何貧窮，如果擁有衆多人口，依然受到國際行銷人士的重視，因爲許多生活必需品，如食物、衣鞋、藥品等的需求依然形成一個相當龐大的市場，在其所得稍微提高後，對於一些低價的產品，如飲料、自行車、縫級機、文具、運動用品等的需求都隨著增加。中國大陸便是一個最顯著的例子，十餘年前儘管如何的貧窮落後，但因其擁有十二億人口，一直受到國際行銷人士的重視。事實證明，在近年經濟開放後，其購買力增加速度確是驚人，1992 年出進口值高達一千六百六十億美元，已躍居全球第十一位貿易大國。據國際經濟學家估計，如果中國大陸經濟繼續大幅成長，到了二十一世紀初期，中國大陸將超越美國成爲世界第一大經濟實體。由於中國大陸經驗，擁有近九億人口的印度，近年來亦開始倡導經濟開放政策，勢將成爲國際行銷人士注意的下一個目標。

除了總人口是決定市場購買力的基本因素外，對行銷影響的人口因素尙包括人口成長率、性別、年齡結構、人口分布與人口密度以及勞動力等。本書除於第三章中提供世界各國總人口與人口成長率統計資料供選擇目標市場參考外；關於人口性別、年齡結構、人口分布與人口密度，對行銷策略的擬訂的可能影響，將於本書各章中分別敍述之。

二、所得水準

傳統上，在區分各國所得水準時，皆以國民每人平均所得美元爲計算標準，事實上近年來美元匯率變動甚大，加以各國物價水準不同，故本節在討論所得水準對國際行銷的影響，雖亦區分爲低所得、中所得及高所得三種類型的國家，僅從相對的角度加以討論，而不訂定一定數額的美元爲區分標準。

㈠低所得國家

這些國家經濟未曾開發或初開發階段，可任意支配所得甚低，民衆的生活停留在自給自足的社會，僅有簡單的商業活動，市場上的商品僅限於食物、衣鞋及簡單的日用品，配銷方法亦甚原始，大衆傳播工具與廣告媒體尙未見重要。臺灣光復初期與目前大陸內陸省份，以及中南美、西南亞、非洲多數國家皆屬於低所得型態。

㈡中所得國家

邁向中所得國家，民衆可任意支配所得已略爲提高，購買力也已大幅增加，市場上商品已漸見增多，除生活必需品外，玩具、運動用品以及裝飾品、家庭電器等已處處可見，不過消費者選購時優先考慮的首先仍是價格，其次是品質，品牌與流行尙未十分重視。此一階段配銷通路亦漸趨複雜，廣告媒體和其他促銷方法也漸受重視。七〇與八〇年代的臺灣屬於中所得國家的消費型態，邁向九〇年代，臺灣已漸進入高所得國家的行銷模式。

㈢高所得國家

高所得國家的民衆購買力已遠超過他們生活的需要，也就是可任意支配所得已大幅提高，他們不但購買更新、更好的商品，也追求各種的服務，經常赴國內外旅行，欣賞音樂、舞蹈與戲劇，付高價收藏古董與名家字畫，在聲色場所一擲千金也不在乎。在高所得社會，商品的品牌與流行顯得非常重要，配銷體系複雜而完整，廣告媒體與各種行銷服務機構十分興盛。美、日、澳、紐及西北歐各國皆屬高所得國家。

三、經濟發展階段

一個國家的經濟所處階段不同，民衆收入的差別很大，消費者對產品的需求也就有很大的差異，從而直接或間接影響國際行銷。例如，經濟發展水準較高的國家，其配銷體系偏重於大規模自動化零售業，如百貨公司、超級市場、特級市場及購物中心等。而經濟發展較低的社會，則偏重於家庭式及小規模的零售業。以消費品市場來說，經濟發展水準高的國家，強調產品品質、品牌、設計、性能及特色，大量廣告及變化萬千的促銷方法，品質競爭重於價格競爭。而在經濟發展水準低的國家，則較側重產品的功能及實用性，推廣着重於顧客的傳播介紹，價格因素比產品品質更爲重要。在工業產品市場方面，經濟發展水準高的國家，著重投資大但能節省勞動力的先進、精密、自動化程度高、性能好的生產設備。而在經濟發展水準低的國家，它的機器設備投資少而需要大量勞動力，簡單而易於操作。因此，對於不同的經濟發展階段的市場，應採取不同的行銷策略。

著名的經濟學者羅斯多(Walt W. Rostow)的「經濟階段論」，將世界各國的經濟發展歸納爲下述五個階段❺：

1.傳統社會

處於傳統社會階段的國家，社會簡單、文盲率高、公共設施(如水、電、公路等)簡陋，生產力水準低，尤其未能採用現代科技方法從事生產，民衆知識文化水準低，無法進行各種建設。

2.起飛前夕

現代科學技術與知識開始應用到農業及工業生產方面，各種交通運輸、通訊及電力設施逐漸建立，民衆的教育及保健亦逐漸受到重視。

3.起飛階段

各種社會設施及人力資源已能維持經濟穩定的發展，農業及各項產業逐漸現代化。

4.趨向成熟

在此階段內，不但能維持經濟長足的進步，從而不斷追求更現代化的科技應用於各種經濟活動，這些國家也開始多方面參加各種經濟活動。

5.高度消費

個人所得激增，公共設施、社會福利設備日趨完善，整個經濟呈現大量生產、大量消費狀態。

大致來說，凡屬前三階段國家屬於落後國家及發展中國家，後二階段國家屬於已開發國家。

值得注意的是，一個國家處於不同經濟發展階段，對於國際行銷差異性甚大。在傳統社會階段，生產力低，社會以自給自足爲主，既無商品可供出口，也無外匯可供進口。起飛前夕階段，是一個國家從封閉型的農業經濟走向開放型的工業化經濟，生產技術水準提高，經濟成長增

❺參閱林俊秀先生著《國際行銷學》，桂冠圖書公司，民79年四版，pp.104～105。

快，急需進口大量的先進技術與設備，以推動經濟發展。但其出口主要是資源或勞力密集產品，出口能力有限，外匯收入尚不足以滿足進口之需要。在起飛階段，一個國家的工業化已初步建立，經濟持續穩定地成長，進口產品種類和數量都迅速增加。在趨向成熟階段，一個國家工業化已經達成，開始積極參與國際分工，主要出口爲資本與技術密集型產品，而進口資源密集與勞動密切產品。進入高消費時期，一個國家的各種資源得到有效配置，經濟發展日趨完善，進口的需要與出口的能力穩定而平衡地增長。

四、地理因素

一國各種地理因素，諸如氣候、地形與自然資源等，對於行銷策略都直接或間接影響作用，茲分別簡述如次：

㈠氣候

氣候特徵可包括溫度、雨量、濕度等，對於當地產品行銷具有密切關係，適合溫帶的產品，未必適合酷熱或嚴寒地區，譬如在歐洲需求量很大的羊毛圍巾和皮手套，在東南亞、中東、非洲便沒有任何銷路；在降雨量大的荷蘭暢銷的雨衣雨傘雨鞋等產品，在沙烏地阿拉伯乏人問津；在濕度高的地區生產的產品，未必適合在氣候乾燥的國家使用，譬如臺灣製造的傢俱，必須經過乾燥處理，才能銷往北美與歐洲國家。又汽車產銷和氣候具有密切關係，早年歐洲汽車因未經特殊設計，在臺灣使用空調系統常發生問題，而熱帶國家產製的汽車，在歐洲、北美嚴寒的地區，到了冬天引擎往往無法發動。

雖然，氣候與經濟發展關係，缺乏絕對科學根據，但是顯然的，非洲與亞洲的熱帶國家，其經濟發展程度遠落在歐、美、日之後。

㈡地形

土地表面許多特徵，諸如山川、湖泊、森林與沙漠都包含於地形之中。地形的差異，對於行銷策略的擬訂具有密切關係，尤其在實體分配影響更大，譬如貨物需經過廣大沙漠才能運抵市場，或者目標市場位於高山峻嶺之中，往往要先考慮高運輸成本問題。

高山的阻礙是影響行銷的地形最大因素，高山的居民往往與平地居民消費行爲不同，他們通常生活單純、物質欲望低，購買力也較低。臺灣與中國大陸的山地，大都爲原住民居住，他們生活與消費型態往往如此。高山亦往往將一個國家區隔爲二個或多個截然不同的市場，譬如臺灣的東部地區購買力與消費行爲便與西部地區差異甚大；南美的安第斯山就將許多南美洲國分隔成完全不同的區域，這些區域在政治上是一體的，但在文化與經濟方面卻有着顯著的差異。秘魯更是一個顯著的例子，天然地形阻隔形成三個截然不同的市場，其中以沿海的狹長地區發展程度最高，而其他兩地區在發展程度上，差別可以以世紀計算。

河流與港口由於能提供運輸的便利，對於實體配銷策略的考慮影響甚大，譬如荷蘭的鹿特丹港，不但是一個優良的不凍港，而且位於歐洲三條主要河流的出口，所以形成歐洲對外貿易的門戶。

㈢自然資源

礦產、農林產品、水力乃至風力都是重要自然資源，不但直接影響購買力，而且影響一國產業與貿易發展模式。譬如盛產石油的國家，如沙烏地阿拉伯、科威特、委內瑞拉等國家，其購買力與經濟發展計畫無不受石油產量與國際價格的影響。

因此評估一個國家經濟發展遠景，選擇海外投資地點，天然資源均是重要考慮因素之一，譬如臺灣的合板業、橡膠產品業及籐製家具業向外投資時，首先考慮的便是盛產原料的印尼和馬來西亞。

五、基本建設

一個國家基本建設是否完善，往往決定其經濟開發程度。基本建設愈完善其現代化程度亦愈高，行銷活動亦愈頻繁，因此對於國際行銷人士而言，在開發一個海外市場之前，應先調查其各項基本建設，包括鐵、公路的里數、大、小汽車的數量、港口設備、電話、電傳(telex)及傳眞機(telefax)的數量、水泥與鋼鐵的生產量、電力的消耗量等，上述主要資料均將於本書第三章中提供世界重要國家的數據，供作擬訂行銷策略的參考。

基本建設也包括商業設施在內，對於行銷活動而言正如同交通、通訊、運輸及能源同等重要。一個現代化國家重要商業設施諸如銀行或其他金融機構、市場調查研究機構、廣告代理公司、配銷通路以及其他支援行銷服務機構等，對於擬訂行銷策略、評估行銷費用皆十分重要。

六、經濟制度

一國經濟制度與國際行銷具有密切的關係。世界各國的經濟制度基本上可劃分爲資本主義與社會主義兩大類。如果根據財產的所有權來劃分，經濟制度可分爲私有經濟制度和公有經濟制度。如果根據資源分配和控制方法來劃分，經濟制度又可分爲市場經濟和計畫經濟。一般來說，資本主義經濟制度實施是私有經濟和市場經濟，而社會主義實施的是公有經濟和計畫經濟。事實上一個國家的經濟制度是非常複雜的，某種純粹的經濟制度幾乎是不存在的，往往數種制度相互配合與運用。

以前蘇聯爲首的社會主義陣容，二次大戰以來嚴格實施公有經濟制度與計畫經濟制度，四十餘年來證明經濟瀕臨破產；九〇年代開始紛紛改採市場導向經濟制度。中國大陸公開倡導採取「中國式社會主義的市場經濟」，努力邁向開放與改革。

不同的經濟制度對國際行銷有不同的影響，在市場經濟條件下，其特徵是價格調整著市場供求關係，市場供求又自動調節生產、調節資源的分配。企業完全根據自身的經濟目標及條件來擬訂行銷策略，企業的產品也較容易進入市場。而在計畫經濟制度下，國家通過下達指令性計畫，對資源的分配、產品的生產都主要由計畫部門統籌計畫、安排和分配，並調節市場供需。各個企業的行銷計畫與行銷活動都必須配合國家計畫，因此，市場開拓就比較困難。

七、金融環境

國際金融體制無是不在變化之中，尤其是世界主要國家貨幣的匯率，無論你在工作，你在上下班的交通工具上，你在用餐，乃至你在睡眠中，它時時刻刻都在變動。股票與期貨市場也幾乎保持永不停息在起伏波動，各國貨幣政策與通貨膨脹率也差異甚大。對於企業來說，一旦進入國際行銷體系，面對瞬息萬變的國際金融環境，必須具備充分的人才、知識與經驗，才能應付如此複雜的情況，才能將國際行銷利益發揮至極限，而將國際行銷風險降至最低點。

匯率的變動是直接關係外銷企業的利潤，國內一家如果經常擁有數千萬美元訂單在手中的廠商，新臺幣升值一元就會損失新臺幣千萬元以上；反之，新臺幣貶值一元，就無形中多賺一千多萬元的利潤。對於一個有經驗的國際行銷企業而言，通常是不承擔匯率風險，當然也不企圖從匯率變動中獲益。他們一般的做法是將銷貨預期收入的外匯，先在外匯市場中預先售出，以後漲落便不受影響。至於企業購料需要外匯時，亦根據購料需要外匯的時間表，向外匯市場預購外匯，因此亦不受外匯漲落的影響。

影響匯率變動的因素甚多，請參閱下表(表 2-8)。

在國際金融環境中，通貨膨脹率也是行銷人士最關心的問題。一般而言，已開發國家通貨膨脹率很低，經常維持在 2～3%之間；而開發中國家通貨膨脹率較高，常出現二位數字。中南美洲的巴西，阿根廷等國，某幾年通貨膨脹率曾出現 1,000%以上(世界各國通貨膨脹率請參考第三章各節有關資料)。

表2-8　外匯市場貨幣價值的影響因素

經濟	1.收支平衡帳 經常帳：貿易順差或逆差、產品、勞務及投資收入情形 資本帳：長短期金融工具的需求順逆差 2.各國利率及實質利率 3.國內通貨膨脹率 4.金融及財政政策 5.目前及未來國際競爭力預估 6.外匯存底 7.該國貨幣及資產吸引力(資產分金融性及實質性) 8.政府控制及獎勵措施 9.貨幣在全球金融及貿易的重要性
政治	10.執政黨及領袖的哲學 11.大選時期的遠近
預期心理	12.分析家、貿易商、銀行家、經濟學家及商人的預期或意見 13.期貨市場匯率價格
底限	上述因素的底限，即匯率的高低取決於交易實際狀況，交易價格的背後，已綜合貨幣供應力量，信念或動機的總合，最終的供應平衡點即決定出匯率。

資料來源：《全球行銷管理》，環球經濟社出版，p.158

通貨膨脹直接影響國際行銷訂價策略，在通貨膨脹低而穩定的國家，實施訂價較為單純；而在高膨脹率的國家行銷，訂價便是一件非常複雜而艱鉅的工作，爲了考慮市場上許多複雜的競爭因素以外，高通貨膨脹的國家往往實施物價與外匯管制，在在皆使得複雜情況更加複雜。但對於有經驗的國際行銷人士而言，反而認爲在高膨脹率的市場行銷，如果懂得運用訂價策略與金融工具，可以獲取較高的行銷利潤。

八、重要國際經濟金融組織

當前世界上最重要的三個國際經濟金融機構，且具有官方性質的名稱如下：

(1)關稅暨貿易總協定(General Agreement of Trade and Tariff, 簡稱 GATT)。

(2)國際貨幣基金(International Monetary Fund, 簡稱 IMF)。

(3)國際復興開發銀行(International Bank for Reconstruction and Development, 簡稱 IBRD)或稱世界銀行(World Bank)。

近年來我國對外貿易大幅成長，與國際經濟關係極爲密切，但由於我國並非上述三個機構的會員，在聯繫上與發展關係方面甚爲不便，因此不但我國本身，乃至主要貿易對手國都希望我國儘快重返這些國際組織，尤其是 GATT，經過這幾年來的努力不懈，重返的機會已將成熟。茲扼要說明上述三機構之性質與功能如次：

(一)關稅暨貿易總協定

目前世界主要國家中，除臺灣與中國大陸外多爲關稅暨貿易總協定(GATT)之締約國，GATT 誠如其名所示，係國際間規範關稅與對外貿易之協定。其基本精神在於使各締約國經由互惠互利之協商，削減關稅及其他貿易障礙，摒除歧視待遇，確保充分就業及實質所得與有效需求之穩定成長，因此，導致世界資源之充分利用，擴大商品之生產與交易，以提高各國國民之生活水準。

關稅暨貿易總協定於 1948 年 5 月 21 日初簽生效，中華民國係二十三個原始締約國之一，1949 年由於撤離中國大陸，乃於 1950 年 5 月 5 日聲明退出 GATT，四十年來臺灣與中國大陸均未重返 GATT，直至近兩年海峽兩岸才認眞提出申請，臺灣係以臺澎金馬獨立關稅區之名義，重新申請加入 GATT。

GATT 倡導自由貿易，其基本原則如下：

1.最惠國待遇原則

係對締約國間之不歧視待遇，亦即任一締約國對任何國家(不限於締約國)之貿易相關措施，必須立即且無條件適用於所有締約國。

2.國民待遇原則

係對於本國與外國間之不歧視待遇，亦即任一締約國應對來自其他締約國之輸入品，給予與本國產品相同之待遇。

3.關稅減讓原則

GATT 最基本的精神在於經濟談判，協議達成各國的關稅減讓。各締約國亦可經由 GATT 的討論，解決貿易有關的問題，亦可由 GATT 處理其爭端。

根據 GATT 以上倡導之精神與原則，我國加入 GATT 後有許多優點亦有不少缺點，茲就享有權利與負擔義務說明如次：

1.享有的權利

(1)可享受普遍最惠國之待遇及各締約國間關稅減讓之利益。

(2)與締約國(包括無邦交國家)建立關係及政府間諮商管道。

(3)利用 GATT 處理爭端架構，解決國際間貿易摩擦。

(4)獲取各國經貿資料，掌握各國談判之立場，並利用 GATT 表達我國立場，爭取有利地位。

2.負擔之義務

⑴必須給予他國最惠國與國民待遇。

⑵進出口各項措施需保持透明化。

⑶只能使用關稅措施，撤除一切非關稅障礙。

⑷如有貿易摩擦，必須符合 GATT 精神諮商解決。

㈡國際貨幣基金

二次大戰後的協約國召開布列敦森林會議，創立一個國際金融體制，以輔導戰後重建及刺激經濟成長。並為鼓勵貿易投資，在體系下決定提供貨幣轉換可能性，並定期調整貨幣價值以維持匯率長久的平衡。

前述會議結束後形成的金融體制，包括國際復興開發銀行(世界銀行)負責戰後受創國的復建與開發支援；另一組織即國際貨幣基金，負責監督國際金融體制的管理。

自 1944 年至 1971 年期間，國際貨幣基金主要重建金本位制度的固定匯率，凡加入國際貨幣基金的國家都須先訂立本國貨幣對美元的匯率，而且匯率的變動須維持一定的上下限之間。此一期間的國際金融體制可歸納如下❻：

⑴固定匯率，所有貨幣之匯率均緊盯美元。

⑵各國致力維持匯率固定，維持在±1%以內之變動率。

⑶美金官方交易價為三十五美元可兌換一金衡盎斯。官方美元指 IMF 會員國之中央銀行所持有之美元。在此體制下，美元顯然較黃金為佳，因為美元既可生利息，又可隨時兌換黃金，而且省去保存黃金的成本。

⑷黃金、美元準備及 IMF 地位由官方負責。

⑸依照 IMF 預定程序控制固定匯率的調整。事實上，在此體制下不

❻參閱《全球行銷管理》，環球經濟社，民80年版，p.152。

尋常的大幅貶值較常發生，小幅度的重估或貶值反而不多見。

1971 年，上述體制終於在美國龐大的赤字支出下宣告崩潰，整個世界美金發行量不斷增加，各國中央銀行持有的外匯準備遠超過美國擁有的黃金存量，顯然，美國已無法兌換美金對等之黃金。於是，尼克森總統遂片面宣布取消美金兌換對等黃金的承諾，一夕之間上述舊體制趨於瓦解，轉向另一項新的體制。

依然在國際貨幣基金主導下，取而代之的是「特別提款權」(Special Drawing Rights)的有管理的浮動匯率(floating exchange rate)。

Special Drawing Rights 簡稱 SDRs，係國際貨幣基金會所創造的一種人爲通貨單位(artificial currency units)❼，於 1970 年 1 月 1 日起首次分配給國際貨幣基金會的各會員國。其主要目的是在補充國際準備(黃金、美元)的不足，並替代黃金作爲國際支付的記帳單位(unit of account)。由於特別提款權具有取代黃金的作用，但卻只列於國際貨幣基金會的帳上，不能兌換成黃金，故俗稱紙金(paper gold)。

國際貨幣基金會每年按各會員國所認繳的攤額(quota)比例，分配定額的特別提款權，撥入各會員國在國際貨幣基金會的特別提款帳戶(special drawing account)中，全部列爲國際準備，其性質等於該會員國的存款。當會員國在國際收支(balance of payments)發生逆差，或其國際準備情況的發展有必要時，均得使用此權利，向其他會員國交換等值的外匯，而毋須事先繳納其本國貨幣，也不受國際貨幣基金會事前或事後的審查與拘束。但是國際貨幣基金會爲了防止各會員國爲解決長期國際收支逆差的問題，而過分依賴特別提款權，所以規定各會員國在一定期間內所持有的特別提款權，不得低於其在國際貨幣基金會中總配額的某一比例。

❼參閱《國際金融貿易大辭典》，中華徵信所出版，pp.909～910。

每一單位特別提款權的價值最初規定等於 0.88-8671 公克的黃金，與 1971 年 12 月貶值前一美元的價值相等；1974 年 7 月以後改採標準籃(standard basket)的辦法，以 1968 年至 1972 年間商品與勞務輸出額佔世界總輸出額 1%以上的十六個國家，其通貨加權平均計算特別提款權的價值；而自 1981 年 1 月 1 日起又將標準籃簡化成五種貨幣，其權數爲美元(42%)、西德馬克(19%)、法國法郎(13%)、日圓(13%)、英鎊(13%)。特別提款權的利息是每季計算一次，而其利率則自 1974 年 1 月 1 日起根據美、西德、法、日本、英等五個主要國家貨幣市場的短期利率決定。除了用於各國政府間或國際貨幣基金會的轉帳交易之外，特別提款權也可作爲私人契約或國際協議的記帳單位，但私人依規定不能持有特別提款權。

凡聯合國會員均自動是國際貨幣基金的會員。國際貨幣基金負責國際金融體制的運作，管轄各會員國之匯率政策，審核國際流動性的發展並管理特別提款權體制。會員國有對外調度困難者，可提供其暫時性援助，並配合其他技術性支援，以推廣國際間金融合作關係。

㈢國際復興開發銀行

國際復興開發銀行(即世界銀行，簡稱世銀)於 1945 年 12 月創立，1947 年成爲聯合國的專門機構之一，其宗旨是：促進生產事業的投資，以協助會員國境內的復興與建設，並鼓勵發展中國家的生產與資源的開發。換言之，用鼓勵國際投資以發展生產資源的方式，促進國際貿易長期均衡的成長以及維持國際收支的平衡等。

世銀的資金主要有四個來源：即會員國實際繳納的股金、發行債券、其他方式取得的借款和出讓債權以及留存的業務淨收益。聯合國會員國應繳世銀的股金，取決於該國的經濟和財政力量，並與它在國際貨幣基金組織的數額相等。因此世銀的投票也不實行一國一票，即所謂「平行行動原則」，投票權與認繳的股本成正比。

世銀成立之初，法定資本額爲一百億美元，分爲十萬股，每股爲十萬美元(後改爲以特別提款權計算)。此後經多次增資，1988 年法定資本增至九百四十九億美元，分爲七千八百六十五萬特別提款權(SDRs)，面值相當於 12.0635 美元。

世銀主要業務是提供發展中國家促進經濟發展所必須的長期貸款，貸款對象主要係會員國政府，如貸款對象爲企業，則必須由有關國家的政府擔保。世銀的貸款具有下述各項特點：

⑴貸款期限較長，短則數年，最長可達十五～二十年，平均約十七年，寬限期三～五年。

⑵貸款利率參照資本市場利率制定，通常比後者低。

⑶貸款必須與特定的工程項目相關聯，這些項目經世銀精心挑選、評估、嚴密監督和系統分析。其目的在於保證該行資金眞正用在生產項目上，並有利於發展中國家經濟的發展，並增強其償還能力。

⑷借款國需承擔匯率變動風險。

⑸手續嚴密，費時很長。從提出申請項目，經過選定、評估、談判、執行、驗收、後評價六個階段，一般要一年半到兩年時間。

⑹貸款必須如期歸還，不能拖欠或改變還款時間。

㈣其他重要國際機構

⑴經濟合作發展組織(Organization for Economic Cooperation and Development，簡稱經合組織或 OECD)，是工業先進國家最具代表性的一個經濟合作組織，成立於 1961 年 9 月 30 日，總部設於巴黎，以取代歐洲經濟合作組織。OECD 一共有二十四個會員國，包括歐體的十二個會員國：比、盧、荷、德、法、義、英、西、葡、希、丹麥與愛爾蘭，以及奧地利、芬蘭、冰島、挪威、瑞典、瑞士、土耳其、澳大利亞、紐

西蘭、日本、加拿大、美國，宗旨在促進會員國間的經濟成長，達成充分就業，提高生活水準，維持金融的穩定，排除國際貿易與資本移轉的障礙，並對開發中國家提供經濟援助。

⑵國際開發協會(International Development Association，簡稱IDA)，於1960年9月成立，係世銀多邊援助方案的一部分，因此又稱爲第二世界銀行(Second World Bank)。國際開發協會專門向最貧窮落後的發展中國家提供期限長(貸款期可長達五十年)、條件優惠(幾乎是免息)的信用貸款。貸款的使用也不限於收益性的生產事業，而是對該地區最感迫切需要的項目，例如電力、水利、運輸、學校、醫院等公共設施。

由國際開發協會所貸出的資金，期間長達數十年，必須一再由會員國出資；而且由於係以低利貸出，因此不能像世界銀行從資金市場中募集，其資金來源大多由十八個工業先進國家所提供，而世界銀行近年來也將其剩餘基金交由國際開發協會利用。

⑶國際金融公司(International Finance Corporation，簡稱IFC)，亦稱國際銀公司，成立於1956年7月，係世界銀行的姊妹機構，宗旨在協助世界銀行業務的推展，發展開發中國家的民間生產事業，及促進國際間私人投資活動。其方法爲提供五～十五年的長期優惠貸款給開發中國家的私人企業，而不必其政府的還款保證，此與世銀的貸款條件不同。

國際金融公司的會員國也必須同時是世銀的會員國，而各會員國的出資攤額也與世銀爲同一比例，以黃金或美元繳納。

⑷主要區域開發銀行，類似國際復興開發銀行(世界銀行)的宗旨與目標，但主要由各區域內國家並結合已開發國家的資金所組成，以促進區域內經濟發展與合作，並且爲加速這一地區的發展中國家的經濟開發而提供貸款與其他協助事宜。

世界主要區域開發銀行名稱如下：

①泛美開發銀行，1960年10月開始營業。

②非洲開發銀行，1964年7月開始營業。

③亞洲開發銀行，1966年12月開始營業。

④加勒比海開發銀行，1970年1月開始營業。

⑤歐洲復興開發銀行，1991年上半年開始營業。

〔第二章附表索引〕

〔問題與討論〕

1. 中文「文化」與英文 CULTURE 均具有非常廣泛的含義，請試就所知解釋之。
2. 申述企業赴海外併購與投資的政治風險。在消極觀點與積極態度應注意那一些措施?
3. 何謂「最惠國待遇原則」與「國民待遇原則」?
4. 試說明仲裁的程序。又仲裁判決在法律上是否具有強制力?
5. 略述工業所有權的含義與沿革。
6. 現代消費者擁有那一些基本權利? 從事國際行銷活動，自保護消費者觀點應注意那一些普遍性的原則?
7. 國際企業如何因應國內外日趨嚴格的環境保護標準?
8. 如何區別正當的與不正當的多層次傳銷行爲?
9. 試述「關稅暨貿易總協定」(GATT)的基本精神與原則，我國申請加入 GATT 有那些優點和缺點?
10. 國際復興與開發銀行(世界銀行)、國際開發協會(IDA)、以及國際金融公司(IFC)之任務皆協助開發中國家發展經濟，請說明其貸款差異之處。

第三章　全球購買力分析

當前世界最大問題是貧富不均，二十四個已開發國家僅佔世界人口的6%，國內生產毛額卻佔全球3/4以上；對於從事國際行銷人士來說，貧富的兩極化，推展國際行銷策略亦是一大挑戰，對於富國實施的行銷策略，將與窮國完全不同。

本章分析全球主要國家購買力，係採用美國國際商業公司(Business International Corporation)所出版之資料，所發表資料相當廣泛而完整，對於擬訂行銷計畫與策略，深具參考價值。

第一節　全球購買力總述

一、全球的面積與人口

全世界總面積一億四千九百四十七萬平方公里，1990年中，平均每一平方公里居住三十五人；人口密度最高的地區是西歐，每一平方公里居住九十四人，而大洋洲僅住2.4人；人口密度最高兩個國家(不包括香港、新加坡等城市國家)是孟加拉與臺灣，每一平方公里分別居住八百零二人與五百六十七人。

全球面積最大十個國家及其人口密度如下:

表3-1A 全球最大十國及其人口密度(1990年中)

國名	面積 (千平方公里)	人口密度* (人/平方公里)
1.前　蘇　聯	22,275	13.0
2.加　拿　大	9,922	2.7
3.中國大陸	9,561	119.1
4.美　　國	9,528	26.2
5.巴　　西	8,512	17.7
6.澳大利亞	7,687	2.2
7.印　　度	3,204	266.3
8.阿　根庭	2,767	11.7
9.阿爾及利亞	2,382	10.5
10.薩　　伊	2,345	15.2

資料來源: 聯合國統計

注: *上述10大國人口數請參閱表3-1B

根據聯合國1990年中全世界人口達五十一億九千三百萬,,其中半數以上住在亞洲,中國大陸人口十一億三千九百一十萬人,獨佔⅕強,加上印度的八億五千三百一十萬人,兩國所佔全球人口比重高達38.4%。歐洲總人口八億四千三百九十萬人,尙少於印度一國之人口,佔全球人口的16.3%,整個非洲與美洲的人口總和僅略高於中國大陸,中東地區人口一億八千零九十萬人,大洋洲僅二千零三十萬人。

就人口增加率而言,1985~90年期間,據聯合國資料年平均增加率約1.6%,擁有半數以上人口的亞洲,年平均增加率爲1.8%,其中日本僅0.4%,巴基斯坦則高達3.5%,印度、孟加拉人口衆多的兩國,增加率仍超過2%以上,幸好中國大陸年平均增加率已減至1.5%,同一期間,中東與非洲大陸年增加率超過3%，奉天主教爲主要宗教的中南美洲，人口年平均增加率超過2%，而以經濟發展國爲主的歐洲與北美洲，人口平均年成長率均在1%以下(土耳其除外)，其中英國與義大利增加率僅約0.2%，已接近零成長；人口稀少的大洋洲，1985～90期間年增加率則爲1.3%。

同一資料來源，中華民國臺灣地區1990年中人口估計爲二千零四十萬人，1985～90年期間年平均人口增加率僅約1.1%，已接近工業先進國的水準。

全球主要地域與國家人口統計如表3-1B：

表3-1B　全球主要地域與國家人口統計(1990年中)　單位：百萬人

	人口數(百萬人)	年平均增加率1985-90		人口數(百萬人)	年平均增加率1985-90
全世界	5,193.0	1.6	非洲	485.2	3.1
亞洲	2,941.3	1.8	奈及利亞	108.5	3.4
孟加拉	115.6	2.6	*阿爾及利亞	25.0	2.7
*中國大陸	1,139.1	1.5	*薩伊	35.6	3.2
*印度	853.1	2.1			
印尼	184.3	1.9	北美洲	275.8	0.8
日本	123.5	0.4	*美國	249.2	0.8
巴基斯坦	122.6	3.5	*加拿大	26.5	0.9
菲律賓	62.4	2.5			
泰國	55.7	1.5	中南美洲	445.6	2.1
越南	66.7	2.2	*巴西	150.4	2.1
			墨西哥	88.6	2.2
中東	180.9	3.0	*阿根庭	32.3	1.3
歐洲	843.9	0.6	大洋洲	20.3	1.3
法國	56.4	0.4	*澳大利亞	16.9	1.4
德國	79.3	0.4			

義大利	57.7	0.2			
英　國	57.3	0.2			
土耳其	57.2	2.6			
*前蘇聯	290.1	0.8			

資料來源：聯合國統計

注：*世界面積最大十國，參見表3-1A

二、全球的國民生產毛額

從上節資料可以獲悉，全世界60%人口住在亞、非兩洲，但財富(國民生產毛額)60%以上則集中在西歐與北美，如果再加上亞洲的日本及大洋洲的澳大利亞與紐西蘭，這些富裕的國家所佔全世界國民生產毛額高達76.6%，而所佔全世界總人口僅14.4%，可見當前全球財富如何分配不平均，而且此一趨勢，除亞洲新興工業國外，並未獲得顯著的改善。

據國際貨幣基金會估計，1990年全世界國民生產達二十一萬三千五百九十六億美元，每人平均四千一百十三美元，但由於富裕國家每人平均高達二萬美元以上，故絕大部分窮國每人國民生產毛額僅數百美元而已。關於全球國民生產毛額分布情形，除參閱下表(表3-2)外，並參閱本章第三節之統計表。

表3-2　全球各地域國民生產毛額統計(1990)

	總額 (10億美元)	比重 (%)	每人GDP (美元)
全世界	21,359.6	100.0	4,113
亞　洲	4,476.1	21.0	1,522
中　東	446.9	2.1	2,470
歐　洲	8,566.0	40.1	—

西　歐	6,975.7	32.7	16,721
東　歐	1,590.3	7.4	3,727
非　洲	317.7	1.5	655
北　美	6,089.3	28.5	22,083
中南美	1,123.0	5.3	2,520
大洋洲	340.6	1.6	16,805

資料來源：國際貨幣基金會(IMF)

三、全球的出進口貿易

一個國家或地區的人口雖少，國民生產毛額也不算很高，但其出進口貿易數字很大，從現代國際行銷的觀點，同樣會受到非常的重視，因爲對於一個製造商或出口商而言，進口與消費之間並沒有很大差別。

根據國際貨幣基金會統計，全球出進口值各約三兆四千億美元，而進口值略高於出口值，主要由於出口值係以 FOB 計算，進口值則加上運費保險費等以 CIF 計算。全球出口值半數集中在歐洲，尤其是西歐地區所佔比重更高達47%以上，在1990年東歐全面開放以前，在國際貿易方面所佔比重甚微；但1993年以後，西歐形成一個龐大的經濟區，東歐政治和經濟全面改革與開放，今後歐洲出進口貿易更趨蓬勃發展。亞洲地區亦由於中國大陸市場加速開放發展，而以日本與四小龍雄厚經濟實力協助開發，東協各國經濟亦急起直追，預期亞洲出進口值將自目前已佔20%的比重繼續上升，北美形成自由貿易區後，貿易亦將擴大，因此，今後全球貿易三極化將更爲明顯。

全球各地域出進口值分布情形參閱下表(表3-3)：

表3-3 全球各地域出進口值統計 金額單位：十億美元

	出口值			進口值		
	金額 FOB 1990	比重 % 1990	年平均 增加率% 1985-90	金額 FOB 1990	比重 % 1990	年平均 增加率% 1985-90
全世界	3,393.7	100.0	13.7	3,479.3	100.0	13.7
亞 洲	737.0	21.7	14.0	701.2	20.2	15.0
中 東	145.6	4.3	7.7	112.6	3.2	3.9
歐 洲	1,708.2	50.3	15.6	1,785.2	51.3	16.5
西 歐	1,604.3	47.3	16.0	1,664.6	47.8	16.5
東 歐	103.9	3.1	0.3	120.6	3.5	1.8
非 洲	80.7	2.4	6.2	67.7	2.0	7.0
北 美	524.4	15.5	12.0	636.7	18.3	8.0
中南美	149.5	4.4	8.0	124.1	3.6	10.0
大洋洲	48.3	1.4	12.0	51.8	1.5	11.0

資料來源：國際貨幣基金會(IMF)

第二節 西歐市場購買力分析

自二次大戰以後，東部歐洲被前蘇聯佔領，接近半個世紀在共產主義統治之下，經濟一蹶不振，九〇年代開始終於導致全面崩潰，故就國際行銷的觀點，高度繁榮的西歐與經濟瀕臨破產的東歐，完全不能同日而語，因此分析購買力時劃分兩節，以免產生過大的差距，東西德目前雖已統一，但 1990 年以前資料仍分別統計。

西歐又可區分爲兩大經濟區域組織，除下章詳加說明外，本節所有統計資料亦分別予以統計說明。

一、西歐的面積與人口

西歐總面積三百四十五萬平方公里,僅約中國大陸或美國面積的⅓,1990 年總人口四億二千六百七十萬人(包括土耳其的五千七百二十萬人), 其中以法國面積最大達五十五萬平方公里, 西班牙次之, 略大於五十萬平方公里。人口則以德國最多, 1990 年中前西德六千二百三十萬人, 已居於西歐的首位, 如加上同年前東德的一千六百六十五萬人, 合計達七千八百九十五萬人, 佔西歐總人口(不包括土耳其)三億五千九百九十八萬人的五分之一強; 義大利、英國及法國人口均約在五千七百萬人上下。

西歐各國除土耳其外, 人口增加率均甚低, 1985～90年期間年增加率平均在0.4～0.5%之間, 有的國家甚至於已接近零成長, 故西歐國家多已實施鼓勵人口生育政策。1985～90年土耳其年平均增加率仍高達2.6%。

二、西歐的國民生產毛額

西歐土地面積與人口甚小, 但絕大多數國家均擁有甚高的生產力, 故西歐十九國中除土耳其外, 均屬經濟開發組織(Organization of Economic Cooperation and Development, 簡稱 OECD, 請參閱第二章第四節)。根據美國商業出版公司(Business International Corporation, N.Y.)的資料顯示, 1990 年西歐國民生產毛額高達六兆九千七百五十七億元, 佔全球的比重高達32.7%已如前節所述, 其中德(前西德)、法、義、英四大國佔四兆七千三百七十五億美元, 佔西歐的67.9%, 佔全球的22.2%。

就每人平均國民生產毛額而言, 屬於歐洲自由貿易協會組織的六個國家，1990 年均在二萬美元以上，其中瑞典且高達三萬三千四百十九美元，在全世界高居首位，芬蘭與瑞士同年平均生產毛額爲二萬七千六百二十九美元與二萬六千四百七十美元，分居第二、三位。

三、西歐的出進口值

西歐不但生產力高，出進口貿易更爲發達，正如前節所述，西歐出進口值所佔全球貿易高達 47%以上。一般而言，西歐各國間區域內貿易約佔 60%，對美、日兩國之間貿易所佔比重亦甚高，1990 年分別爲 7.4%及 4.3%。

根據國際貨幣基金會統計，1990 年西歐地區出進口值各達一兆六千億美元以上，貿易逆差約六百億美元。

上述西歐各項統計數字及有關購買力之統計參閱附表 3-4 A～D。

表3-4A　西歐市場購買力指標㈠

	面積	人口			國民生產毛額(GDP)			國民所得	平均每小時工資	
	千平方公里	總額 1990 (百萬人)	平均年增加率 % (1985-90)	勞動力 1990 (百萬人)	總額 1990 (10億美元)	年平均實質增加率% (1985-90)	每人 GDP 1990 (美元)	總額 1990 (10億美元)	1990 (美元)	平均年增加率 % (1985-90)
歐洲共同體(EC)										
比利時	31	9.94	0.2	6.7	196.8	3.4	19,800	176.9	18.94	16.3
丹　麥	43	5.14	0.1	3.5	129.3	2.4	25,148	112.1	17.95	17.2
法　國	547	56.4	0.4	37.2	1,190.8	3.5	21,114	1,038.5	15.25	15.2
前西德	249	62.3	0.4	42.6	1,487.9	3.5	23,883	1,316.3	21.30	17.3
希　臘	132	10.07	0.3	6.7	66.0	2.3	6,550	59.6	6.47	12.1
愛爾蘭	70	3.51	-0.2	2.2	42.6	4.7	12,139	33.7	11.44	14.6
義大利	301	57.7	0.2	39.6	1,077.5	3.4	18,675	948.0	16.29	17.4
盧森堡	3	0.38	0.5	0.3	8.7	5.7	22,955	10.9	17.65	18.0

荷　蘭	41	14.89	0.6	10.3	276.9	3.3	18.595	249.4	18.60	15.9
葡萄牙	89	10.53	0.7	6.9	59.8	5.1	5,682	56.8	4.41	23.6
西班牙	505	39.4	0.5	26.2	491.4	5.1	12,471	433.4	11.60	19.4
英　國	244	57.3	0.2	37.6	981.3	4.0	17,125	868.8	12.42	14.9
歐體合計	2,255	327.56	0.4	219.9	6,009.0	—	18,345	5,304.4	—	—
歐洲自由貿易協會(EFTA)										
奧地利	84	7.63	0.2	5.1	157.6	3.6	20,660	137.2	16.92	18.4
芬　蘭	331	4.97	0.3	3.4	137.3	4.1	27,629	112.0	20.59	20.6
冰　島	103	0.25	0.8	0.2	6.0	3.2	24,052	5.1	8.19	—
挪　威	386	4.24	0.4	2.7	105.8	2.6	24,962	87.2	21.77	15.5
瑞　典	450	8.6	0.6	5.6	226.5	2.5	26,332	195.8	20.93	16.7
瑞　士	41	6.73	0.8	4.6	224.9	3.5	33,419	211.1	20.66	16.4
歐協合計	1,395	32.42	0.5	21.6	858.2	—	26,470	748.4	—	—
土耳其	779	57.2	2.6	35.1	108.6	7.0	1,898	104.1	2.20	53.6
西歐合計	4,429	417.18	0.7	276.6	6,975.7	—	16,721	6,156.9	—	—

資料來源：*Business International Weekly,* July 6, 1992

表3-4B　西歐市場購買力指標(二)

	出口總額		進口總額		自美國進口		自日本進口		自歐體進口	
	1990 FOB (百萬美元)	年平均增加率 % (1985-90)	1990 CIF (百萬美元)	年平均增加率 % (1985-90)	1990 CIF (百萬美元)	年平均增加率 % (1985-90)	1990 CIF (百萬美元)	年平均增加率 % (1985-90)	1990 CIF (百萬美元)	年平均增加率 % (1985-90)
歐洲共同體(EC)										
比利時	117,473	17.2	119,414	16.5	5,266	10.9	2,508	18.1	87,660	17.7
丹　麥	34,840	15.8	31,573	12.0	1,964	12.8	1,307	16.5	16,392	13.4
法　國	216,394	16.5	234,460	16.9	18,956	18.6	9,338	26.2	138,837	18.5
前西德	409,274	17.7	346,461	17.2	22,922	15.9	20,466	24.6	179,144	17.7
希　臘	7,996	13.2	19,793	15.1	729	18.5	1,172	17.2	12,773	21.9
愛爾蘭	23,780	18.3	21,000	16.0	3,000	12.4	1,153	26.9	14,127	16.3
義大利	169,939	16.7	181,726	15.0	9,267	11.5	4,231	23.9	104,394	19.7
盧森堡	—	—	—	—	—	—	—	—	—	—

荷　蘭	131,465	14.2	125,873	14.3	9,912	13.1	4,014	22.4	80,141	16.5
葡萄牙	16,375	23.7	25,246	27.7	971	5.9	662	27.7	17,299	38.7
西班牙	55,187	18.1	87,424	24.2	7,269	17.7	3,890	32.2	52,198	37.3
英　國	185,167	13.1	223,040	15.6	25,036	14.9	12,604	19.5	117,278	17.2
歐體合計	1,367,890	16.0	1,416,010	16.5	105,292	14.8	61,345	22.9	820,243	18.9
歐洲自由貿易協會(EFTA)										
奧地利	41,392	19.5	49,288	19.0	1,795	18.7	2,222	28.3	33,634	21.4
芬　蘭	26,570	14.4	26,991	15.6	1,839	21.4	1,726	21.1	12,431	19.9
冰　島	1,540	14.3	1,618	13.8	235	31.4	92	29.5	814	12.9
挪　威	33,828	11.8	26,834	12.0	2,186	14.5	1,171	8.0	12,423	11.3
瑞　典	56,937	13.7	53,382	13.7	4,615	14.2	2,781	15.9	29,471	13.4
瑞　士	63,790	19.0	69,705	18.3	4,260	19.5	3,059	22.0	49,933	18.7
歐協合計	224,057	15.6	227,818	16.0	14,930	16.9	11,051	18.3	138,706	17.2
土耳其	12,367	10.2	20,752	13.9	2,162	14.4	1,019	20.7	9,578	21.1
西歐合計	1,604,314	16.0	1,664,580	16.3	122,384	14.9	73,415	22.0	977,207	18.6

資料來源：*Business International Weekly,* July 6, 1992

表3-4C　西歐市場購買力指標(三)

	私人消費支出					小客車		貨車與大客車		電話
	1990總額(10億美元)	年平均實質增加率(1987-91)	食物支出(1989)	衣著支出(1989)	家庭支出(1989)	1990(千輛)	累積增加率(1985-90)	1990(千輛)	累積增加率(1985-90)	1990(千臺)
歐洲共同體(EC)										
比利時	122.2	3.0	21.1	5.9	12.4	3,874	17.4	400	14.9	5,429
丹　麥	67.4	-0.1	21.1	5.3	6.4	1,597	10.9	303	19.8	5,000
法　國	714.1	2.8	20.1	8.1	11.9	23,010	10.6	4,748	43.4	28,085
前西德	804.5	2.9	21.9	9.1	9.5	30,152	18.8	1,927	13.8	41,735
希　臘	47.7	2.2	47.3	7.2	8.3	1,532	40.2	698	26.0	4,699
愛爾蘭	23.6	2.6	40.5	6.4	7.1	773	8.7	139	51.1	983.0
義大利	677.8	3.4	24.5	9.4	8.6	24,300	15.7	2,082	13.6	32,037
盧森堡	5.0[8]	—	20.5	5.9	8.3	—	—	—	—	—

荷　蘭	163.9	2.8	16.6	6.6	8.0	5,371	12.6	557	46.2	9,750
葡萄牙	37.6	5.1	39.0	6.5	6.1	1,474	29.8	434	25.4	2,769
西班牙	306.7	4.5	29.4	7.4	7.3	11,468	29.2	2,208	39.2	15,477
英　國	622.4	3.0	20.8	6.4	5.8	22,428	29.5	3,309	107.5	25,404
歐體合計	3592.9	—	—	—	—	125,979	18.9	16,805	40.0	171,368
歐洲自由貿易協會(EFTA)										
奧地利	87.2	3.1	21.6	11.1	7.5	2,903	17.6	287	23.2	4,541
芬　蘭	71.5	2.2	22.6	5.3	6.9	1,909	30.4	274	42.7	3,700
冰　島	3.7	—	22.2	10.0	10.7	124	24.0	14	7.7	127
挪　威	53.4	-0.7	25.6	7.1	7.2	1,613	12.8	320	49.5	2,132
瑞　典	117.5	1.7	21.0	7.0	7.1	3,578	16.1	309	38.6	5,849
瑞　士	127.9	1.7	27.4	5.0	4.9	2,900	13.6	261	27.9	6,153
歐協合計	461.1	—	-	—	—	13,027	17.4	1,465	35.8	22,502
土耳其	65.1	6.0	46.8	6.7	10.7	1,349	63.3	644	23.8	8,517
西歐合計	4119.1	—	—	—	—	140,355	16.2	18,914	39.0	202,387

資料來源：*Business International Weekly,* July 6, 1992

表3-4D　西歐市場購買力指標(四)

	電視機		個人電腦	鋼消費量		水泥消費量		發電量		能源消費量	
	1991 (千臺)	累積增加率 (1986-91)	1990 (千臺)	1990 (千公噸)	累積增加率 (1985-90)	1990 (千公噸)	累積增加率 (1985-90)	1990 (10億瓩)	累積增加率 (1985-90)	1989 kg oil equiv.per capita	累積增加率 (1984-89)
歐洲共同體(EC)											
比利時	4,200	40.0	932	4,210	12.1	6,924	25.0	70.6	25.4	4,068	2.1
丹　麥	3,505	31.0	574	1,855	3.2	1,656	-16.5	24.4	-16.1	3,089	-5.0
法　國	29,300	61.3	4,701	18,076	22.0	26,508	19.3	405.1	24.4	2,762	1.4
前西德	37,757	64.1	6,994	34,166	10.8	30,432	18.1	449.2	10.4	3,764	-5.1
希　臘	2,300	31.4	—	2,403	27.1	13,944	8.5	31.1	12.1	2,185	41.3
愛爾蘭	991	24.7	—	520	31.3	1,600[3]	16.2	14.3	22.1	2,542	13.9
義大利	26,000	10.2	3,004	28,532	30.4	40,668	9.5	223.3	22.5	2,669	13.0
盧森堡	100	9.3	—	—	—	550[3]	61.8	1.4	33.6	8,734	14.3

荷　蘭	7,025	4.9	1,803	4,830	14.9	3,708	27.4	67.9	7.9	4,648	4.4
葡萄牙	1,679	4.6	—	2,830	150.9	6,000[3]	8.8	26.3	38.5	1,268	38.5
西班牙	20,000	34.5	2,258	12,088	80.1	28,092	28.4	144.3	14.9	1,740	16.3
英　國	26,500	8.2	5,983	16,690	16.3	16,548[3]	22.8	317.4	8.1	3,520	9.0
歐體合計	159,357	38.1	—	126,200	24.0	176,630	17.2	1775.3	15.1	3,016	6.7
歐洲自由貿易協會(EFTA)											
奧地利	3,650	12.0	500	3,778	66.9	4,908	7.6	50.4	14.8	2,813	6.6
芬　蘭	2,470	6.2	533	2,001	10.2	1,668	-1.6	51.6	9.6	4,044	22.0
冰　島	76	4.1	—	46	-6.1	116[3]	1.8	4.5	10.5	3,964	8.6
挪　威	1,453	-0.9	518	1,212	-15.2	1,260	-6.2	121.6	17.8	5,028	13.5
瑞　典	3,750	15.1	928	3,689	12.1	2,200[3]	-8.1	142	4.0	3,549	5.5
瑞　士	2,760	8.2	944	2,711	18.3	5,436[3]	27.8	55.8	3.6	2,563	2.5
歐協合計	14,159	9.5	—	13,437	21.1	15,588	10.8	425.9	9.6	3,405	9.4
土耳其	10,530	31.6	—	7,438	41.1	24,636	40.1	52.0	69.8	671	31.0
西歐合計	184,046	26.2	—	147,075	24.5	216,854	13.3	2,253.3	10.6	2,721	7.6

資料來源：*Business International Weekly,* July 6, 1992

第三節　東歐市場購買力分析

東歐市場將是未來十至二十年內變化最大的地區，購買力預期也將增加得非常的快速。近二年來，除原東德已併入西德，成爲新的德國。舊蘇聯除波羅的海三小國已宣布獨立外，其他十二個共和國亦以俄羅斯爲首成立獨立國協，捷克則分裂爲捷克與斯拉伐尼亞兩共和國，至於仍陷於內戰中的南斯拉夫，戰爭結束亦可能分裂爲五至六個獨立國。

本章各節分析各國購買力原則採用 1990 年之資料，基於東歐地區變化極大，除提供上述統計數字供參考外，並基於新的發展形勢，編製各國面積與人口等統計數字(表 3-5 A～D)，併作參考。

表3-5A　東歐市場購買力指標(一)

	面積	人口			國民生產毛額(GDP)			國民所得	平均每小時工資	
	千平方公里	總額 1990 (百萬人)	平均年增加率 % (1985-90)	勞動力 1990 (百萬人)	總額 1990 (10億美元)	年平均實質增加率% (1985-90)	每人 GDP 1990 (美元)	總額 1990 (10億美元)	1990 (美元)	平均年增加率 % (1985-90)
保加利亞	111	8.95	0.0	6.0	10.5	0.8	1,173	—	1.25	-4.8
捷　克	128	15.65	0.2	10.2	45.6	1.8	2,915	—	2.09	8.9
前東德	108	16.65	0.0	11.2	118.9	-0.4	7,140	—	10.65	31.8
匈牙利	93	10.1	-1.1	6.7	32.9	0.2	3,260	—	1.40	12.4
波　蘭	313	38.2	0.5	24.8	63.9	-1.4	1,672	—	1.10	5.0
羅馬尼亞	238	23.2	0.4	15.4	37.6	-3.6	1,622	—	0.83	-4.3
前蘇聯	22,275	290.1	0.8	188.3	1,167.6	1.8	4,025	—	2.09	5.3
南斯拉夫	256	23.8	0.6	16.2	113.3	-0.8	4,761	—	3.13	35.3
東歐合計	23,522	426.7	0.6	278.7	1,590.3	—	3,727	—	—	—

資料來源：*Business International Weekly,* July 6, 1992

表3-5B　東歐市場購買力指標(二)

	出口總額		進口總額		自美國進口		自日本進口		自歌體進口	
	1990 FOB (百萬美元)	年平均增加率 % (1985-90)	1990 CIF (百萬美元)	年平均增加率 % (1985-90)	1990 CIF (百萬美元)	年平均增加率 % (1985-90)	1990 CIF (百萬美元)	年平均增加率 % (1985-90)	1990 CIF (百萬美元)	年平均增加率 % (1985-90)
保加利亞	2,377	0.3	4,086	0.6	93	3.4	60	(5.21)	1,611	3.5
捷　克	11,654	1.1	13,700	4.6	76	15.2	74	5.8	4,478	11.8
前東德	10,168	(2.31)	9,089	(0.98)	103	24.0	41	(12.05)	902	8.7
匈牙利	9,549	2.3	8,621	1.3	228	0.1	181	6.1	2,662	8.7
波　蘭	14,485	4.3	10,867	(0.61)	305	13.6	221	31.4	5,015	22.1
羅馬尼亞	6,027	(8.7)	9,358	1.7	428	20.0	79	2.5	1,985	42.3
前蘇聯	49,649	2.6	64,894	4.0	3,396	16.7	2,819	(0.28)	21,092	15.7

南斯拉夫	14,356	6.3	19,227	10.1	854	2.3	425	31.8	8,680	19.4
東歐合計	103,909	0.3	120,615	1.8	4,629	11.5	3,475	(0.57)	37,745	13.5

資料來源：*Business International Weekly,* July 6, 1992

表3-5C　東歐市場購買力指標(三)

	私人消費支出					小客車		貨車與大客車		電話
	1990總額(10億美元)	年平均實質增加率(1987-91)	食物支出(1989)	衣着支出(1989)	家庭支出(1989)	1990(千輛)	累積增加率(1985-90)	1990(千輛)	累積增加率(1985-90)	1990(千臺)
保加利亞	—	—	33.4[8]	10.2[8]	16.5[8]	1,234	105.7	164	9.3	2,515
捷　　克	21.7	2.5	47.9	8.3	16.1	3,122	21.2	328	-19.0	4,278
前 東 德	—	—	47.5[8]	12.5[8]	12.1[8]	3,462	9.7	284	-30.6	3,977
匈 牙 利	20.6	-1.9	40.3	8.1	6.8	1,873	39.4	234	9.9	1,872
波　　蘭	34.4	-4.7	38.0	9.7	6.6	4,846	41.4	1,068	31.5	5,232
羅馬尼亞	27.3	0.0[13]	33.2	10.0	5.5	1,218	387.2	237	58.0	3,023
前 蘇 聯	—	4.3[14]	42.8	18.9	8.0	13,227	12.7	9,630	0.2	37,532
南斯拉夫	67.0	-4.6	53.8	10.5	4.4	3,153	9.7	846	213.3	4,550
東歐合計	171.1	—	—	—	—	32,135	23.8	12,791	6.4	62.979

資料來源：*Business International Weekly,* July 6, 1992

注：8)1988；13)1986-89；14)1986-90

表3-5D　東歐市場購買力指標(四)

	電視機		個人電腦	鋼消費量		水泥消費量		發電量		能源消費量	
	1991(千臺)	累積增加率(1986-91)	1990(千臺)	1990(千公噸)	累積增加率(1985-90)	1990(千公噸)	累積增加率(1985-90)	1990(10億瓩)	累積增加率(1985-90)	1989 kg oil equiv.per capita	累積增加率(1984-89)
保加利亞	2,300	9.5	—	3,741	21.3	4,680	-11.6	42.1	1.2	3,423	-13.4
捷　　克	5,720	30.4	120	10,257	-7.7	10,368	1.0	84.7	5.1	4,171	-4.1
前 東 德	8,000	29.4	54	5,384	-41.3	12,264[3]	6.1	119	8.1	5,342	0.6
匈 牙 利	4,215	0.0	115	2,351	-30.3	3,936	7.0	28.3	5.8	2,567	-3.2
波　　蘭	10,000	0.5	132	10,675	-29.2	12,564	-16.2	136.3	-1.0	3,171	3.4

羅馬尼亞	5,000	24.9	—	8,052	-28.2	7,404[8]	-43.3	64.1	-14.8	3,140	2.7
前 蘇 聯	95,000	5.6	—	156,403	-0.5	137,328	5.0	1,727.9	11.9	4,582	12.5
南斯拉夫	6,530	58.9	75	3,249	-36.4	7,956	-11.9	82.5	11.5	1,786	16.5
東歐合計	136,765	9.5	—	200,112	-7.1	196,500	4.6	2,284.9	13.1	4,123	9.3

資料來源：*Business International Weekly,* July 6, 1992

第四節　中東市場購買力分析

七〇年代充滿強勁購買力的中東市場，自從國際油價滑落後，購買力已大為削弱。復經歷兩伊戰爭，伊拉克侵略科威特，而聯合國又制裁伊拉克海珊，中東市場幾乎已風光不再。

所謂中東地區(Middle East)包括歐洲以東的西亞地區，以及北非的埃及與利比亞，除以色列外大部分均回教國家。

一、中東的面積與人口

中東大部分地區皆覆蓋大沙漠，主要國家有巴林、埃及、伊朗、伊拉克、以色列、約旦、科威特、利比亞、阿曼、卡達、沙烏地阿拉伯、敍利亞、聯合大公國及葉門共和國等十四個國家，總面積八百十四萬平方公里。中東十四國總人口約一億八千零九十四萬人，人口增加率一般頗高，1985～90年期間，平均年增加率高達3%，其中利比亞甚至於高達6.2%，為全世界最高，而以以色列最低，亦達1.7%，仍較歐美國家高出甚多。

二、中東的國民生產毛額

由於國際油價的滑落，以及兩伊戰爭，近年來中東主要國家國民生產毛額成長不高，並有出現負成長現象。據統計，1985～90年期間，大國中僅敍利亞年平均實質成長率達3.9%，埃及3.3%，而沙烏地阿拉伯僅成長1.0%，伊朗1.9%，伊拉克且出現負成長，達5.4%。

中東各國近年來每人平均所得亦大幅滑落，不再令世人稱羨。1990年平均每人國內生產毛額超過二萬美元的僅卡達與聯合大公國，而科威特與以色列僅略超過一萬美元，世界原油輸出第一大國的沙烏地阿拉伯，同年每人平均國內生產毛額已降至六千五百十一美元，而埃及、伊朗與約旦等國尙不到一千美元，整個中東窮困狀況可以想見。

三、中東的出進口值

中東各國除以色列，出口主要以原油爲主，沒有產油的國家幾乎沒有輸出，以約旦爲例，1990年輸出值不到十億美元，而輸出最多的依序爲：沙地阿拉伯四百三十四億九千一百萬美元，聯合大公國二百三十五億美元，伊朗一百五十一億六千一百萬美元，以色列一百二十億零五百萬美元，利比亞一百零四億四千六百萬美元，伊拉克一百零三億五千三百美元。1990年，中東十四國總出口值達一千一百二十五億七千萬美元，佔全球出口總值的4.3%。

至於進口方面，1990年中東十四國總進口值一千一百二十五億八千七百萬美元，佔全球進口總值的3.2%，中東仍擁有三百二十九億八千三百萬美元的貿易盈餘。中東主要進口來源首推歐洲共同體，美、日兩國也是重要的供應來源。

有關中東各項統計數字及購買力之統計請參閱附表3-6A～D。

表3-6A 中東市場購買力指標(一)

	面積	人口			國民生產毛額(GDP)			國民所得	平均每小時工資	
	千平方公里	總額1990(百萬人)	平均年增加率%(1985-90)	勞動力1990(百萬人)	總額1990(10億美元)	年平均實質增加率%(1985-90)	每人GDP 1990(美元)	總額1990(10億美元)	1990(美元)	平均年增加率%(1985-90)
巴林	0.662	0.52	4.2	0.3	3.5	1.6	7,110[9]	2.0[8]	—	—
埃及	1,001	52.40	2.4	28.9	39.5	3.3	753	—	0.90	—
伊朗	1,648	54.60	2.7	28.9	52.0	1.9	952	155.7[5]	—	—
伊拉克	435	18.92	3.5	9.6	55.0	-5.4	2,907	—	0.76	—
以色列	20	4.60	1.7	2.8	51.2	3.8	11,136	23.6	7.69	18.1
約旦	91	4.01	3.3	2.0	3.9	-0.1	966	3.8	0.55	—
科威特	18	2.03	3.4	1.2	34.2	-3.1	11,259[9]	29.3	—	—
利比亞	1,760	4.54	6.2	2.4	29.0	0.6	6,380	—	—	—
阿曼	212	1.50	3.9	0.8	10.6	6.0	7,072	—	—	—
卡達	11	0.37	4.2	0.2	7.9	4.5	21,549	—	—	—
沙烏地阿拉伯	2,150	14.13	4.0	7.3	92.1	1.0	6,511	98.0	9.50	—
敍利亞	185	12.53	3.7	6.2	24.8	3.9	1,981	—	0.64	—
聯合大公國	84	1.60	3.5	0.9	33.8	0.4	21,111	17.4	8.40	—
葉門共和國	528	9.20	3.9	4.5	9.4	9.4	1,025	4.8	—	—
中東合計	8,144	180.94	3.0	96.0	446.9	—	2,470	—	—	—

資料來源：*Business International Weekly*, July 6, 1992

注：5)1985；8)1988；9)1989

表3-6B 中東市場購買力指標(二)

	出口總額		進口總額		自美國進口		自日本進口		自歐體進口	
	1990 FOB (百萬美元)	年平均增加率 % (1985-90)	1990 CIF (百萬美元)	年平均增加率 % (1985-90)	1990 CIF (百萬美元)	年平均增加率 % (1985-90)	1990 CIF (百萬美元)	年平均增加率 % (1985-90)	1990 CIF (百萬美元)	年平均增加率 % (1985-90)
巴　林	3,087	6.5	3,654	4.4	710	44.4	256	12.4	644	2.8
埃　及	4,924	25.6	12,818	23.7	2,474	35.8	579	26.7	5,624	15.6
伊　朗	15,161	8.7	14,354	7.7	140	26.5	1,782	8.6	7,001	17.7
伊拉克	10,353	2.6	6,605	(6.4)	704	15.5	298	(19.2)	2,763	2.8
以色列	12,005	13.9	15,338	9.6	2,723	9.9	547	28.6	7,557	4.1
約　旦	923	7.3	2,600	0.5	451	11.7	82	(11.8)	738	(0.8)
科威特	7,557	(0.6)	3,959	(7.7)	441	(0.9)	460	(22.4)	1,356	(4.0)
利比亞	10,446	2.1	5,884	1.9	51[5]		151	5.8	3,662	1.7
阿　曼	5,087	6.8	2,658	(1.9)	179	4.0	463	(1.1)	960	11.1
卡　達	3,226	0.5	1,494	5.7	126	18.0	168	(2.2)	632	7.9
沙烏地阿拉伯	43,491	12.8	27,140	4.0	4,438	2.9	3,685	(1.7)	10,353	8.9
敍利亞	4,427	30.6	2,501	(7.2)	210	182.5	79	12.8	1,008	5.5
聯合大公國	23,500	11.3	12,073	13.7	1,145	11.7	1,720	6.3	4,182	11.6
葉門共和國	1,383	394.8	1,509	6.5	118	13.0	91	(11.5)	495	2.4
中東合計	145,570	7.7	112,587	3.9	13,910	7.5	10,361	(3.2)	46,975	6.2

資料來源：*Business International Weekly*, July 6, 1992

表3-6C 中東市場購買力指標(三)

	私人消費支出					小客車		貨車與大客車		電話
	1990 總額 (10億美元)	年平均實質增加率 (1987-91)	食物支出 (1989)	衣著支出 (1989)	家庭支出 (1989)	1990 (千輛)	累積增加率 (1985-90)	1990 (千輛)	累積增加率 (1985-90)	1990 (千臺)
巴　林	1.4	—	—	—	—	111	68.2	40	60.0	153
埃　及	32.9	1.6	50.0[5]	11.0[5]	3.0[5]	1,030	139.5	369	53.1	2,233

伊　朗	38.3	3.0	46.9[7]	9.3[7]	5.5[7]	1,557	(2.1)	551	7.4	2,270
伊拉克	—	—	—	—	—	672	168.8	368	38.9	886
以色列	32.1	5.3	27.2	6.4	8.9	786	29.7	158	26.4	2,425
約　旦	3.5	-0.3	40.7[6]	5.6[6]	4.9[6]	170	25.9	66	10.0	320
科威特	10.8[9]	-0.4	28.5	8.4	12.6	499	(7.9)	211	5.5	362
利比亞	8.8[7]	—	—	—	—	448	5.2	322	-0.6	500
阿　曼	4.0	—	—	—	—	119	24.0	68	-53.4	80
卡　達	1.7[7]	—	—	—	—	90	18.4	41	-31.7	139
沙烏地阿拉伯	38.7[9]	—	—	—	—	1,420	11.2	1,499	-9.4	1,238
敍利亞	17.5	1.8	—	—	—	118	22.9	139	-28.0	695
聯合大公國	13.1	-0.6	—	—	—	302	38.5	157	23.6	655
葉門共和國	4.7[8]	6.2	—	—	—	145	625.0	219	265.0	
中東合計	207.5	—	—	—	—	7,467	28.1	4,208	5.4	11,956

資料來源：*Business International Weekly*, July 6, 1992

注：5)1985；6)1986；7)1987；8)1988；9)1989

表3-6D　中東市場購買力指標(四)

	電視機		個人電腦	鋼消費量		水泥消費量		發電量		能源消費量	
	1991 (千臺)	累積增加率 (1986-91)	1990 (千臺)	1990 (千公噸)	累積增加率 (1985-90)	1990 (千公噸)	累積增加率 (1985-90)	1990 (10億瓩)	累積增加率 (1985-90)	1989 kg oil equiv.per capita	累積增加率 (1984-89)
巴　林	186	9.4	—	31	-71.6	—	—	3.5[3]	44.6[6]	10,920	19.6
埃　及	4,300	11.4	—	4,717	43.5	10,740	103.6	36.9[3]	29.4[6]	523	15.2
伊　朗	2,678	19.0	—	6,985	14.4	12,500[3]	3.6[6]	40.31[3]	8.4[6]	1,073	24.0
伊拉克	1,200	96.7	—	738	-25.5	9,162[4]	63.6[5]	23.86[3]	29.8[6]	741	66.1
以色列	1,200	33.3	—	907	61.1	2,832	77.4	20.29[3]	35.3[6]	2,121	21.5
約　旦	286	14.4	—	391	37.7	1,932[3]	-4.6[6]	3.34[3]	47.1[6]	705	1.0
科威特	800	37.9	—	34	-90.4	1,110[3]	-16.9[6]	20.51[3]	44.4[6]	5,793	11.8
利比亞	500	112.8	—	454	-20.4	2,700[3]	-54.6[6]	18.0[3]	95.7[6]	2,809	11.0

阿　曼	1,015	12.8	—	284	-46.0	—	—	4.71[3]	96.3[6]	2,401	-74.7
卡　達	160	6.7	—	72	-25.0	306[4]	88.9[5]	4.51[3]	25.3[6]	16,870	11.5
沙烏地阿拉伯	4,500	21.6	—	2,814	-25.1	9,500[3]	-0.3[6]	46.3[3]	45.6[6]	4,453	75.5
敍利亞	700	16.7	—	140	-87.7	3,976[3]	-7.2	10.33[3]	41.5[6]	671	-17.0
聯合大公國	170	17.2	—	—	—	3,112[3]	-18.5[6]	13.27[3]	30.1[6]	13,851	159.2
葉門共和國	300	100.0	—	—	—	—	—	0.83[3]	80.0[6]	131	-1.5
中東合計	17,995	24.1	—	17,567	-6.9	57,870	5.2	246.66[3]	34.8[6]	1,344	30.5

資料來源：*Business International Weekly*, July 6, 1992

注：3)1989；4)1988；5)1983-88；6)1984-89

第五節　非洲市場購買力分析

廣大非洲不但人口不到五億，國民生產毛額僅佔全球的1.5%，對外貿易約佔全球的2.2%，其貧窮落後可以想見，預測未來五十年內，非洲仍不會成為世界重要的市場。

一、非洲的面積與人口

非洲大陸總面積三千零三十二萬平方公里，主要國家有二十五個，大致可分為東非、北非、西非、中非及南非五大部分，除南非共和國仍由居少數的白人統治外，其餘均由黑人握有政權。

非洲人口於1990年中推計為四億八千五百二十萬人，其中以奈及利亞人口最多，獨佔一億零八百五十二萬人，其次屬極為貧困的衣索比亞，人口近五千萬人，薩伊與南非共和國人口各約三千五百萬人。非洲大陸嬰兒出生率甚高，但由於嬰兒及兒童、成年人死亡率亦甚高，故平均年增加率並不算太高；據統計，1985～90年期間，非洲人口年平均成長率約3.1%，但較諸全世界平均值1.6%仍高出很多，如何有效抑制人口成長，仍爲非洲當前重要之課題。

二、非洲的國民生產毛額

非洲是世界最貧苦的地方，1990年每人平均國民生產毛額僅六百五十五美元，在二十五個主要非洲國家中，平均國民生產毛額超過一千美元僅有七國，依序爲加彭四千零三十四美元，南非共和國二千八百九十二美元，模里西斯二千三百五十二美元，阿爾及利亞二千二百二十三美元，突尼西亞一千五百三十美元，剛果一千二百九十一美元，以及摩洛哥一千零十美元。而且不到一百美元有三國，坦尙尼亞九十三美元，莫桑鼻克七十五美元，以及薩伊僅二十四美元。

三、非洲的出進口值

在全世界貿易體系而言，貧困落後的非洲大陸可以說是微不足道，1990年總出口值八百零七億二千萬美元，僅佔全球輸出總值的2.4%，主要輸出貨品多屬天然原材料，其中天然物產豐富的南非共和國1990年出口值二百四十三億零六百萬美元，獨佔非洲總出口值的30.1%。

1990年非洲總進口值六百七十七億一千五百萬美元，僅佔全球進口總值的2.0%；非洲進口來源主要爲歐洲，幾乎歐洲各國供應了一半的非洲市場的需要。

非洲各國市場購買力統計資料請參閱附表3-7A～D。

表3-7A 非洲市場購買力指標(一)

	面積	人口			國民生產毛額(GDP)			國民所得	平均每小時工資	
	千平方公里	總額 1990 (百萬人)	平均年增加率 % (1985-90)	勞動力 1990 (百萬人)	總額 1990 (10億美元)	平均年實質增加率% (1985-90)	每人GDP 1990 (美元)	總額 1990 (10億美元)	1990 (美元)	平均年增加率 % (1985-90)
阿爾及利亞	2,382	24.96	2.7	13.0	55.5	0.8	2,223	—	1.15	—
安哥拉	453	10.00	2.6	5.2	7.8	8.6	791	—	—	—
Burkina Faso	—	8.99	2.6	4.8	3.1	4.4	347	—	—	—
喀麥隆	475	11.83	3.1	6.2	11.6	-1.8	981	6.8[4]	—	—
剛果	342	2.27	3.3	1.2	2.9	-0.2	1,291	1.3[6]	—	—
衣索比亞	1,224	49.24	2.7	25.4	6.1	2.3	123	—	—	—
加彭	268	1.17	3.4	0.7	4.7	0.6	4,034	—	—	—
迦納	239	15.03	3.4	7.8	4.3	5.0	289	5.8	0.55	—
象牙海岸	321	12.00	3.9	5.8	9.9	2.4	827	—	—	—
肯亞	583	24.03	3.6	10.8	8.8	5.1	364	5.6[5]	0.53	-7.6
馬達加斯加	587	12.00	3.2	6.2	2.9	2.9	245	—	—	—
馬拉威	118	8.80	3.8	4.5	1.9	3.0	211	—	0.33	—
模里西斯	2	1.08	1.1	0.7	2.5	7.0	2,352	1.4[6]	—	—
摩洛哥	447	25.06	2.6	14.0	25.3	4.7	1,010	22.6[8]	1.00	—
莫桑鼻克	783	15.65	2.7	8.2	1.2	1.2	75	3.3[5]	—	—
奈及利亞	924	108.52	3.4	53.4	32.4	3.0	299	—	0.30	—
塞內加爾	197	7.13	2.2	3.7	5.6	3.3	787	4.1[7]	—	—
獅子山	72	4.15	2.5	2.2	0.5	1.0	117	1.2[5]	0.07	—
南非共和國	1,221	35.28	2.2	20.7	102.0	1.2	2,892	81.5	2.71	13.4
坦尚尼亞	945	27.32	3.7	12.9	2.5	2.7	93	2.9[8]	—	—
突尼西亞	164	8.18	2.4	4.8	12.5	3.6	1,530	11.5	0.59	—
烏干達	236	18.79	3.7	9.2	3.6	4.3	191	—	—	—
薩伊	2,345	35.57	3.2	18.2	0.9	0.6	24	2.0[5]	—	—
尚比亞	753	8.45	3.8	4.1	3.7	1.5	439	1.9[8]	0.12	—
辛巴威	391	9.71	3.2	5.1	5.3	4.1	548	4.9[5]	1.96	—
非洲合計	30,323	485.2	3.1	249.0	317.7	—	655	—	—	—

資料來源：*Business International Weekly*, July 6, 1992.
注：4)1984; 5)1985; 6)1986; 7)1987; 8)1988

表3-7B　非洲市場購買力指標(二)

	出口總額		進口總額		自美國進口		自日本進口		自歐體進口	
	1990 FOB (百萬美元)	年平均增加率 % (1985-90)	1990 CIF (百萬美元)	年平均增加率 % (1985-90)	1990 CIF (百萬美元)	年平均增加率 % (1985-90)	1990 CIF (百萬美元)	年平均增加率 % (1985-90)	1990 CIF (百萬美元)	年平均增加率 % (1985-90)
阿爾及利亞	12,328	3.0	10.455	2.5	1,042	14.2	370	(5.0)	6,796	9.6
安哥拉	3,696	14.1	1,716	5.2	165	6.4	33	9.2	1,179	10.0
Burkina Faso	157	24.2	546	12.9	16	(1.8)	22	28.9	255	3.0
喀麥隆	2,223	20.3	1,574	8.5	51	(8.7)	45	(9.0)	1,020	7.8
剛果	1,085	4.8	704	6.3	99	99.5	25	7.6	470	5.1
衣索比亞	366	4.1	1,091	2.7	162	12.6	47	(2.8)	424	2.4
加彭	2,330	7.2	882	(1.1)	54	6.1	42	(0.7)	592	(0.5)
迦納	1,366	18.1	1,388	12.3	152	26.0	77	83.1	702	30.0
象牙海岸	3.511	4.3	2,214	5.4	86	(4.1)	60	(5.8)	1,163	(1.1)
肯亞	1,096	4.1	2,368	10.5	123	13.8	233	9.5	918	5.4
馬達加斯加	405	9.2	671	14.3	13	2.9	39	45	348	19.3
馬拉威	314	7.4	530	14.8	19	9.9	45	22.9	207	8.1
模里西斯	1,202	24.0	1,620	26.3	78	198.5	95	31.3	583	12.1
摩洛哥	4,330	27.5	6,819	12.3	559	24.1	105	6.5	4,197	12.8
莫桑鼻克	372	33.1	841	16.2	55	12.1	44	30.3	338	8.6
奈及利亞	12,669	8.7	6,104	5.1	607	(0.4)	297	3.1	3,394	7.7
塞內加爾	676	5.1	1,425	(0.3)	58	2.3	40	22.8	878	10.2
獅子山	180	5.9	206	7.2	17	28.7	10	5.1	92	8.8
南非共和國	24,306	8.8	16,545	10.4	2,077	9.0	1,613	10.0	7.119	2.2
坦尚尼亞	423	10.4	1,150	6.0	53	27.2	96	1.6	561	13.1
突尼西亞	3,502	15.5	5,372	14.7	299	17.4	100	28.3	3,722	10.2
烏干達	179	(12.1)	481	12.6	29	69.3	27	12.9	212	8.0
薩伊	1,240	7.4	1,151	9.6	123	4.5	34	53.3	740	10.6

尚比亞	1,353	25.7	694	2.8	80	9.5	77	26.1	352	17.9
辛巴威	1,411	8.4	1,168	6.3	135	22.2	69	16.7	419	4.6
非洲合計	80,720	6.2	67,715	7.0	6.152	6.4	3,645	3.9	36,681	5.6

資料來源：*Business International Weekly*, July 6, 1992

表3-7C 非洲市場購買力指標(三)

	私人消費支出					小客車		貨車與大客車		電話
	1990總額（10億美元）	年平均實質增加率(1987-91)	食物支出(1989)	衣著支出(1989)	家庭支出(1989)	1990（千輛）	累積增加率(1985-90)	1990（千輛）	累積增加率(1985-90)	1990（千臺）
阿爾及利亞	25.2[9]	—	—	—	—	725	25.6	480	31.5	1,103
安哥拉	4.3[8]	—	—	—	—	122	(5.4)	41	-4.7	77
Burkina Faso	1.5[8]	—	—	—	—	11	0.0	13	0.0	18
喀麥隆	9.2	-1.9	24.0[5]	7.0[5]	3.0[5]	90	8.4	79	14.5	61
剛果	1.2	-0.5	42.0[5]	6.0[5]	4.0[5]	26	4.0	20	5.3	26
衣索比亞	4.3	—	—	—	—	40	0.0	17	-15.0	159
加彭	2.0	-7.5	—	—	—	—	—	—	—	26
迦納	5.3	2.8	50.5[5]	13.0[5]	3.0[5]	66	10.0	51	13.3	79
象牙海岸	6.4	-1.3	40.0[5]	10.0[5]	3.0[5]	155	(3.1)	90	3.4	153
肯亞	5.3	4.6	39.0[5]	7.0[5]	6.0[5]	136	8.8	154	20.3	383
馬達加斯加	2.0[9]	—	—	—	—	28	(44.0)	21	-52.3	44
馬拉威	1.4	6.3	—	—	—	15	0.0	16	6.7	50
模里西斯	17	—	—	—	—	43	30.3	13	18.2	75
摩洛哥	17.2	3.5	40.0[5]	11.0[5]	5.0[5]	565	25.6	227	13.5	475
莫桑鼻克	1.1[9]	—	—	—	—	84	(5.6)	24	0.0	66
奈及利亞	18.2	-0.1	47.2	5.3	3.1	773	1.6	606	-2.4	722
塞內加爾	4.2	2.8	50.5[5]	11.0[5]	2.0[5]	90	45.2	29	-21.6	44
獅子山	0.4	—	—	—	—	23	21.1	7	-30.0	35
南非共和國	59.8	3.0	28.5	7.3	9.3	3,247	12.9	1,337	10.7	5,077
坦尚尼亞	2.5	—	64.0[5]	10.0[5]	3.0[5]	44	4.8	53	6.0	140
突尼西亞	8.1	2.1	37.0[5]	10.0[5]	5.0[5]	320	127.0	174	10.1	410

烏干達	3.3[9]	—	—	—	—	13	(59.4)	13	0.0	57
薩伊	0.7	-1.0	55.0[5]	10.0[5]	3.0[5]	94	0.0	86	1.2	32
尚比亞	2.6	6.8	37.0[5]	10.0[5]	1.0[5]	96	(4.0)	68	0.0	100
辛巴威	2.6[7]	1.9	30.1[7]	10.3[7]	12.9[7]	173	(2.8)	81	1.3	301
非洲合計	190.6	—	—	—	—	6,979	13.4	3,700	8.4	9,713

資料來源：*Business International Weekly*, July 6, 1992

注：5)1985；7)1987；8)1988；9)1989

表3-7D　非洲市場購買力指標(四)

	電視機		個人電腦	鋼消費量		水泥消費量		發電量		能源消費量	
	1991（千臺）	累積增加率(1986-91)	1990（千臺）	1990（千公噸）	累積增加率(1985-90)	1990（千公噸）	累積增加率(1985-90)	1990（10億瓩）	累積增加率(1985-90)	1989 kg oil equiv.per capita	累積增加率(1984-89)
阿爾及利亞	1,600	3.2	—	2,525	-19.5	6,923[3]	17.5[6]	15,32[3]	37.0[6]	655	22.4
安哥拉	52	40.5	—	—	—	1,000[3]	193.7[6]	1.82[3]	1.7[6]	62	-26.2
Burkina Faso	42	2.4	—	—	—	—	—	0.13[3]	7.4[6]	20	-4.8
喀麥隆	5	0.0	—	—	—	586[4]	-2.0[5]	2.7[3]	16.9[5]	177	-44.9
剛果	6	20.0	—	—	—	58[3]	28.9[6]	0.4[3]	58.1[6]	249	289.1
衣索比亞	100	100	—	—	—	400[3]	142.4[6]	0.82[3]	3.8[6]	17.0	41.7
加彭	40	8.1	—	—	—	115	-44.4[6]	0.88[3]	10.0[6]	876	4.8
迦納	175	25.0	—	—	—	565[3]	140.4[6]	4.88[3]	154.2[6]	76	40.7
象牙海岸	810	29.6	—	—	—	700[3]	26.8[6]	2.35[3]	43.3[6]	123	-14.6
肯亞	260	92.6	—	195	-23.2	1,512	38.2[5]	2.9[3]	28.9[6]	74	15.6
馬達加斯加	130	30.0	—	—	—	24	-14.3	0.56[3]	14.3[6]	27	-3.6
馬拉威	—	—	—	—	—	96	54.8	0.59[3]	14.8	28	-6.7
模里西斯	128	16.4	—	—	—	—	—	0.64[3]	36.2[6]	307	52.0
摩洛哥	1,210	17.1	—	588	-22.1	4,644[3]	30.0	9.1[3]	32.5[6]	258	12.7
莫桑鼻克	35	250.0	—	—	—	80.0[3]	-23.8[6]	0.49[3]	-50.5[6]	23	-65.2
奈及利亞	4,100	105.0	—	2,716	-3.9	3,500[3]	60.3[6]	9.94[3]	10.7[6]	135	-17.7
塞內加爾	234	17.0	—	—	—	380[3]	-8.2[6]	0.63[3]	-8.7[6]	137	17.1
獅子山	34	36.0	—	—	—	9.0[3]	800.0[6]	0.22[3]	-15.4[6]	53	12.8

南非共和國	3,445	31.0	—	5,397	2.5	7,261[3]	-10.2[6]	162.3[3]	33.6[6]	1,851	-13.5
坦尙尼亞	80	900.0	—	57.0	-12.3	595[3]	61.2[6]	0.89[3]	1.9[6]	25	-13.8
突尼西亞	650	62.5	—	708	29.4	4,140	36.5	5.24[3]	30.3	500	-5.7
烏干達	90	0.0	—	—	—	17.0[3]	-45.2[6]	0.61	-6.6	19.0	11.8
薩伊	20	25.0	—	31.0	10.7	460[3]	-13.9[6]	5.4[3]	11.6[6]	45	-8.2
尙比亞	60	66.7	—	6.0	-77.8	432	25.5	6.74	-33.2	138	-41.3
辛巴威	137	22.3	—	200	23.5	912[2]	40.3[6]	8.04[3]	77.1[6]	487	54.6
非洲合計	13,443	42.7	—	12,423	-5.2	18.7	243.59	33.5	33.5	282	-11.8

資料來源：*Business International Weekly*, July 6, 1992

注：3)1989；5)1983-88；6)1984-89

第六節　北美市場購買力分析

北美市場雖僅美國與加拿大兩國，但其雄厚的購買力受到全世界的重視；就我國而言，對北美的輸出曾一度佔我總輸出一半以上，其強大購買力可想而知。爲對抗歐洲經濟區的成立，美國已決定邀請墨西哥加入美、加兩國自1994年起成立北美自由貿易區(請參閱第四章第四節)，今後北美市場的購買力預期將更見擴大。

一、北美的面積與人口

加拿大是僅次於俄羅斯的世界第二大國，面積達九百九十二萬平方公里，美國則是僅次於俄、加及中國大陸的第四大國，面積九百三十七萬平方公里，而墨西哥亦係全球十大國之一，面積一百九十七萬平方公里，北美市場幅員廣大可想而知。

1990年中，美國人口近二億五千萬人，加拿大二千五百五十萬人，同期，墨西哥人口數爲八千八百五十萬人。近年來美、加兩國人口增加率甚低，1985～90年期間，平均年增加率僅0.8%，加拿大爲0.9%，墨西哥是天主教國家，年增率則高達2.3%。

二、北美的國民生產毛額

1990年美國國民生產毛額高達五萬五千一百三十八億美元，獨佔全球 GDP ¼以上，如加上加拿大的五千七百五十五億美元，墨西哥的二千三百十三億美元，所佔比重更接近30%，北美市場購買力之高可以想見。

就每人 GDP 而言，1990年美、加兩國均超過二萬美元，墨西哥則僅二千六百十一美元，與美、加兩國實際存在很大差距。

三、北美的出進口值

北美市場對外貿易亦甚發達，但貿易逆差甚鉅。1990年，北美出口總值爲五千二百四十三億八千四百萬美元，而進口總值高達六千三百六十七億零一百萬美元，貿易赤字高達一千一百二十三億一千七百萬美元；事實上，上述貿易逆差完全是美國一國所造成，加拿大反而有一百十六億美元的貿易盈餘。

1990年，墨西哥出口值二百九十九億八千二百萬美元，進口值三百二十六億八千七百萬美元，貿易逆差亦有二十七億美元；墨西哥進出口均以美國爲主要對象。

北美市場購買力統計如表3-8A～D。

表3-8A 北美市場購買力指標(一)

	面積	人口			國民生產毛額(GDP)			國民所得	平均每小時工資	
	千平方公里	總額 1990 (百萬人)	平均年增加率% (1985-90)	勞動力 1990 (百萬人)	總額 1990 (10億美元)	平均年實質增加率% (1985-90)	每人GDP 1990 (美元)	總額 1990 (10億美元)	1990 (美元)	平均年增加率% (1985-90)
加拿大	9,922	26.5	0.9	18.0	575.5	3.3	21,699	489.8	15.94	14.0
美國	9,528	249.2	0.8	164.2	5,513.8	2.8	22,124	4,929.8	14.83	9.2
合計	24,360	275.8	0.8	182.2	6,089.3	—	—	5,419.6	—	—
墨西哥	1,973	88.6	2.3	52.3	231.3	1.5	2,611	145.4 (1987年)	1.85	2.9

資料來源：*Business International Weekly*, July 6, 1992

表3-8B 北美市場購買力指標(二)

	出口總額		進口總額		自美國進口		自日本進口		自歐體進口	
	1990 FOB (百萬美元)	年平均增加率% (1985-90)	1990 CIF (百萬美元)	年平均增加率% (1985-90)	1990 CIF (百萬美元)	年平均增加率% (1985-90)	1990 CIF (百萬美元)	年平均增加率% (1985-90)	1990 CIF (百萬美元)	年平均增加率% (1985-90)
加拿大	131,278	8.0	119,681	9.0	75,252	7.0	8,157	13.0	13,348	11.0
美國	393,106	13.0	517,020	7.0	—	—	93,070	5.0	95,491	6.0
合計	524,384	12.0	636,701	8.0	75,252	7.0	101,227	6.0	108,839	7.0
*墨西哥	29,982	9.0	*32,687	22.0	23,144	24.0	1,682	27.0	4,123	21.0

資料來源：*Business International Weekly*, July 6, 1992
注：*自美國、日本與歐體進口數字係FOB

表3-8C 北美市場購買力指標(三)

	私人消費支出					小客車		貨車與大客車		電話
	1990 總額 (10億美元)	年平均實質增加率 (1987-91)	食物支出 (1989)	衣著支出 (1989)	家庭支出 (1989)	1990 (千輛)	累積增加率 (1985-90)	1990 (千輛)	累積增加率 (1985-90)	1990 (千臺)
加拿大	341.7	2.4	16.0	4.9	2.7	12,435	15.7	3,960	16.5	20,126
美國	3,742.6	1.9	17.3	5.9	8.1	144,375	11.0	44,294	14.9	127,176

合　計	4,084.3	—	—	—	—	156,810	11.4	48,254	15.0	147,304
*墨西哥	138.8	4.7	27.8	8.3	9.6	5,416	11.1	2,389	16.6	10,103

資料來源：*Business International Weekly*, July 6, 1992

注：*墨西哥因與美國、加拿大成立北美自由貿易區，故統計數字亦列入本表以供參考

表3-8D　北美市場購買力指標(四)

	電視機		個人電腦	鋼消費量		水泥消費量		發電量		能源消費量	
	1991 (千臺)	累積增加率 (1986-91)	1990 (千臺)	1990 (千公噸)	累積增加率 (1985-90)	1990 (千公噸)	累積增加率 (1985-90)	1990 (10億瓩)	累積增加率 (1985-90)	1989 kg oil equiv.per capita	累積增加率 (1984-89)
加拿大	16,000	14.6	4,000	11,143	-15.5	11,076	14.5	480.5	4.4	7,639	16.1
美　國	215,000	15.0	50,744	102,480	-2.9	70,944	0.9	3,005.3	17.0	7,223	10.7
合　計	231,000	14.9	54,744	113,623	-4.3	82,020	2.6	3,485.8	15.1	7,107	11.2
*墨西哥	12,350	45.3	641	8,289	7.7	24,504	22.7	119.6	37.5	1,182	8.2

資料來源：*Business International Weekly*, July 6, 1992

注：*同上表

第七節　南美市場購買力分析

美洲市場除北美市場外，又可分爲南美市場、中美市場及加勒比海市場，後三者又可總稱爲拉丁美洲市場，與北美市場恰好相反，拉丁美洲市場擁有許許多多的國家，種族、語言與宗教都非常複雜，本節專門說明南美市場購買力，而於次節介紹中美市場與加勒比海市場。

一、南美的面積與人口

南美洲主要十一國面積合計一千七百三十九萬平方公里，世界第五

大國巴西，面積八百五十一萬平方公里，第七大國阿根庭，面積二百七十七萬平方公里，秘魯、智利及委內瑞拉面積也超過一百萬平方公里，所以南美市場可以說是大國林立，惟經濟積弱而已。（注：墨西哥或屬於拉丁美洲組，故各項統計數字未列於中美市場，而列於本節南美市場，但本節文內則較少提及墨西哥，以免混淆）

就人口而言，不包括墨西哥約三億人，巴西獨佔一半，阿根庭人口三千二百三十萬人，也是南美洲人口次多的國家，再次爲秘魯，人口二千一百六十萬人，委內瑞拉人口近二千萬人。

南美多屬天主教國家，出生率頗高，故1985～90年期間，人口平均年增加率爲2.1%。

二、南美的國民生產毛額

近二、三十年來，亞洲四小龍經濟快速發展，而原本經濟發達的南美諸國，經濟愈一蹶不振，國民所得較之二次大戰後不進反退，令人唏噓。據國際機構統計，1990年南美各國平均每人國民生產毛額，竟沒有一個國家超過四千美元，而以阿根庭的三千九百二十九美元最高，巴西的三千一百五十美元次之，其餘均千餘或二千餘美元，而以玻利維亞最窮，每人僅七百五十六美元。

三、南美的出進口值

1990年，南美的面積是臺灣的四十八倍，人口是臺灣的近十五倍，而出進口值卻未超過臺灣的一倍，其對外貿易如何地微不足道可想而知。同年，擁有一億五千萬人口的世界第五大國巴西，出口值三百二十三億美元，進口值二百二十四億美元，均不到臺灣的一半；其餘各國出進口值就微乎其微了。

南美各國對外貿易均以美國爲主要夥伴，其次爲歐洲共同體各國，日本再次之，臺灣與中南美各國貿易金額均不大。

南美市場購買力統計如表3-9A～D。

表3-9A　南美市場購買力指標(一)

	面積	人口			國民生產毛額(GDP)			國民所得	平均每小時工資	
	千平方公里	總額1990(百萬人)	平均年增加率%(1985-90)	勞動力1990(百萬人)	總額1990(10億美元)	平均年實質增加率%(1985-90)	每人GDP1990(美元)	總額1990(10億美元)	1990(美元	年平均增加率%(1985-90)
阿根庭	2,767	32.3	1.3	19.7	127.0	-0.5	3,929	—	2.93	22.2
*玻利維亞	1,099	7.3	2.8	3.9	5.5	1.3	756	4.5[6]	0.44	—
巴　西	8,512	150.4	2.1	90.4	473.7	3.1	3,150	338.0[8]	2.79	20.0
智　利	757	13.2	1.7	8.4	27.8	5.6	2,110	21.1[9]	2.71	—
*哥倫比亞	1,139	33	2.0	19.7	40.3	4.3	1,222	37.3[8]	2.22	—
*厄瓜多爾	284	10.6	2.6	5.9	10.9	2.6	1,027	8.2	1.09	—
墨西哥	1,973	88.6	2.2	52.3	231.3	1.5	2,611	145.4[8]	1.85	2.9
巴拉圭	407	4.3	3.0	2.4	5.3	4.0	1,231	3.8	0.69	—
*秘魯	1,285	21.6	2.1	12.3	36.2	-0.6	1,679	39.4[9]	0.25	0.8
烏拉圭	176	3.1	0.6	1.9	8.2	2.8	2,656	7.8[9]	2.37	22.8
*委內瑞拉	912	19.7	2.6	11.4	48.3	2.1	2,446	43.5	2.27	—
*安第斯集團小計	4,719	92.2	2.3	53.2	141.2	—	1,532	132.9	—	—
南美洲合計**	17,338	384.0	2.1	228.3	1,014.4	—	2,642	649.0	—	—

資料來源：*Business International Weekly*, July 6, 1992(引用本表數字請先徵得美國 Business International Corp. 之同意, 215 Park Ave. South, N.Y.)

注：6) 1986; 8) 1988; 9) 1989

*安第斯集團會員國，**面積未包括墨西哥，其餘各項資料則包括墨西哥

表3-9B 南美市場購買力指標(二)

	出口總額		進口總額		自美國進口		自日本進口		自歐體進口	
	1990 FOB (百萬美元)	年平均增加率% (1985-90)	1990 CIF (百萬美元)	年平均增加率% (1985-90)	1990 CIF (百萬美元)	年平均增加率% (1985-90)	1990 CIF (百萬美元)	年平均增加率% (1985-90)	1990 CIF (百萬美元)	年平均增加率% (1985-90)
阿根庭	12,352	10.0	4,079	3.0	877	5.0	133	(8.0)	1,119	3.0
*玻利維亞	1,063	11.0	803	5.0	163	4.0	75	4.0	177	15.0
巴　西	32,266	6.0	22,440	10.0	4,737	12.0	1,357	19.0	4,614	19.0
智　利	8,539	18.0	7,596	20.0	1,459	18.0	535	25.0	1,503	21.0
*哥倫比亞	6,624	14.0	5,497	6.0	2,070	8.0	509	5.0	1,113	7.0
*厄瓜多爾	2,760	0.0	2,008	3.0	699	4.0	151	(2.0)	449	3.0
墨西哥	29,982	9.0	32,687	22.0	23,144	24.0	1,682	27.0	4,123	21.0
巴拉圭	959	33.0	1,193	25.0	147	42.0	187	64.0	180	26.0
*秘　魯	3,341	3.0	2,627	19.0	800	19.0	110	2.0	524	15.0
烏拉圭	1,694	15.0	1,317	14.0	138	21.0	44	26.0	240	17.0
*委內瑞拉	16,414	7.0	6,688	2.0	2,975	(1.0)	315	0.0	1,987	7.0
*安第斯集團合計	30,202	6.0	17,623	4.0	6,707	3.0	1,100	(2.0)	4,250	6.0
南美洲合　計	115,994	7.0	86,935	11.0	37,209	15.0	5,098	11.0	16,029	13.0

資料來源：*Business International Weekly*, July 6, 1992(引用本表數字請先徵得美國 Business International Corp. 之同意, 215 Park Ave. South, N.Y.)

表3-9C 南美市場購買力指標(三)

	私人消費支出					小客車		貨車與大客車		電話
	1990 總額 (10億美元)	年平均實質增加率 (1987-91)	食物支出 (1989)	衣著支出 (1989)	家庭支出 (1989)	1990 (千輛)	累積增加率 (1985-90)	1990 (千輛)	累積增加率 (1985-90)	1990 (千臺)
阿根庭	44.1	1.2	38.8	4.5	5.1	4,186	13.6	1,494	7.7	4,622
*玻利維亞	3.9	1.3	—	—	—	75	134.4	136	195.7	194
巴　西	248.4	0.3	29.6	5.0	5.0	9,527	-0.3	2,459	18.9	14,125
智　利	18.7	5.8	29.0[5]	8.0[5]	5.0[5]	707	42.3	240	1.3	1,096

*哥倫比亞	26.3	2.7	31.0	6.1	6.0	715	-13.8	665.0	224.4	2,909
*厄瓜多爾	7.6	2.5	33.6[8]	10.1[8]	5.4[8]	77	-2.5	163	-7.4	540
墨西哥	138.8	4.7	27.8	8.3	9.6	5,410	11.1	2,389	16.6	10,103
巴拉圭	4.9	3.5	30.0[5]	12.0[5]	3.0[5]	60	76.5	30	11.1	128
*秘　魯	28.1	-3.7	41.0[7]	9.8[7]	11.6[7]	388	1.8	227	11.3	769
烏拉圭	5.5	2.4	31.0[5]	7.0[5]	5.0[5]	167	-1.8	81	-4.7	579
*委內瑞拉	30.0	2.4	45.9	4.3	5.2	1,601	4.6	583	-34.0	1,794
*安第斯集團合計	95.9	—	—	—	—	2,856	0.2	1,774	17.1	6,206
南美洲合　計	556.4	—	—	—	—	22,913	5.8	8,467	14.9	36,859

資料來源：*Business International Weekly*, July 6, 1992

注：5)1985;7)1987;8)1988.

表3-9D　南美市場購買力指標(四)

	電視機		個人電腦	鋼消費量		水泥消費量		發電量		能源消費量	
	1991(千臺)	累積增加率(1986-91)	1990(千臺)	1990(千公噸)	累積增加率(1985-90)	1990(千公噸)	累積增加率(1985-90)	1990(10億瓩)	累積增加率(1985-90)	1989 kg oil equiv.per capita	累積增加率(1984-89)
阿根庭	7,165	10.2	215	1,691	-21.9	4,439	-13.2	50.9	13.3[6]	1,356	18.4
*玻利維亞	610	31.7	—	85	129.7	499[4]	126.8[6]	1.9[4]	27.1[6]	265	34.0
巴　西	30,000	20.0	473	10,197	-15.0	25,848	25.4	229.8[4]	28.7[6]	559	32.5
智　利	3,200	82.9	126	994	51.1	2,010[4]	58.0[6]	17.8[4]	31.9[6]	844	43.0
*哥倫比亞	5,500	64.2	—	1,138	-7.8	6,360	19.9	38.9[4]	30.0[6]	572	15.4
*厄瓜多爾	825	37.5	—	361	-13.6	1,548[4]	-11.8[6]	5.7[4]	36.4[6]	463	12.6
墨西哥	12,350	45.3	641	8,289	7.7	24,504	22.7	119.6[4]	37.5[6]	1,182	8.2
巴拉圭	350	52.2	—	108	200.0	323[4]	196.3[6]	2.8[4]	204.3[6]	154	10.4
*秘　魯	2,080	30.0	—	365	-32.0	2,184	24.3	13.7[4]	17.3[6]	353	0.9
烏拉圭	700	40.0	—	120	79.1	465[4]	24.3[6]	5.8[4]	51.3[6]	548	25.9
*委內瑞拉	3,700	64.4	177	2,007	14.4	6,072	18.5	60.0[4]	35.3[6]	1,976	-2.4
*安第斯集團合計	12,715	53.9	—	3,956	-0.6	16,663	15.4	120.3[4]	31.2[6]	786	3.9

南美洲合計	66,480	31.0	1,632	25,355	-4.7	74,252	20.7	546.9	29.1[6]	835	15.1

資料來源：*Business International Weekly*, July 6, 1992
注：3)1990；4)1989；5)1988；6)1984-89

第八節 中美及加勒比海市場購買力分析

中美共同市場包含哥斯達黎加、薩爾瓦多、瓜地馬拉、宏都拉斯及尼加拉瓜五國，墨西哥則因屬於拉丁美洲整合協會(Latin American Integration Association, 簡稱 LAIA), 1993年底又將加入北美自由貿易協定，故在地理上雖屬於中美市場，但本節資料並未將其包含在內。

加勒比海市場則包括巴貝多、古巴、多明尼加、蓋亞那、海地、牙買加、荷屬安第斯、巴拿馬、波多黎各以及千里達—托貝哥等十個小國或屬地。

一、中美及加勒比海的面積及人口

中美及加勒比海地區皆係迷你小國，面積小人口少，中美五國合計面積四十二萬三千平方公里，人口僅二千六百五十萬；而加勒比海十國合計面積四十六萬二千平方公里，人口三千五百二十萬。

中美與加勒比海地區人民亦以信仰天主教爲主，故出生率亦較高，據統計，1985～90年期間，中美五國平均年增加率高達2.8%，其中宏都拉斯與尼加拉瓜更分別高達3.2%與3.4%；加勒比海地區出生率較低，同一期間平均年增加率爲1.6%，超過2%的僅有多明尼加、海地及巴拿馬等三國。

二、中美及加勒比海的國民生產毛額

中美五國經濟非常落後，加以國內政情動亂不已，五國國民生產毛額合計僅二百六十三億美元而已，每人 GDP 不到一千美元，其中以哥斯達黎加最高，每人亦僅一千八百八十六美元。

至於加勒比海地區，由於荷屬安第斯與美屬波多黎各每人 GDP1990 年分別高達七千六百二十七美元與六千一百七十八美元，而巴貝多，千里達—托貝哥等國觀光收入甚豐，故此一地區國民生產毛額較中美高出頗多，1990年每人 GDP 平均達二千三百三十九美元。

三、中美及加勒比海的出進口值

1990年，中美五國出口值合計僅四十六億七千二百萬美元，而加勒比海十國出口值二百八十八億一千五百萬美元，美屬波多黎各一地獨佔二百十三億二千三百萬美元。此一地區進口情形也大致相似，1990年中美五國全年進口值合計僅六十八億八千九百萬美元，其中40%以上來自美國，又加勒比海地區同年進口值三百零二億六千七百萬美元，其中半數係自波多黎各進口。

中美及加勒比海市場購買力統計如表3-10A～D。

表3-10A　中美及加勒比海市場購買力指標(一)

	面積	人口			國民生產毛額(GDP)			國民所得	平均每小時工資	
	千平方公里	總額 1990 (百萬人)	平均年增加率 % (1985-90)	勞動力 1990 (百萬人)	總額 1990 (10億美元)	平均年實質增加率% (1985-90)	每人 GDP 1990 (美元)	總額 1990 (10億美元)	1990 (美元)	平均年增加率 % (1985-90)

中美洲共同市場(CACM)										
哥斯達黎加	51	3.0	2.7	1.8	5.7	3.9	1,886	5.3	1.20	5.7
薩爾瓦多	21	5.3	2.0	2.7	5.1	1.9	974	4.8	—	—
瓜地馬拉	109	9.2	2.9	4.7	7.6	2.4	821	6.5[9]	0.75	-3.4
宏都拉斯	112	5.1	3.2	2.7	6.3	3.5	1,220	5.4	1.00	-3.9
尼加拉瓜	130	3.9	3.4	2.0	1.7	-3.9	427	3.4[6]	—	—
中美洲合　計	423	26.5	2.8	13.9	26.3	—	993	25.42	—	—
加勒比海市場										
巴貝多	0.430	0.3	0.2	0.2	1.5	2.1	5,688	—	2.25	
古　巴	115	10.6	1.0	7.4	34.1	0.2	3,210	17.6[8]	1.05	-2.0
多明尼加	0.752	7.2	2.3	4.2	7.3	1.4	1,019	6.7	1.37	—
蓋亞那	215	0.8	0.2	0.5	0.3	-2.6	322	0.1	0.88	—
海　地	28	6.5	2.0	3.7	2.5	0.5	384	2.4	0.55	—
牙買加	11	2.5	1.2	1.5	3.9	2.2	1,598	3.2[9]	3.71	—
荷屬安第斯	0.993	0.2	0.8	—	1.4	2.8	7,627	—	—	
巴拿馬	77	2.4	2.1	1.5	4.9	-0.5	2,047	4.6	2.70	8.2
波多黎各	9	3.5	1.2	2.2	21.5	3.6	6,178	18.2[8]	6.28	3.9
千里達托貝哥	5	1.3	1.7	0.8	4.9	-2.6	3,818	3.5[9]	2.63	—
加勒比海合計	462	35.2	1.6	21.9	—	2,339	56.4	—	—	

資料來源：*Business International Weekly*, July 6, 1992

注：6）1986;8）1988;9）1989

表3-10B　中美及加勒比海市場購買力指標(二)

	出口總額		進口總額		自美國進口		自日本進口		自歐體進口	
	1990 FOB（百萬美元）	年平均增加率%(1985-90)	1990 CIF（百萬美元）	年平均增加率%(1985-90)	1990 CIF（百萬美元）	年平均增加率%(1985-90)	1990 CIF（百萬美元）	年平均增加率%(1985-90)	1990 CIF（百萬美元）	年平均增加率%(1985-90)
中美洲共同市場(CACM)										
哥斯達黎加	1,456	10.0	2,026	13.0	823	17.0	170	12.0	251	9.0
薩爾瓦多	595	(2.0)	1,402	8.0	611	14.0	46	5.0	146	8.0
瓜地馬拉	1,396	5.0	1,763	10.0	720	11.0	89	10.0	241	9.0
宏都拉斯	954	4.0	1,180	7.0	619	16.0	66	17.0	98	(4.0)
尼加拉瓜	271	(1.0)	518	(3.0)	75	1,538.0	30	20.0	90.0	(6.0)
中美洲合計	4,672	5.0	6,889	8.0	2,848	13.0	401	8.0	826	3.0
加勒比海市場										
巴貝多	218	(6.0)	749	5.0	216	(1.0)	36	7.0	213	20.0
古　巴	1,387	7.0	3,268	2.0	2	28.0	80	(16.0)	1,017	8.0
多明尼加	891	3.0	1,898	8.0	826	12.0	202	33.0	224	12.0
蓋亞那	234	2.0	238	3.0	84	20.0	14	13.0	63	10.0
海　地	234	8.0	797	18.0	525	27.0	25	(3.0)	83	13.0
牙買加	1,218	17.0	1,848	11.0	940	15.0	83	8.0	230	16.0
荷屬安第斯	1,002	(6.0)	2,803	17.0	596	50.0	98	98.0	441	123.0
巴拿馬	322	2.0	1,531	7.0	527	7.0	75	2.0	112	1.0
波多黎各	21,323	18.0	15,905	11.0	10,943	—	—	—	—	—
千里達托貝哥	1,986	1.0	1,230	(5.0)	502	(1.0)	44	(11.0)	194	(7.0)
加勒比海合計	28,815	11.0	30,267	7.0	15,161	52.0	657	(5.0)	2,577	7.0

資料來源：*Business International Weekly*, July 6, 1992

表3-10C　中美及加勒比海市場購買力指標(三)

	私人消費支出					小客車		貨車與大客車		電話
	1990總額(10億美元)	年平均實質增加率(1987-91)	食物支出(1989)	衣着支出(1989)	家庭支出(1989)	1990(千輛)	累積增加率(1985-90)	1990(千輛)	累積增加率(1985-90)	1990(千臺)
中美洲共同市場(CACM)										
哥斯達黎加	3.5	4.2	33.0[5]	8.0[5]	9.0[5]	144	82.3	108	71.4	450
薩爾瓦多	4.5	2.5	33.0[5]	9.0[5]	7.0[5]	52	0.0	65	1.6	250
瓜地馬拉	6.4	3.1	36.0[5]	10.5[5]	5.0[5]	95	-1.0	93	-1.1	250
宏都拉斯	3.1	2.7	—	—	—	27	0.0	52	6.1	92
尼加拉瓜	1.2	-5.6	—	—	—	31	-6.1	43	48.3	50
中美洲合計	18.6	—	—	—	—	349	21.6	361	20.7	1,092
加勒比海市場										
巴貝多	1.1[9]	—	—	—	—	37	19.4	9	28.6	117
古　巴	31.7	—	—	—	—	19	-	33	-	610
多明尼加	6.2	0.4	46.0[5]	3.0[5]	8.0[5]	114	10.7	73	14.1	549
蓋亞那	0.1	—	—	—	—	24	-20.0	9	-25.0	33
海　地	2.3	—	—	—	—	32	6.7	21	40.0	50
牙買加	2.2	1.7	—	—	—	95	-12.0	17	-43.3	175
荷屬安第斯	—	—	—	—	—	68	4.6	15	15.4	65
巴拿馬	3.2	-1.7	38.0[5]	3.0[5]	6.0[5]	151	13.5	73	28.1	256
波多黎各	—	—	—	—	—	1,303	15.0	235	22.4	—
千里達托貝哥	2.5	-3.9	—	—	—	244	6.6	79	29.5	226

加勒比海合計	49.3	—	—	—	—	2,087	12.1	564	25.1	2,081

資料來源：*Business International Weekly*, July 6, 1992
注：5)1985

表3-10D　中美及加勒比海市場購買力指標(四)

	電視機		個人電腦	鋼消費量		水泥消費量		發電量		能源消費量	
	1991 (千臺)	累積增加率 (1986-91)	1990 (千臺)	1990 (千公噸)	累積增加率 (1985-90)	1990 (千公噸)	累積增加率 (1985-90)	1990 (10億瓩)	累積增加率 (1985-90)	1989 kg oil equiv.per capita	累積增加率 (1984-89)
中美洲共同市場(CACM)											
哥斯達黎加	611	30.0	—	199	31.8	315[4]	-32.8[6]	3.6	27.8[6]	348	20.1
薩爾瓦多	500	42.9	—	67	6.3	447[4]	12.0[6]	2.1	24.7[6]	158	20.0
瓜地馬拉	475	46.2	—	125	15.7	591[4]	29.9[6]	2.3	36.1[6]	138	11.5
宏都拉斯	330	0.0	—	45	-32.8	321[4]	-12.8[6]	1.1	3.8[6]	125	-6.3
尼加拉瓜	210	20.0	—	118	18.0	225[4]	-19.6[6]	1.1	10.0[6]	196	9.1
中美洲合計	2,126	28.8	—	554	13.3	1,899[4]	-3.7[6]	10.2	17.7[6]	171	11.4
加勒比海市場											
巴貝多	69	11.3	—	—	—	228	54.1	0.5	41.8	1,125	25.9
古巴	2,500	25.0	—	923	-22.0	3,756[4]	12.2[6]	16.2	33.2	1,072	12.9
多明尼加	728	71.3	—	204	240.0	1,269[4]	14.4[6]	5.3	32.2[6]	276	-7.3
蓋亞那	40	—	—	—	—	—	—	0.4	-3.8[6]	275	-52.6
海地	27	8.0	—	—	—	234[4]	-2.5[6]	0.5	28.0	36	-1.7
牙買加	484	79.3	—	—	—	360[4]	39.0[6]	2.7	14.0	597	-7.6
荷屬安第斯	35	9.4	—	—	—	—	—	0.7	-	6,850	-5.8
巴拿馬	205	-46.2	—	34	-63.8	169[4]	-44.4[6]	2.7	3.2	414	-2.4
波多黎各	900	8.4	—	—	—	1,257[4]	39.7[6]	15.3	24.4	1,966	2.8

千里達托貝哥	370	5.7	—	258	38.7	384[4]	-5.9[6]	3.5	14.7	3,952	10.2
加勒比海合計	5,358	22.5	—	1,419	-6.8	7,657	15.5[6]	47.8	19.4	868	4.9

資料來源: *Business International Weekly*, July 6, 1992
注: 4)1989; 6)1984-89

第九節　亞洲市場購買力分析

亞洲市場幅員廣大，除中東另劃一區已如前述(本章第四節)，廣大的亞洲仍可區分爲東亞、東南亞、西亞及中國大陸四區，經濟發展各有其特色。東亞除日本、南北韓外(亦稱爲東北亞)，亦可將臺灣、香港列入，日本是亞洲唯一的工業先進國，而南韓、臺灣、香港近年來經濟快速發展，已接近工業開發國家之水準，北韓是東亞唯一經濟落後地區。

東南亞地區包括東南亞國協五國：泰國、馬來西亞(包括汶萊)、印尼、菲律賓、新加坡，以及中南半島三個共黨國家：越南、高棉、寮國；西亞則有：印度、巴基斯坦、孟加拉、阿富汗、尼泊爾、斯里蘭卡及緬甸等七國。

擁有¼人口的中國大陸，自從改革開放後，在臺灣、香港全面投資，南韓、日本亦相繼加入投資行列，經濟發展可謂一日千里，如果當前情況維持不變，二十一世紀，中國大陸勢將成爲世界的經濟巨人。

一、亞洲的面積與人口

亞洲是世界最大的一洲，包括中東在內，總面積高達四千四百八十萬平方公里，中國大陸是全球第三大國，亞洲最大國家，面積九百五十六萬平方公里；印度是亞洲第二大國，面積三百二十萬平方公里，也是世界第六大國。印尼是亞洲第三大國，面積一百九十二萬平方公里。

近二十年來，中國大陸積極推展人口政策，所謂嚴格執行一胎化運動，人口雖仍達十一億三千九百一十萬人，但人口平均年增加率，1985～90年期間降至1.5%，已在全世界平均值1.6%以下。印度是亞洲也是全球人口第二多的國家，同一期間人口平均年增加率高達2.1%，如果不積極有效實施人口政策，本世紀結束前，印度的人口可能超過中國大陸。

日本是亞洲唯一經濟先進國，面積三十七萬平方公里，人口一億二千三百五十萬人，1985～90年期間，人口平均年增加率僅 0.4%，與歐、美各經濟先進國相同。

二、亞洲的國民生產毛額

亞洲各國貧富差距極大，1990年日本國民生產毛額高達二萬九千四百零四億美元，佔整個亞洲四萬四千七百六十一億美元的65%以上，同年日本每人 GDP 達二萬三千八百十六美元，而緬甸僅一百五十八美元，寮國一百六十二美元，阿富汗一百八十五美元，相差百倍以上。

新加坡、香港、臺灣及南韓是亞洲四小龍，經濟發展已接近工業先進國的水平，1990年每人 GDP 分別達一萬二千七百零六美元、一萬一千九百六十五美元、七千八百十四美元及五千六百零三美元。馬來西亞與泰國近十年來經濟發展亦甚快速，被譽為亞洲新的小龍，1990 年每人 GDP 則分別為二千三百六十九美元與一千四百三十九美元。

三、亞洲的出進口值

日本與亞洲四小龍對外貿易多采多姿，尤其是出口貿易，更成爲世界注目的舞臺，日本與臺灣的鉅額貿易順差與外匯存底，亦爲全球所關注。

1990年，亞洲出口總額七千三百七十億美元，佔全球出口的21.7%，同年亞洲進口總額七千零十二億美元，佔全球進口的20.2%，擁有三百五十八億美元的順差。而日本出進口佔亞洲1/3以上，1990年出口值二千八百七十七億美元，進口值二千三百五十三億美元，貿易順差達五百二十四億美元。1990年，中國大陸與臺灣兩地區出進口值都非常接近，兩地合計出口額一千三百五十九億美元，進口合計一千一百四十億美元，亦擁有二百十九億美元的順差，可見亞洲乃至全世界貿易順差皆爲日、中兩國所攫取，事實上，亞洲其他國家對外貿易仍多爲逆差。

亞洲市場購買力統計如表 3-11A～D。

表3-11A 亞洲市場購買力指標(一)

	面積	人口			國民生產毛額(GDP)			國民所得	平均每小時工資	
	千平方公里	總額 1990 (百萬人)	平均年增加率% (1985-90)	勞動力 1990 (百萬人)	總額 1990 (10億美元)	平均年實質增加率% (1985-90)	每人 GDP 1990 (美元)	總額 1990 (10億美元)	1990 (美元)	平均年增加率% (1985-90)
阿富汗	647	16.6	2.7	9.1	—	-2.6	—	—	—	—
孟加拉	144	115.6	2.6	61.5	21.3	3.7	185	—	0.21	—
中國大陸	9,561	1,139.1	1.5	774.6	369.8	8.7	325	299.0	0.40	21.9
香港	1	5.9	1.4	4.0	70.0	6.4	11,965	—	3.20	13.1
印度	3,204	853.1	2.1	503.3	286.8	5.8	336	243.2[9]	0.65	11.3
印尼	1,919	184.3	1.9	112.6	107.3	5.7	582	97.1	0.37	—

日　本	372	123.5	0.4	86.2	2,940.4	4.7	23,816	2,675.4[9]	12.84	11.3
高　棉	181	8.3	2.5	5.1	—	—	—	—	—	—
北　韓	121	21.8	1.8	12.9	—	—	—	—	—	—
南　韓	98	42.8	1.0	28.0	239.8	9.7	5,603	214.1	4.16	25.2
寮　國	237	4.14	2.9	2.3	0.7	4.5	162	—	—	—
馬來西亞	333	17.9	2.7	10.7	42.4	5.5	2,369	—	0.47	—
緬　甸	—	41.7	2.1	24.5	21.8	-0.7	523	7.8[7]	0.10	—
尼泊爾	141	19.1	2.5	10.5	3.0	4.9	158	2.3[5]	—	—
巴基斯坦	828	122.6	3.5	63.3	46.8	6.3	382	39.0	0.70	—
菲律賓	300	62.4	2.5	35.3	44.2	2.6	708	42.5	0.90	19.2
新加坡	0.581	2.7	1.3	1.9	34.6	6.3	12,706	21.1[8]	3.78	8.9
斯里蘭卡	65	17.2	1.3	10.7	8.0	3.9	466	—	0.31	2.1
中華民國	36	20.4	1.1	13.4	159.1	8.1	7,814	149.5	3.98	21.6
泰　國	513	55.7	1.5	35.3	80.2	8.8	1,439	73.1	1.05	15.4
越　南	330	66.7	2.2	37.6	37.1	3.7	—	37.1	—	—
亞洲合計	44,798	2,941.3	1.8	1,842.8	4,476.1	—	1,522	3,901.1	—	—

資料來源：*Business International. Weekly,* July 6, 1992

注：5)1985；7)1987；8)1988；9)1989

表3-11B　亞洲市場購買力指標(二)

	出口總額		進口總額		自美國進口		自日本進口		自歐體進口	
	1990 FOB (百萬美元)	年平均增加率 % (1985-90)	1990 CIF (百萬美元)	年平均增加率 % (1985-90)	1990 CIF (百萬美元)	年平均增加率 % (1985-90)	1990 CIF (百萬美元)	年平均增加率 % (1985-90)	1990 CIF (百萬美元)	年平均增加率 % (1985-90)
阿富汗	794	4.0	1,416	10.0	5	12.0	133	7.0	69	3.0
孟加拉	1,672	12.0	3,656	8.0	186	(2.0)	482	10.0	575	12.0
中國大陸	69,478	21.0	58,632	7.0	6,294	6.0	7,869	(11.0)	7,761	6.0
香　港	82,144	23.0	82,482	23.0	6,653	19.0	13,269	15.0	8,050	19.0
印　度	18,183	15.0	23,321	8.0	2,274	6.0	2,138	11.0	8,027	14.0
印　尼	25,675	8.0	21,931	17.0	2,520	9.0	5,455	17.0	4,138	20.0
日　本	287,678	10.0	235,307	13.0	52,842	15.0	—	—	35,338	31.0

高棉	38	82.0	45	25.0	—	—	5	—	14	67.0
北韓	810	5.0	1,252	9.0	—	—	176	(7.0)	137	33.0
南韓	60,457	16.0	68,453	18.0	16,444	21.0	19,905	22.0	7,687	22.0
寮國	119	258.0	141	52.0	1	—	22	54.0	10	21.0
馬來西亞	29,409	15.0	29,251	20.0	4,944	22.0	7,054	23.0	4,264	21.0
緬甸	351	10.0	604	35.0	20	7.0	111	3.0	98	18.0
尼泊爾	257	16.0	543	14.0	11	121.0	65	1.0	71	16.0
巴基斯坦	5,587	16.0	7,383	5.0	946	7.0	877	4.0	1,656	8.0
菲律賓	8,171	12.0	12,993	20.0	2,538	14.0	2,397	27.0	1,450	27.0
新加坡	53,753	19.0	60,954	19.0	9,801	21.0	12,263	23.0	7,816	22.0
斯里蘭卡	1,895	9.0	2,634	8.0	207	12.0	325	4.0	386	7.0
中華民國	66,426	17.0	55,438	24.0	12,580	24.0	15,972	25.0	7,416	30.0
泰國	22,805	26.0	33,741	31.0	3,597	30.0	10,311	35.0	4,984	31.0
越南	1,289	32.0	1,018	11.0	8	(14.0)	236	9.0	315	43.0
亞洲合計	736,991	14.0	701,195	15.0	121,871	16.0	99,065	14.0	100,262	21.0

資料來源：*Business International Weekly*, July 6, 1992

表3-11C 亞洲市場購買力指標(三)

	私人消費支出					小客車		貨車與大客車		電話
	1990 總額 (10億美元)	年平均實質增加率 (1987-91)	食物支出 (1989)	衣著支出 (1989)	家庭支出 (1989)	1990 (千輛)	累積增加率 (1985-90)	1990 (千輛)	累積增加率 (1985-90)	1990 (千臺)
阿富汗	—	—	—	—	—	31	-6.1	25	(4.0)	32
孟加拉	10.4	3.2	—	—	—	33	-29.8	36	9.0	249
中國大陸	205.7	5.2	55.4	15.0	14.5	936	165.9	3,800	124.0	12,735
香港	37.9	6.4	17.1	21.5	12.1	193	5.5	163	48.0	3,280
印度	173.4	4.7	47.2	9.8	2.6	1,745	71.1	1,494	40.0	5,486
印尼	57.7	5.6	53.4	4.5	8.0	1,200	60.9	1,391	40.0	1,015
日本	1,686.7	4.1	19.9[8]	5.8[8]	6.0[8]	32,621	20.2	22,472	29.0	66,636
高棉	—	—	—	—	—	—	—	—	—	—
北韓	—	—	—	—	—	—	—	—	—	825

南韓	128.4	9.7	37.7	4.8	6.2	1,558	235.1	1,101	128.0	15,736
寮國	—	—	—	—	—	—	—	—	—	7
馬來西亞	22.9	11.3	43.6	6.8	10.2	1,530	50.9	316	25.0	2,023
緬甸	9.9[8]	—	—	—	—	27	-6.9	42	(2.0)	81
尼泊爾	2.4	—	57.0[5]	12.0[5]	2.0[5]	—	—	—	—	67
巴基斯坦	28.5	5.1	54.0[5]	9.0[5]	5.0[5]	479	28.4	324	30.0	740
菲律賓	31.6	5.4	50.5	7.0	10.0	413	14.4	672	26.0	1,047
新加坡	15.4	8.4	23.7	8.6	10.4	271	16.8	128	3.0	1,220
斯里蘭卡	6.1	3.6	43.1[8]	10.6[8]	4.4[8]	164	15.5	137	14.0	166
中華民國	86.4	10.1	32.7[8]	4.9[8]	5.1[8]	1,579	95.7	541	32.0	6,000
泰國	47.5	9.3	32.9	14.1	2.3	856	78.3	1,523	130.0	1,000
越南	—	—	—	—	—	—	—	—	—	115
亞洲合計	2,559.7	—	—	—	—	43,636	31.5	34,165	41.0	118,460

資料來源：*Business International Weekly*, July 6, 1992

注：5)1985； 8)1988

表3-11D 亞洲市場購買力指標(四)

	電視機		個人電腦	鋼消費量		水泥消費量		發電量		能源消費量	
	1991（千臺）	累積增加率(1986-91)	1990（千臺）	1990（千公噸）	累積增加率(1985-90)	1990（千公噸）	累積增加率(1985-90)	1990(10億瓩)	累積增加率(1985-90)	1989 kg oil equiv.per capita	累積增加率(1984-89)
阿富汗	100	400	—	—	—	100[4]	-10.7[6]	1.2[4]	13.9[6]	162	164.5
孟加拉	350	15.5	—	428	-13.4	336	40.0	7.8	60.7	48	50.2
中國大陸	126,000	27.3	490	68,832	-5.1	209,712	43.7	582.0[4]	54.4[6]	567	32.8
香港	1,749	36.9	195	1,157	-35.5	1,800	-2.0	25.6	33.3	1,397	31.6
印度	20,000	52.7	144	21,700	50.7	44,568[4]	50.9[6]	264.3	40.2	215	45.4
印尼	11,000	124.5	—	4,712	99.1	15,972	60.7	41.8[4]	76.0[6]	192	14.7
日本	80,000	23.70	8,476	99,032	35.0	84,444	15.9	857.3	27.3	2,823	8.4
高棉	70	133.3	—	—	—	—	—	0.7[4]	0.0[6]	19	10.1
北韓	250	38.9	—	—	—	16,000[4]	100.0[6]	53.5[4]	17.8[6]	1,963	10.0
南韓	8,700	13.7	1,192	21,650	91.4	33,912	65.4	107.7	71.7	1,537	49.1

寮　國	32	6.7	—	—	—	—	—	1.2[4]	11.1[6]	28	32.1
馬來西亞	2,350	125.5	98	2,817	40.4	5,880	87.7	25.2	68.6	966	64.5
緬　甸	68	112.5	—	—	—	420	-2.8	2.5	44.2	43	0.5
尼泊爾	35	75	—	—	—	114[4]	571.9[6]	0.6[4]	71.2[6]	16	27.3
巴基斯坦	2,080	107	—	1,881	13.9	7,488	45.8	38.1	47.9	187	41.0
菲律賓	7,000	112.1	—	1,900	181.9	6,360	107.0	26.3	25.3	207	26.9
新加坡	985	23.1	150	3,453	69.1	1,848	-7.2	15.6	58.2	3,485	23.5
斯里蘭卡	700	55.6	—	—	—	564	46.9	3.2	29.3	77	-7.0
中華民國	5,880	12.3	996	15,350	143.0	18,044	26.8	74.4	55.2	2,845	46.6
泰　國	6,000	79.1	193	4,232	52.8	15,024[4]	82.2[6]	44.1	82.3	446	66.6
越　南	2,200	10	—	—	—	1,975[4]	50.8[6]	5.8[4]	18.8[6]	77	9.2
亞洲合計	275,549	32.2	11,934	247,144	28.9	464,561	44.9	2,178.7	38.2	512	27.9

資料來源：*Business International Weekly*, July 6, 1992

注：4)1989； 5)1988

第十節　大洋洲市場購買力分析

本節所敘述大洋洲僅包括澳大利亞與紐西蘭兩國，大洋洲尚包括許多島嶼小國，由於人口稀少，購買力薄弱，故未包括在本節討論之範圍。

一、大洋洲的面積與人口

澳大利亞面積七百六十九萬平方公里，是全球第六大國，1990年，人口僅一千六百九十萬人，比臺灣還少，平均每平方公里僅2.2人，是全世界人口密度最稀少的國家，1985～90年期間，平均年增加率1.4%，尚低於全球平均年增加率。

紐西蘭面積二十七萬平方公里，1990年人口僅三百四十人，平均每平方公里12.6人，人口密度亦頗低。1985～90期間，平均年增加率尙不到1%。

二、大洋洲的國民生產毛額

1990年，澳大利亞國民生產毛額二千九百六十五億美元，1985-90年期間，平均年實質增加率3.5%，與北美、西歐各國平均值甚爲接近，同年每人 GDP 爲一萬七千五百七十四美元。

1990年，紐西蘭國民生產毛額四百四十億美元，1985～90年期間，平均年實質增加率僅0.9%，同年紐西蘭每人 GDP 爲一萬二千九百八十美元。

三、大洋洲的出進口值

澳、紐地廣人稀，天然資源豐富，對外貿易頗爲發達。1990年，澳大利亞出口值三百八十九億一千一百萬美元，進口值四百二十二億六千八百萬美元，貿易赤字達三十三億五千七百萬美元，澳大利亞主要貿易夥伴有美國、日本、西歐及東南亞各國，臺灣也是澳大利亞主要出進口貿易夥伴。

同年，紐西蘭出口值九十四億二千九百萬美元，進口值九十五億六千四百萬美元，對外貿易大致接近平衡。

大洋洲市場購買力統計如表 3-12A～D。

表3-12A　大洋洲市場購買力指標(一)

	面積	人口			國民生產毛額(GDP)			國民所得	平均每小時工資	
	千平方公里	總額 1990 (百萬人)	平均年增加率 % (1985-90)	勞動力 1990 (百萬人)	總額 1990 (10億美元)	平均年實質增加率% (1985-90)	每人 GDP 1990 (美元)	總額 1990 (10億美元)	1990 (美元)	平均年增加率 % (1985-90)
澳大利亞	7,687	16.9	1.4	11.3	296.5	3.5	17,574	238.4	12.98	9.8
紐西蘭	269	3.4	0.9	2.3	44.0	0.9	12,980	38.1	8.33	13.3
大洋洲合計	8,513	20.3	1.3	13.5	340.6	—	16,805	276.5	—	—

資料來源：*Business International Weekly*, July 6, 1992

表3-12B　大洋洲市場購買力指標(二)

	出口總額		進口總額		自美國進口		自日本進口		自臺灣進口	
	1990 FOB (百萬美元)	年平均增加率 % (1985-90)	1990 CIF (百萬美元)	年平均增加率 % (1985-90)	1990 CIF (百萬美元)	年平均增加率 % (1985-90)	1990 CIF (百萬美元)	年平均增加率 % (1985-90)	1990 CIF (百萬美元)	年平均增加率 % (1985-90)
澳大利亞	38,911	12.0	42,268	11.0	9,425	13.0	7,308	7.0	9,580	11.0
紐西蘭	9,429	11.0	9,564	10.0	1,703	12.0	1,475	5.0	1,828	7.0
大洋洲合計	48,340	12.0	51,832	11.0	11,128	13.0	8,783	7.0	11,408	10.0

資料來源：*Business International Weekly*, July 6, 1992

表3-12C　大洋洲市場購買力指標(三)

	私人消費支出					小客車		貨車與大客車		電話
	1990 總額 (10億美元)	年平均實質增加率 (1987-91)	食物支出 (1989)	衣著支出 (1989)	家庭支出 (1989)	1990 (千輛)	累積增加率 (1985-90)	1990 (千輛)	累積增加率 (1985-90)	1990 (千臺)
澳大利亞	175.9	2.7	22.9	6.4	7.1	7,442	12.1	2,047	14.0	8,727
紐西蘭	27.5	0.9	14.5	4.0	9.0	1,587	8.3	323	10.0	2,403
大洋洲合計	203.4	—	—	—	—	9,029	11.4	2,370	13.0	11,130

資料來源：*Business International Weekly*, July 6, 1992

表3-12D　大洋洲市場購買力指標(四)

	電視機		個人電腦	鋼消費量		水泥消費量		發電量		能源消費量	
	1991 (千臺)	累積增加率 (1986-91)	1990 (千臺)	1990 (千公噸)	累積增加率 (1985-90)	1990 (千公噸)	累積增加率 (1985-90)	1990 (10億瓩)	累積增加率 (1985-90)	1989 kg oil equiv.per capita	累積增加率 (1984-89)
澳大利亞	8,300	38.30	2,269	5,044	-12.1	7,068	25.6	154.6	29.9	5,069	21.8
紐西蘭	1,390	49.1	—	687	-0.7	684	-20.8	29.5	14.4	3,543	34.9
大洋洲合計	9,690	—	2,269	5,731	—	7,752	19.4	184.0	27.2	4,788	23.2

資料來源：*Business International Weekly*, July 6, 1992

〔第三章附表索引〕

第四章　區域經濟組織

未來國際市場重要發展趨勢是：一方面貫徹自由貿易精神，另一方面區域經濟組織又加速整合發展，兩者看起來矛盾，然則如果區域內倡導充分的自由貿易，對區域外又不實施排他性的保護主義，區域經濟組織將演化爲全球自由貿易的重要中間過程。

第一節　區域經濟組織的概念

加速區域性經濟的整合，可以說是1980年中期以來國際經貿最重大的演變，1993更是一個劃時代的年代，1月1日將是歐洲經濟區的伊始，年底美、加、墨結合北美自由貿易協定開始運作。區域經濟組織所以受到重視，主要由於戰後世界歷經兩次石油危機、國際債務危機衝擊後，各國累積更多合作經驗，尤其歐洲共同體(EC)合作成功的例證，發現區域性經濟整合是提升國際競爭力與影響力，加速經濟發展的有效途徑。

本章在介紹當前世界上主要區域經濟組織以前，先扼要說明區域經濟組織整合的形式與程度，經濟效果以及對區域內外的影響：

一、區域經濟整合的形式和程度

世界最早的區域經濟整合是十六、七世紀波羅的海三小國與北歐國家結合的關稅同盟，本世紀最有名的則推 BENELXU 關稅同盟，即比利時、荷蘭與盧森堡三國名稱的縮寫。比利時與盧森堡早在 1921 年就已成立關稅同盟，在二次大戰時，兩國同意荷蘭加入擴大同盟。戰後，比、荷、盧一同加入了歐洲共同體。

近年以來，全球區域組織愈來愈多，以不同型態存在，茲就整合的形式與程度，分述如下：

1.自由貿易區

「自由貿易區」是「自由貿易區協定」的簡稱，英文全名是 Free Trade Area Agreement，縮寫爲 FTA。自由貿易區是二個或二個以上國家透過締結協定，向對方完全開放市場，取消關稅，貨物自由流通，並互相開放所有產業，成爲一個自由貿易區，消除貿易國界。

關稅暨貿易協定(GATT)第二十四條即規範自由貿易區，除 FTA 外還有 Free Trade Zone，中文也稱「自由貿易區」，是指進入區內的原料、零件、半成品及成品，不管是加工或出口、轉口，都不徵收關稅。這是一個國內的一塊免稅地區，如「高雄加工出口區」，及「巴拿馬的科隆貿易區」，和 FTA 概念顯然不同。

自由貿易區是經濟整合最鬆弛也是程度最低的，參加國對區內貿易雖然幾乎掃除所有的障礙，但對區外貿易如何規定則由各國自行決定。

2.關稅同盟

較自由貿易區的經濟整合更高一層，除了參加國彼此間完全沒有貿易障礙，而且對於同盟以外各國的貿易政策與措施亦有一致的規定，例如實施對外共同關稅，同盟國之間按照協議的比例分配關稅收入等。

3.共同市場

在經濟結合程度上較關稅同盟更進一步，除了參加國對內與對外的政策均與關稅同盟一致的規定外，而且在市場內部還規定勞動與資本可以自由移動，財稅制度與政策儘可能完全一致。

4.經濟同盟

一旦共同市場完全建立時，便達到了區域經濟結合的最高階段，亦即經濟同盟。自共同市場進展到經濟同盟，最重要的是貨幣與財政的統一。

歐洲共同市場自 1993 年起建立單一市場，並與歐洲自由貿易協會會員國結合擴大爲歐洲經濟區，已開始邁向經濟同盟的階段。

二、區域經濟整合的經濟效果

區域經濟整合近年愈來愈受到重視，可以說主要由於歐洲共同體輝煌的成就，茲以歐體爲例探討區域經濟整合的經濟效果：

1.「貿易創造效果」與「貿易移轉效果」

前者係指原來關稅等貿易壁壘下，兩國貿易量較少，在經濟整合、撤除障礙後，兩國間原被抑制的貿易量得以實現，而擴大區域內的貿易量。由於對彼此均屬有利，故貿易創造效果恒爲正數。至於貿易移轉效果，係指某國某項產品原向區域外國家購買，但在經濟整合後，區域內國家的貿易障礙已告排除，因而改向區域內國家購買。貿易移轉效果通常對區域內國家有利，而對區域外國家不利。

例如，西班牙 1986 年加入歐洲共同市場後，與法國之間貿易激增，無疑是實現了貿易創造效果，而西班牙汽車零件原來日本進口最多，自從貿易障礙撤除後，義大利成爲西班牙汽車零件主要來源，屬於貿易移轉的效果。

2.生產因素自由移動的效果

共同市場各會員國間不僅貫徹自由貿易，其資本、勞動力與企業人才亦可自由移動。當勞動力與資本自邊際生產力較低地區移往邊際生產力較高地區時，對整個區域經濟而言，是以同量的投入因素而使總生產量增加。同理，如果企業人才能夠自相對多的地區，自由移動到相對稀少的地區，則總生產量亦將增加。

以東西德合併爲例，東德資本少、工資低，但擁有豐富的勞動與企業人才，因此兩德合併，大量的人力投入西德及其他歐體國家，促成西德與歐體總生產的增加。

3.提高競爭的程度

經濟學家認爲在其他條件不變的情況下，市場競爭程度愈高，則其愈有效率，區域經濟結合使市場擴大，同時亦導致市場競爭程度提高，一般而言，效率亦隨著提高。

三、區域經濟整合對世界經濟的影響

就基本精神上來看，區域經濟整合不但有利於參與國，同時亦有利於整個世界。例如，前述貿易創造，使會員國間受益，而其他國家一定不會受到傷害。但是在導致貿易轉向的情形下，區域外國家則可能會遭受損失,所以未來區域整合如何能將對區域外國家的傷害減至最低限度,乃經濟學家嚴肅的課題。

關於貿易的轉向就整體觀察，區域經濟整合提高了其會員國國民所得的成長率，因而也增加了輸入的需要，其中一部分是從區域外其他國家輸入，因此，可能足以彌補因貿易轉向減少的數字。

總之，區域經濟整合必須關注與強調自由貿易的實質利益，促進國際合作，使全球貿易趨向全面自由化，達到全球經濟繁榮與發展。

第二節　歐洲經濟共同體與單一市場

二次大戰後，歐洲形成三大區域經濟組織，分別是歐洲經濟共同體(European Economic Community，簡稱歐體或EC)，歐洲自由貿易協會(European Free Trade Association，簡稱歐協或EFTA)，與經濟互助理事會(Council for Mutual Economic Assistance，簡稱CMEA或COMECON)。近年來歐洲自由貿易協會重要性日減，而屬於社會主義陣容的經濟互助理事會，而隨著舊蘇聯的解體而於1991年宣布解散。

雖然，經濟互助理事會業已解散，但由於此一區域經濟組織，二次大戰後與歐體、歐協鼎足而三數十年，影響深遠，故本節在介紹歐體以前，仍對經濟互助理事會背景作一簡述，供作回顧之參考。

歐戰結束後，舊蘇聯爲抵制美國馬歇爾計畫，避免東歐國家因參加經濟復興計畫而投入民主陣營，並且爲對抗當時正擬議設立中的歐洲經濟共同體，而於1949年1月聯合波蘭、捷克、羅馬尼亞、保加利亞及匈牙利創設經濟互助理事會。其後東德於1950年申請加入，南斯拉夫於1964年加入稍後退出。昔日加入此一經濟組織的非東歐國家尚有阿爾及利亞、蒙古、古巴及越南。

此一組織的宗旨乃在透過各會員國間長、短期經濟計畫的協調，而促進共產國家勞工的分工，使會員國的生產物品能夠專業化，達成生產經濟的有效率。但由於共產主義本身違背了組織效益性與市場原理原則，使得經濟互助理事會各會員國普遍生產低落，經濟衰退，近年來不得不改弦更張，尋求與西方國家經濟合作與貿易機會。但緊隨兩德的合併，舊蘇聯的解體，1991年正式宣布解散。

一、歐洲經濟共同體的沿革

歐洲經濟共同體或稱歐洲共同市場(European Common Market)，中文簡稱歐市或歐體，英文縮寫爲EEC或EC，是目前世界上最重要與組織最完善區域經濟組織，1993年1月1日開始，並將進一步組織成單一市場，勢將代替美國成爲二十一世紀國際市場的主導地位。

歐體1958年首先由西德、法國、義大利、荷蘭、比利時及盧森堡六國所發起創立，對內免除會員國彼此之關稅，對外則採取共同一致的關稅。以後此一經濟共同體會員國逐漸增加，1972年丹麥、英國與愛爾蘭加入，1981年希臘成爲會員國，1986年西班牙與葡萄牙獲准加入。目前歐洲經濟共同體擁有十二個會員國(圖4-1)，是全世界最具制度、最具實力的區域經濟組織。

圖 4-1　歐洲經濟共同體

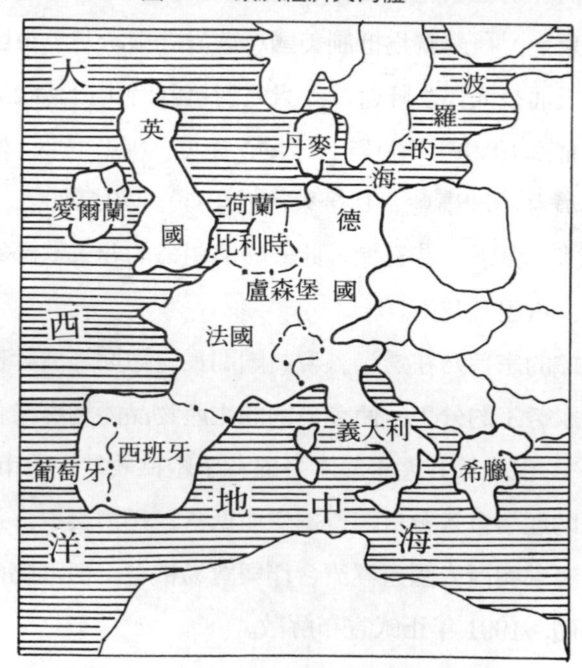

二、歐體的經濟力分析

根據經濟合作發展組織(OECD)統計資料，1990 年歐體總人口三億四千五百萬人，平均個人所得高達一萬八千三百二十四美元，進出口貿易(包括區域內之貿易)幾佔全球貿易的 40%，其經濟實力之強可以想見，係全球最富裕的區域經濟組織。

茲將歐體十二國與美、日兩國經濟力比較如下表(表 4-1)。

三、邁向歐洲單一市場

自 1993 年 1 月 1 日起，歐體十二國又進一步更緊密合作邁向單一市場(Single European Act)，加以歐洲自由貿易協會七國的加入，將更擴大爲歐洲經濟區(European Economic Area, EEA)。本節茲就歐洲單一市場形成的背景、現況與未來作一簡單敍述：

㈠歐洲單一市場形成的背景

1957 年歐洲共同市場成立之初即明定以消除會員國間關稅壁壘及人員、服務、資金之流通障礙爲目標。然而，歐市成立三十多年來，此一目標並未完全實現，各種障礙之存在肇致歐市整體經濟與企業發展成本負擔增加達二千四百億美元以上，換言之，即佔歐市全部國民生產毛額 5%以上，大大削弱歐市企業對美、日兩國的競爭力。因此，歐市乃於 1987 年 6 月正式通過單一歐洲法案，預定在 1993 年 1 月 1 日起形成一個泛歐性、內部無疆界的市場。屆時，此經濟區域內的人、財、貨及服務均得在此一「內部市場」自由流通。

單一歐洲法案主要內容包括：

表4-1 歐體、美國、日本經濟力比較

(1990年數值)	歐體	美國	日本
面積(千平方公里)	2,362	9,373	378
人口數量，百萬人	345	251	124
GNP現值(10億美元)	6,010	5,391	2,942
以購買力平價計算(10億美元)	4,664	5,391	2,130
出口*(10億美元)	526	393	287
進口*(10億美元)			
能源消耗量，meot**	1,191	1,974	436
國際債券發行額(以貨幣計算)			
佔總額的%	41	38	13
1991年8月股票市場			
資本總額(10億美元)	2,040	3,350	2,841
列名*Fortune*前500名企業的數目	129	164	111
政府負債(10億美元)	2,022	1,796	874
國際貨幣基金投票權，(%)	28.9	19.6	6.1
世界銀行投票權，(%)	29.7	15.1	8.7
諾貝爾獎，(佔總數的%)			
科學(1957-90)	30	53	2
經濟(1969-90)	23	60	0

資料來源：《經濟學》，1991年8月24日，p.52。取材自OECD、BP、IMF、Morgan Stanley Capital International、World Almanac與Nobel Foundation的資料

注：＊歐市內部貿易除外

＊＊百萬噸石油等量

＊＊＊包括以歐洲貨幣單位計價的在內

⑴於1992年12月31日達成無國界之完整市場、貨品、服務、人力資源及財務資金均可以自由流通。

⑵提高歐洲議會之權限，議會可以參與各項決策過程。

⑶部長理事會決策時，由過去之全體一致決，改為多數決裁決。

⑷共同體將加強並擴大科技、環保及對外政策的合作。

單一法案的產生，係由於各會員國鑑於共同體內部問題爭議不斷，而衍生之合作條款，外來因素則促成單一法的及時通過。尤其是歐市各國步調不一，已經使歐市各國在科技及國際市場競爭力方面屈居下風。面對來自美國、日本的競爭，以及亞洲新興工業國的快速竄升，歐市各國已深知惟有團結一致，才是生存之道。換言之，透過彼此合作無間，才能發揮區域經濟功能，進而超越美、日，成爲世界經濟之主導力量。

爲落實單一法案，歐市執委會指出，未來歐市的主要貿易政策，將採下列原則：

⑴歐市單一市場之建立，內部問題優於外部問題。

⑵歐市對外貿易政策將本 GATT 互惠原則爲作業參考。

⑶第三國對歐市產品之開放程度。

㈡單一市場對內部的影響

歐體進一步統合爲單一市場，理論上並不是爲了排外的，而是爲增進會員國內部消費者與企業的利益。對消費者利益而言，包括物價由於運銷成本降低及競爭加劇而降低，產品的品質與選擇機會增加，歐體內部從事商務與旅遊更加便捷。至於對企業的利益，除內部貿易機會增加外，最大利益爲非關稅貿易障礙撤除，運銷成本大幅降低，此外產品標準化以及公司法統一，將有利於歐體各會員國間公司購併與聯盟。

就總體面觀之，從下圖 4-2 可以得知，歐體內部市場整合後，由於降低成本、加劇競爭而降低物價，由於物價下降而提高購買力，企業競爭力亦因而提高，同時由於競爭加劇而刺激投資，因而使得實質所得增加，而進一步導致就業增加、政府收支改善。就總體面而言，亦難免發生負面影響；由於所得增加，而因需求增加拉動的物價膨脹，同時導致進口增加，使得原設計貿易收支改善目標不易達成。此外取銷邊界管制後，

圖4-2 歐體整合對內部的影響

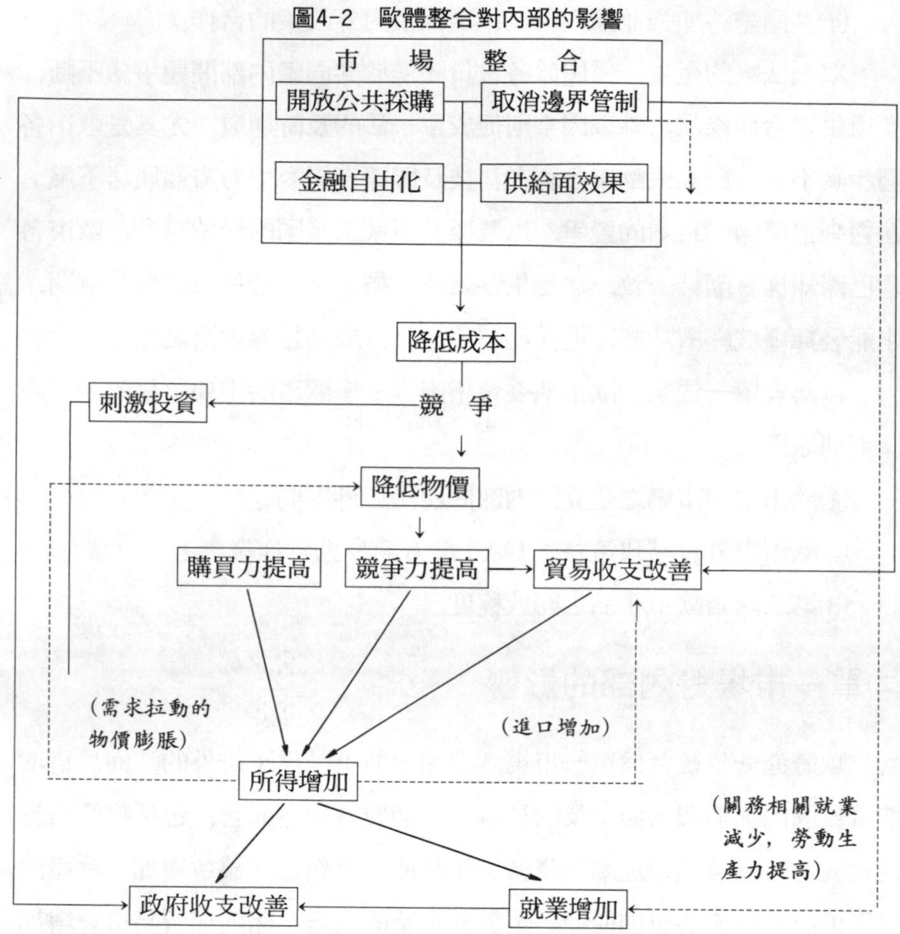

資料來源: Michael Emerson, *The Economics of 1992* (1988)
注: 實線表示正面影響, 虛線表示負面影響

各國海關關務就業人力大幅減少, 而免稅商店撤除後, 亦將減少部分就業機會。

自 1993 年 1 月 1 日起, 歐體十二國之加值稅稅率將有重大改變,「一般稅率」訂爲 15%。而「較低稅率」訂爲 0 或低於 5% 的國家, 應自 1998 年起提高爲 5%, 至於實施較高稅率的國家, 應予高稅率廢除, 改課一般稅率。

㈢單一市場對外部的影響

歐市整合對非歐市國家之影響，大體而言是利弊互見。有利的方面爲市場胃納擴大、標準、規格劃一、通關手續簡化等，惟深入分析，其弊可能尤甚於利，原因如下：

⑴歐市整合後，可結合整體力量，對外談判時將取得優勢，對非會員國自屬不利。

⑵歐市內部市場競爭激烈將使非會員國遭受更大打擊，尤其是歐市各國加強彼此間的經貿關係，因而會削弱對非歐市國家之貿易依存度，損及域外廠商利益。

⑶反傾銷法規、互惠條款、原產地認定標準及產品安全規格等，有可能會對外形成新的貿易障礙。

總之，歐體整合對區外國家而言，旣充滿機會又是挑戰，爲因應新的情勢，各國企業紛紛摩拳擦掌，已積極展開大規模直接投資與購併活動，盼望 1993 年 1 月 1 日在歐洲市場大展身手。

値得注意的是，歐體整合後對原產地及自製率規定日趨嚴格，而且規定極爲複雜，欲前往歐體發展的國家，宜密切加以注意。

第三節 歐洲自由貿易協會與歐洲經濟區

一、歐洲自由貿易協會的沿革與現況

歐洲自由貿易協會（EFTA）成立於 1960 年，當時陣容強大，包括歐體六個會員國以外全部西歐國家，自 1972 年以後，EFTA 的會員國丹麥、英國、愛爾蘭、希臘、西班牙、葡萄牙等六國先後加入了歐洲共同體(EC)，因此目前會員國僅有奧地利、芬蘭、挪威、瑞典、冰島、瑞士及迷你小國列支敦斯登七國。此一區域經濟組織結合程度不似歐體嚴密，各會員國間僅免除彼此間工業品之進口稅，一般消費性產品則不在免稅之列，而對非會員國間之貿易，各國仍維持各自的外貿政策與關稅。

歐洲自由貿易協會各會員國地廣人稀，七國面積高達一百二十餘萬平方公里，人口僅三千二百餘萬人，EFTA 七會員國皆係當前世界上所得最高國家，1990 年平均所得爲二萬六千四百八十五美元，列支敦斯登更高達三萬六千五百美元(參閱圖 4-3)：

圖4-3　歐洲自由貿易協會國簡介

冰島	
人口	256,000
GDP成長率	0.1%
個人所得	$22,266

挪威	
人口	4,242,000
GDP成長率	1.8%
個人所得	$24,823

瑞士	
人口	6,796,000
GDP成長率	2.6%
個人所得	$33,549

歐洲自由貿易區	
人口	32,582,000
GDP成長率	※1.9%
個人所得	※$26,485

※平均

芬蘭	
人口	4,982,000
GDP成長率	0.09%
個人所得	$27,579

瑞典	
人口	8,566,000
GDP成長率	0.3%
個人所得	$26,442

奧地利	
人口	7,712,000
GDP成長率	4.6%
個人所得	$20,656

列支敦斯登	
人口	28,000
GDP成長率	—
個人所得	$36,500

資料來源：EFTA；以上爲1990年統計數字。

二、歐協與歐體的整合

歐體整合帶給西歐鄰國的衝擊最大，歐協七國不但擔心在歐體市場競爭力減弱，更擔心美、日及亞洲新興工業國家到歐洲投資時，將集中在歐體十二國，而完全忽視歐協七國。

由於單一市場的形成經過悠久的時間整合，決定在1995年以前不接受新會員的加入，而歐協七國又不願意失去整合的良機，因此，歷經兩年餘的諮商與艱苦談判，歐體與歐協在1992年5月終於達成成立「歐洲經濟區」(European Economic Area, EEA)的協議，自1993年1月1日起將創造出一個全球最龐大的經濟區域組織。

上述協議主要內容包括：

1.人員流通

自1993年起，區域內的人員可自由遷徙、工作及提供各種服務，雙方的職業文憑亦將獲得相互承認。瑞士因有特別嚴格的移民規定，同意給予五年的緩衝期間來開放其相關政策。

2.貨品流通

自1993年開始，雙方的貨品將可自由流通，毋需繳付任何關稅，亦無配額的限制。

3.資本流通

自1993年起，歐市有關銀行、保險業法規將適用於歐協國家，使區域內的資本流通更加自由。惟歐協各國在不動產投資、直接投資及購併等方面仍可保有若干限制。

4.競爭政策

歐協將採用歐市對反托辣斯、購併、政府採購等方面的法規。

5.農業政策

歐協各國可維持本身的農業政策，不受歐市農業政策的限制，惟雙方將致力於農業貿易的自由化。

6.機構設置

成立「歐洲經濟區域部長理事會」，每半年開會一次，俾就共同事務作成決策，惟歐協對歐市的立法無投票權。此外，將設立一獨立的聯合法庭以處理有關的爭端案件。

7.漁業問題

歐協國家1993年1月1日起開放歐市漁品自由進口，挪威同意增加歐市在挪威海域捕捉鱈魚之配額，1993年增加六千公噸。歐市對歐協國家漁品開放及降低關稅則自1993年至1997年分階段實施。

8.援助基金問題

歐協國家同意提供十五億歐元低利貸款及五億歐元贈款，以協助西班牙、葡萄牙、愛爾蘭及希臘之教育、環保建設。

9.卡車過境運輸問題

奧地利同意每年核發一百三十萬張通行執照，供歐市重型卡車使用。瑞士同意歐市二十八公噸以下的卡車可無限制地過境瑞士。二十八公噸以上、三十八公噸以下卡車，如符合規定要求，亦可獲每日五十輛的過境配額。歐市同意與奧地利、瑞士合作改善兩國的鐵公路聯運網，以紓解過境貨運。

10.其他

歐協將採納歐市有關消費者保護、教育、環保、研究發展、社會政策及公司組織與管理等法令。

三、歐洲經濟區的前景

歐協七國與歐體十二國整合為「歐洲經濟區」後，面積三百五十萬平方公里，人口三億八千萬人，對外貿易幾佔全球的45%，已經是世界超級區域經濟組織(參閱附表4-2)，而且將繼續整合與擴大。

首先，東歐改革最早的匈牙利、捷克與波蘭將希望於西元2000年以前加入歐洲經濟區。事實上，歐體已與這三國達成廣泛的協議，雙方自

表4-2　歐洲經濟區簡介

國家：歐洲共同體(EC)：英、法、德、義、西、荷、比、希、葡、丹、愛、盧 歐洲自由貿易協會(EFTA)：瑞士、瑞典、芬蘭、挪威、冰島、奧地利、列支敦斯登
人口：約三億八千萬
國民生產毛額：約六兆八千億美元
市場規模：工業生產額占全球30% 貿易額占全球45%
一般準則：1993年1月1日成立單一市場，貨物、人員、服務與資本流通，形成無疆界內部市場。

資料來源：經濟部國貿局

1993 年開始將逐步建立自由貿易關係。東歐其他四國——保加利亞、羅馬尼亞、南斯拉夫、阿爾巴尼亞以及波羅的海三小國亦將與歐體展開類似談判，甚至獨立國協十二國，亦希望有一天會成爲歐洲經濟區之一員。

第四節　北美自由貿易區

一、北美自由貿易協定的背景

1988 年，美國與其最大貿易夥伴加拿大簽訂自由貿易協定，爲北美地區經濟整合踏出第一步；雖然當時美加兩國間貿易之¾已無關稅的課徵，但顯然其間仍存在許多非關稅障礙，因此兩國協議決定，未來十年內掃除一切關稅與非關稅障礙，使之成爲眞正的自由貿易區。同時，兩國並決定透過 GATT 與其他國家談判多邊性的關稅降低，以促進公平貿易。所以，美加自由貿易協定基本上不是爲保護貿易爲目的，更非排外的。

鑒於歐洲經濟整合由單一市場擴大爲經濟區，而布希總統積極推動「美洲企業方案」的理念，1991年6月，美國乃進一步聯合加拿大與墨西哥會商北美自由貿易協定，並期望1992年底完成協定的簽訂，如果一切順利，新的北美自由貿易區將擁有三億七千萬人口，國民生產毛額達六兆六千億美元；將大於歐洲單一市場的規模而與歐洲經濟區不相上下。

美國與墨西哥經貿關係密切，幾乎與加拿大不相上下，而墨西哥擁有八千三百萬人口，未來發展潛力極大，美國顯然願見北美自由貿易協定早日簽定；但加拿大與墨西哥直接經貿關係並不密切，而且美加協定簽訂後，長期利益尚未顯現，而短期負面效果已帶給加國政府與民間頗大的困擾，因此對新的談判並不熱衷，是否會影響進一步的整合，係一項不確定的因素。

美加墨三國各項統計資料比較如下表(表 4-3)：

表4-3 美、加、墨統計資料比較(1991年)

類　　　別	美國	加拿大	墨西哥
人口(百萬)	253	27	83
平均年齡	33	33.5	19
平均個人所得(美元)	22,400	21,980	3,400
製造業平均每小時工資(美元)	14.77	16.02	1.80
識字率(%)	99	99	87
失業率(%)	6.7	10.3	12.5
國民生產毛額分配(%)			
服務業	68	62	50
農業	2	3	9
製造業	20	19	25
其他	10	16	16

二、美加自由貿易協定的內容與影響

美加自由貿易協定的內容包括：關稅、農業、能源、金融、投資、政府採購及紛爭的解決辦法等。首先，一般關稅自 1989 年 1 月 1 日起，依立即免除，分五年遞減及分十年遞減三種方式撤除，至於原產地法則，則規定產品至少有 50%的製造成本發生在美加之一方或雙方，始可享受關稅優惠待遇。

投資方面，雙方同意互予對方投資者以國民待遇，自製率及外銷比例等規定予以撤除，政府採購方面限制減少，且互相給予競標採購案的機會，金融方面的限制亦大幅放寬。因此協定簽訂後，顯然有利於兩國間直接投資活動。

美國自加拿大主要輸入貨品除機械與汽車外，以石油、天然氣及農產品佔最大宗，協定生效後免除數量的限制，有助於這些重要物資供應的穩定；在關稅方面，以往加拿大對美國平均進口貨品平均稅率爲 10.4%，而美國對加拿大進口平均稅率爲 3.3%，因此關稅的減免顯然較有利於美國。

在製造業方面，加拿大生產力低於美國，兩國邊界開放後，短期內對加拿大經濟造成重大衝擊，據統計，加國國民所得成長率自 1989 年的 4.4%降爲 1990 年的 0.9%，而許多競爭力弱的產業紛紛裁員甚至於關閉。但就長期觀點，廣大美國市場開放後，顯然將刺激加拿大的生產與輸出，除大大增加就業機會外，並有助於物價的下降。

三、美墨自由貿易區的擬議

美墨兩國經貿關係亦極爲密切，墨西哥對美貿易幾乎佔其貿易總額的65%，進一步的整合顯然對於兩國都非常有利。墨西哥平均工資遠低於美國，但勞工年輕而受過教育，生產力頗高，而於吸引美國到墨西哥投資設廠，自然具備很大吸引力；而美國對墨西哥進口的平均關稅稅率爲4%，而墨西哥對美進口的關稅平均稅率爲10%，故亦有利於美國；對墨西哥而言可創造較多的工作機會，下表4-4係北美自由貿易協定實施後，1995年對美墨兩國產生的預期效果：

表4-4　北美自由貿易協定於1995年產生的預期效果

（與1989年相比較的變動）

貿易效果	（10億美元）
美國對墨西哥出口增加	16.7
墨西哥對美國出口增加	7.7
美國貿易餘額淨改變	9.0
就業效果	（千人）
美國工作機會喪失	112.0
美國工作機會創造	242.0
美國工作機會淨增加	130.0
墨西哥工作機會淨增加	609.0
薪資效果	(%)
美國薪資改變率	0.0
墨西哥薪資改變率	8.7

資料來源：行政院經建會《國際經濟情勢週報》，第924期

美墨自由貿易協定的談判，顯然較美加之間複雜得多，主要由於墨西哥經濟開發程度與美加相距甚遠，三國整合均須作大幅調整，尤其墨西哥方面，移民與環保皆係難以解決的問題，但若北美自由貿易區整合成功，對全美洲結合爲一個龐大無比的單一市場皆有可能實現的一天。

四、北美自由貿易區對進出口的影響

西歐與北美是當前世界上兩個超大的市場，北美自由貿易區整合完

成後，對美加墨及全球各主要貿易國家均將造成重大影響。我國對外貿易協會特於 1992 年中委託杜震華博士進行深入研究，報告中就各種產業出進口可能產生之影響表列(表 4-5)供我國廠商參考：

表4-5　北美自由貿易區形成對部門別貿易之影響　單位：%

	美國		加拿大		墨西哥	
	出口	進口	出口	進口	出口	進口
農業	0.9	0.4	0.6	3.1	-1.8	9.1
食品	2.8	0.6	5.2	4.8	1.9	20.1
紡織品	8.9	-1.2	5.4	20.9	2.4	31.0
成衣	11.4	0.2	30.5	11.1	22.4	34.4
毛衣品	2.5	0.4	7.9	1.0	6.1	25.0
鞋類	12.3	0.8	26.0	7.4	-1.1	51.9
木製品	3.3	-0.2	0.8	4.8	-9.1	41.7
家具	10.9	0.1	11.0	21.0	-3.7	33.8
紙製品	3.5	-0.9	-0.6	12.6	6.4	12.6
印刷業	2.7	-0.8	-1.1	3.1	-1.0	15.5
化學品	4.7	-1.5	-2.3	13.1	2.3	17.4
石油產品	0.3	0.6	0.9	0.3	21.1	-2.8
橡膠品	7.7	-0.8	7.3	7.7	-12.3	34.6
非金屬礦物製品	5.7	-0.1	2.6	4.3	0.8	31.4
玻璃品	-0.0	52.7	148.9	-2.6	11.8	25.2
鋼鐵品	5.1	1.0	9.1	5.0	23.8	2.2
非鐵金屬	-7.8	18.1	15.2	-7.7	257.1	-67.2
金屬製品	5.9	2.8	11.1	12.1	24.0	11.1
非電力機械	4.3	-0.2	1.2	8.0	10.1	14.5
電力機械	1.0	17.1	10.4	9.8	191.0	-40.1

資料來源：杜震華博士，《北美自由貿易區協定對我業者之影響》

第五節　其他區域經濟組織

除了上述歐體、歐協與北美三大區域經濟組織外，目前世界上尚有數個次要區域經濟組織：在亞洲有東南亞國協；在中南美洲有安地斯共同市場、加勒比海社會及共同市場、中美洲共同市場以及南錐共同市場；在非洲則有西非經濟共同體，東南非貿易優惠區以及中非經濟關稅聯盟等等。茲扼要介紹如次：

一、東南亞國協

東南亞國協(簡稱東協)包括新加坡、馬來西亞、泰國、菲律賓、印尼與汶萊六國，創設於 1967 年，雖然具有很悠久的歷史，彼此互相依賴程度亦與日俱增，但是通往正式整合道路上，仍然是牛步蹣跚，進度遲緩。然而近年來受到歐洲整合的影響，1992 年中六國終於簽署「共同有效優惠關稅協定」，以期自 1993 年起未來十五年內，促成東協自由貿易區。

在全球區域經濟整合風潮下，東協自由貿易區的形成，將是亞洲地區經濟結構的一大突破。東協國家目前的經濟水平雖然不高但其近年來豐富的資源，充沛的勞動人口，已經吸引了日本與歐美各國的投資，一旦東協經濟獲得突破轉型，將成爲全球工業產品生產製造的重心，有見於此，近年來我國廠商亦紛紛前往東協各國投資。

東南亞國協主要經濟指標請參閱第三章第九節。

二、拉丁美洲區域整合

拉丁美洲涵蓋加勒比海、中美洲及南美洲三大地區，所謂拉丁美洲整合協會(Latin American Integration Association, 簡稱 LAIA)係於 1980 年成立，取代 1960 年成立的拉丁美洲自由貿易協會(Latin American Free Trade Association)。LAIA 會員國包括阿根庭、玻利維亞、巴西、智利、哥倫比亞、厄瓜多爾、墨西哥、巴拉圭、秘魯、烏拉圭及委內瑞拉等十一國。

早年的拉丁美洲自由貿易協會原係一由各國政府所組成的機構，其宗旨在於增進拉丁美洲各國相互間貿易，促進區域合作與發展，進而逐漸降低關稅與撤除各國間貿易障礙。然而，實施以來效益不彰，會員國間的貿易總量，僅有14%受惠於該協定。於是，1980年由整合協會取代，改採較溫和而彈性的宗旨。初期並不要求所有會員國一律共同降低關稅，而推動雙邊優惠協定制度，視會員國的開發程度而定，對於完全共同市場的建立亦未設定時間表。

LAIA 十一國除墨西哥已如本章第四節所述，已決定另與美國、加拿大合組北美自由市場外，玻利維亞、哥倫比亞、厄瓜多爾、秘魯及委內瑞拉五國建立安地斯共同市場，而阿根庭、巴西、烏拉圭及巴拉圭四國則合組南錐共同市場。此外，中美洲的哥斯達黎加、薩爾瓦多、瓜地馬拉、宏都拉斯與尼加拉瓜合組中美洲共同市場，至於加勒比海的衆多迷你小國則聯合成立加勒比海社會及共同市場。

關於拉丁美洲區域經濟組織分布情形請參閱圖 4-4，至於各會員國經濟指標則請參閱第三章第八節之統計資料。

(一)安地斯共同市場

安地斯共同市場(Andean Common Market)包含南美洲的玻利維亞、哥倫比亞、厄瓜多爾、秘魯及委內瑞拉五國，雖創立已久(1969)，但迄至近年始進一步整合。

自1992年1月1日起，安地斯自由貿易協定(Andean Pact Free Trade Agreement)終於付諸實施，進行貿易整合，該集團會員國間取消關稅障礙，所有貨品均可自由流通。

安地斯自由貿易區五國面積近五百萬平方公里，1990年擁有九千二百萬人口，國民生產毛額總數達一千二百億美元，平均每人生產毛額約

圖 4-4 拉丁美洲區域經濟組織簡圖

一千三百美元，其中以委內瑞拉最高，超過二千美元，而以玻利維亞最低，僅約六百餘美元。

安地斯集團各國 1990 年主要經濟指標請參閱第三章第八節。

(二)加勒比海社會及共同市場

加勒比海(Caribbean Sea)位於美國佛羅里達州南端，南美洲的北部，中美洲以東，係大西洋的一部分，面積約二百六十四萬平方公里，包含許多由島嶼組成的小國。加勒比海社會(Caribbean Community，簡稱 CARICOM)由英語系島國所組成，創立於 1973 年，會員包括：巴貝多(Barbados)、蓋亞那(Guana)、牙買加(Jamaica)、千里達、托貝哥

(Trinidad and Tobago)、貝里斯(Belize)、多明尼加(Dominica)、格瑞那達(Grenada)、蒙特席拉特(Montserrat)、聖路西卡、聖文森(St. Lucia, and St. Vincent)、以及安地瓜、那維斯(Antigua and St. Kitts-Nevis-Anguilla)等十二國，人口合計有五百五十萬人，其中貝里斯位於中美洲，蓋亞那屬於南美洲，至於加勒比海另一英語系國家——巴哈馬(Bahamas)則尚未簽署加入。

CARICOM 係取代早先的加勒比海自由貿易協會(Caribbean Free Trade Association, 簡稱 CARIFTA)，由地區合作進一步整合爲共同市場，並擬訂共同經濟政策、經濟發展計畫以促進本地區繁榮與成長，但由於各會員國意見紛歧，以及美國態度影響，CARICOM 距共同市場的理想尚有一段距離。

加勒比海社會主要國家經濟指標請參閱第三章第八節。

圖 4-5　加勒比海社會及共同市場圖

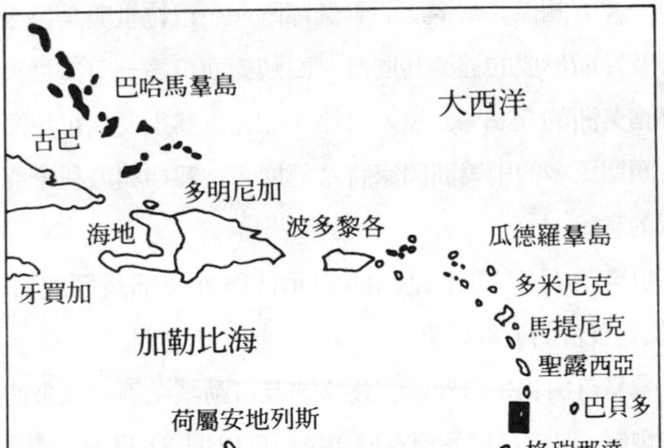

㈢中美洲共同市場

中美洲共同市場(Central American Common Market, 簡稱CACM)係中美洲國家組織(Organization of Central American States)的贊助下成立, 會員國包括哥斯達黎加、瓜地馬拉、薩爾瓦多、宏都拉斯及尼加拉瓜等五國, 係一歷史非常悠久的區域經濟組織, 在1969年以前, 已有95%以上關稅項目在自由區內流通, 而1980年以前, 各國已對外實施共同稅率。

1990年中美共同市場各國主要經濟指標請參閱本書第三章第八節附表統計。

㈣南錐共同市場

南錐共同市場(Mercosur)是由南美洲兩個最大國家——巴西與阿根廷結合經濟關係非常密切的兩個鄰國——巴拉圭與烏拉圭, 基於彼此經濟互補性而形成的經濟共同體。四國總面積達一千二百萬平方公里, 佔整個南美洲的58.8%, 總人口佔44.2%, 其重要性可想而知。整合完成後, 預期更多的南美洲國家將希望加入, 智利與玻利維亞已表達高度的加入的意願。

1991年3月16日上述四國的元首與外交部長們簽訂「亞松森協定」, 擬定整合的方針如下:

⑴貿易自由化: 以漸進、逐條式及自動減免等方式來消除關稅障礙及一些限制。進口之貨品預定於1994年12月31日達到零關稅, 區域外達到國際性平均水準。但對巴拉圭與烏拉圭給予一年的寬容時間, 則最遲應予1995年底前達成。

⑵擬訂共同對外關稅制度, 刺激四會員國對外之競爭。

⑶透過整體的結合, 按照實際區域性及社會的需要, 加速經濟發展。

⑷協助各會員國間不動產、動產、服務業及各製造業的自由流通。

⑸爭取國外投資，建立一個更寬廣的經濟空間。

⑹製造產品所需原料與半成品，優先採用會員國的產品。

⑺促進會員國科技合作發展，並推動整合拉丁美洲發展方案。

⑻建立共同通訊設備系統，四國並將使用統一的行動電話系統。

三、非洲區域整合

㈠阿拉伯經濟統一會議

屬於中東及北非地區的回教國家亦早在 1964 年組成阿拉伯經濟統一會議(Council of Arab Economic Unity)，會員國包括伊拉克、約旦、科威特、利比亞、茅利塔尼亞、巴勒斯坦組織、黎巴嫩、索馬利亞、蘇丹、敍利亞、阿拉伯聯合大公國及南北葉門。

此一區域會議期能透過多邊協議，成立合資企業，逐漸建立阿拉伯共同市場。但中東地區動亂不已，距經濟整合之理想尚甚遙遠。

㈡東南非特惠貿易區組織

非洲國家衆多，尤其是小國林立，個別經濟力量薄弱，有賴鄰國相互合作，以獲取所需之資源及促進產品之流通。自六○年代起，東南部非洲地區殖民地紛紛獨立，爲加強區域經濟合作，甚早即有成立區域性經濟組織，於 1981 年 12 月間，「東南部非洲特惠貿易區條約(PTA Treaty)」於焉獲得簽署，惟遲至 1984 年 7 月「東南部非洲特惠貿易區組織」，始正式運作。其主要目的爲促進會員國間全面經濟合作與發展，經由下列方式達成之：

⑴實施貿易自由化，增加區域內貿易。

①減少和取消關稅及非關稅貿易障礙。

②簡化關稅制度。

⑵建立和改善會員國間之交通和通訊設施。

⑶促進會員國生產部門間之聯繫。

⑷引進並使用 UAPTA(PTA Unit of Account)作爲清算及付款方式。

PTA 主要會員國包括：浦隆地(Burundi)、葛摩(Comoros)、的己布地(Djibouti)、衣索比亞(Ethiopia)、肯亞(Kenya)、賴索托(Lesotho)、馬拉威(Malawi)、模里西斯(Mauritius)、盧安達(Rwanda)、索馬利亞(Somalia)、史瓦濟蘭(Swaziland)、塔尙尼亞(Tanzania)、烏干達(Uqanda)、尙比亞(Zambia)、辛巴威(Zimbabwe)。

㈢非洲其他區域經濟組織

非洲尙有其他多個區域經濟組織，但重要性不大，僅簡列其組織名稱、創立年份及主要會員國供參考：

1.西非經濟共同體

Communauté Economique de I'Afrique de I'Ouest(CEAO)

創立日期：1974 年

會員國：貝南(Benin)、布基納法索(Burkina Faso)、象牙海岸(Côte d'Ivoire)、馬利(Mali)、茅利塔尼亞(Mauritania)、尼日(Niger)、塞內加爾(Senegal)。

2.大湖國經濟共同體

Communauté Economique des Pays des Grands Lacs (CEPGL)

創立日期：1976 年

會員國：浦隆地(Burundi)、盧安達(Rwanda)、薩伊(Zaire)。

3.西非國家經濟共同體

Economic Community of West African States(Eco-was)或 Communauté Economique des Etats de l'Afrique de l'Ouest (CEDEAO)

創立日期：1975 年

會員國：貝南(Benin)、布基納法索(Burkina Faso)、維德角(Cape Verde)、象牙海岸(Côte d'Ivoire)、甘比亞(Gambia)、迦納(Ghana)、幾內亞(Guinea)、幾內亞比索(Guinea-Bissan)、賴比瑞亞(Liberia)、馬利(Mali)、茅利塔尼亞(Mauritania)、尼日(Niger)、奈及利亞(Nigeria)、塞內加爾(Senegal)、獅子山(Sierra Leone)、多哥(Togo)。

4.南非發展合作會議

Southern African Development Coordination Conference (SADCC)

創立日期：1980 年

會員國：安哥拉(Angola)、波札那(Botswana)、賴索托(Lesotho)、馬拉威(Malawi)、莫三鼻克(Mozambique)、史瓦濟蘭(Swaziland)、塔尚尼亞(Tanzania)、尚比亞(Zambia)、辛巴威(Zimbabwe)。

5.中非經濟關稅聯盟

Union Douaniére et Economique de l'Afrique Centrale (UDEAC)

創立日期：1966 年

會員國：喀麥隆(Cameroon)、中非共和國(Central African Republic)、剛果(Congo)、加彭(Gabon)、查德(Chad)、赤道幾內亞(Equatorial Guinea)。

6.曼諾河聯盟

Mano Rive Union(MRU)或 Union de Fleuve Mano

創立日期：1974 年

會員國：幾內亞(Guinea)、賴比瑞亞(Liberia)、獅子山(Sierra Leone)。

第六節 倡議中的區域經濟組織

正在崛起或倡議中的區域經濟組織，最受關注的是太平洋共同體與大中華經濟圈，以及歐洲、亞洲其他區域經濟組織，茲分別簡述如下：

一、太平洋共同體

亦稱爲亞太共同體，雖尚未正式成立區域經濟組織，但 1989 年美國及十一個亞洲太平洋盆地經濟實體已創設亞太經合會議，目的爲維護此一地區市場經濟成長，促進全球及區域貿易自由，因此亞太經合會議是一個包容性組織，而非排外性組織，其關切的問題相當廣泛，包括評估區域性電訊需求、人力資源開發、能源、貿易、投資、海洋資源及旅遊，無不包括在內。

亞太經合會議最值得重視的是臺灣、香港與中國大陸同時參加爲會員，共同坐在一起平等的討論共同關切的問題。以下係亞太十一個主要經濟實體經濟實力統計(表 4-6)。

二、大中華經濟圈

談到大中華經濟圈，令全球非常關切，也感到非常的複雜，它並未

表4-6　太平洋共同體國家經濟實力

國家•地區 項目	馬來西亞	新加坡	印尼	泰國	中國大陸	南韓	菲律賓	澳大利亞	中華民國	日本	香港
1990年國民生產毛額(GNP) 單位：十億美元	40.4	35.2	(注1) 105.3	79.3	363.8	238	44	309.5	161.7	2,961	70.1
平均每人國內生產毛額(GDP) (以1988年採購額爲準)	5,070	(注2) 10,417	1,822	3,282	2,472	5,682	2,168	14,529	6,528	13,645	14,014
1990年人口數 單位：百萬人	17.9	2.7	179.3	57.2	1,134	42.8	61.5	17.1	20.2	123.5	5.8
1990年貿易盈餘 單位：十億美元	1.7	-5.1	6.1	-9.3	9.2	-2.0	-4.0	-0.069	12.5	63.6	-0.341
主要出口貿易夥伴	日本	美國	日本	美國	香港	美國	美國	日本	美國	美國	美國
主要進口貿易夥伴	日本	日本	日本	日本	香港	日本	日本	美國	日本	美國	中國大陸
1990年通貨膨脹率	3.9%	3.4%	7.5%	5.9%	2.1%	8.6%	12.7%	7.3%	4.6%	3.1%	9.7%
平均每一醫師醫療人數	2,853	837	7,318	5,576	643	1,139	1,062	438	961	635	947
平均擁有汽車人數	12	10	198	67	822	28	161	2	13	4	27
平均擁有電腦人數	140	18	N.A.	296	286	36	N.A.	7	20	15	30
麥當勞設立店數	23	37	1	6	1	6	34	277	49	809	58
股市資本額 單位：十億美元，7/31/91	59.9	52.7	8.1	29.7	(注3) 0.25	115.5	9.5	133	131.2	2,905	113

資料來源：外貿協會根據*Fortune*雜誌，1991年7月編製

注1：1990年GDP預估值

注2：以1985年採購額爲準

注3：此爲3/29/91所作之預估值

成立，而且可預見的期間內不可能創設，但是它事實已經存在，乃至於已在運作中。大中華經濟圈包含的經濟實體，可能係指整個中國大陸、臺灣、香港及新加坡，或者僅指前三者的結合，也可能包括廣東、福建、臺灣、香港四地(後者稱華南經濟區較爲妥切)。

從純經濟觀點，推動大中華經濟圈會帶給每一經濟實體莫大利益；中國大陸擁有豐富的天然資源，充沛的勞動力，廣大的土地與市場，具備相當水準的重工業及太空科技；香港及新加坡是城市經濟，採行自由經濟政策，包括自由貿易、資金自由移動、簡單的稅制與較低的稅負，政府較少干預，在金融、保險、運輸及服務業等各方面，均具有良好的競爭力；臺灣以製造業爲主，擁有高水準的民生工業、具有良好的生產管理企業能力、雄厚的資金與豐富的國際行銷經驗，以及優秀的科技人才。大中華經濟圈透過華人的合作力量互通有無，經由經濟體的整合確可發揮極大的力量。

但是，經濟的整合必須基於政治方面的友好與融洽，今天，中國大陸既不願承認臺灣爲一政治實體，以平等對待之；同時亦不願公開宣布放棄武力威脅，兩個敵對地區要談經濟整合，可能性仍是極低的。另一個角度觀之，國際經貿合作組織應具備國際水平分工基礎，在臺灣、香港與大陸之間屬垂直分工的現象，經濟體的籌組並不符合各地區現階段的利益。但是大中華經濟圈提供一個樂觀的憧憬，臺灣、香港、中國大陸三個不同的政治實體，透過文化、經貿等自然交流，消除政治對立意識，走向共同體整合和統一。

事實上，大中華經濟圈或大中華共同體已在實施中，1992 年海峽兩岸透過香港轉口貿易已突破百億美元，海峽兩岸有一項共識，就是「大中華經濟圈可以做不可以說」。

三、倡議中亞洲其他區域經濟組織

亞洲除了上述太平洋共同體與大中華經濟圈，還有許多倡議中的區域經濟組織，茲扼要簡述如次：

㈠海參崴自由經濟區

據報導，聯合國工業開發組織（UNIDO）已規劃俄羅斯海參崴市爲主的大規模自由經濟區構想。此一區域涵蓋中國大陸，北韓交界地區，及俄羅斯以海參崴爲中心的廣大地區，面積約一萬五千平方公里。

聯合國希望此一構想能透過鄰近各國的合作，將此一廣大地區，逐步培育成自由經濟區。投資總額從目前迄2010年的近二十年間，將達一

圖 4-6　海參崴市地理位置圖

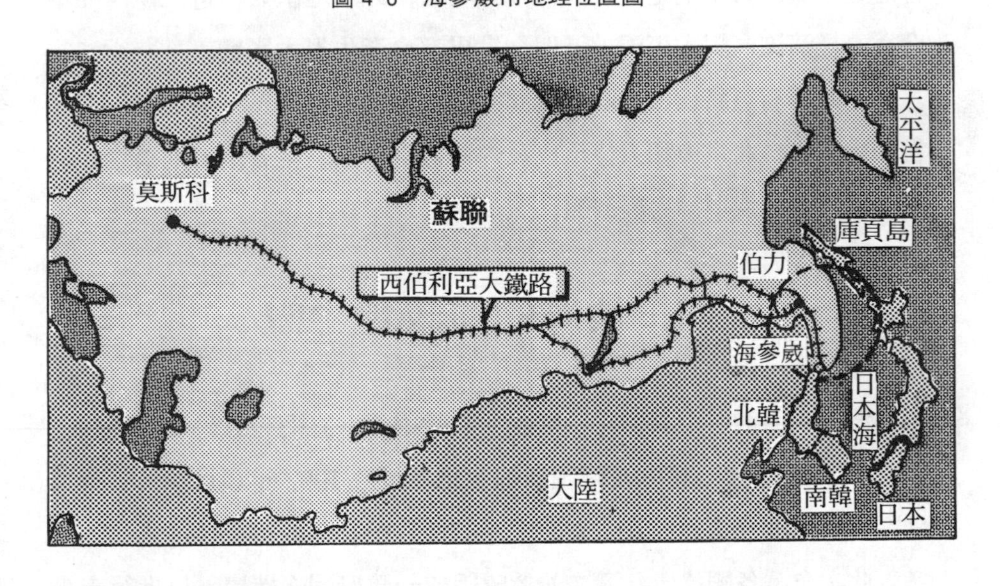

百五十～二百億美元。

聯合國構想方案，已獲俄羅斯、中共、日本、南北韓的支持，甚至

於歐洲復興開發銀行亦表關注，中共並倡議合併圖們江開發計畫，投資金額更高達三百億美元。

按圖們江位於東北亞的中心點，發源於吉林省長白山主峯東麓，全長五百二十五公里，出口位於中國大陸、俄羅斯、北韓三國交界處圖們江三角洲，包括吉林省的琿春市，俄羅斯的哈桑區，北韓的先鋒(雄基)羣三個行政區。圖們江是距日本、美國、加拿大和北太平洋航線最近的港口，若開發成功，可以成爲東方的鹿特丹。

㈡環日本海經濟圈

包括俄羅斯的極東地域、中國的東北部、北韓、南韓、日本等五國；俄羅斯的極東地域天然資源豐富，卻感勞力與開發資金不足，中國東北部的工業地帶勞力豐富，但設備已老朽化，南北韓如採開放政策時交流會迅速發展，日本則是資金與技術力均富，此一地區人口近三億，如結合爲一經濟區，對太平洋地區與全世界都會產生很大影響。

中共亦有意將環日本海經濟圈擴大爲東北亞經濟區，增加納入河北省和山東省，北京市和天津市以及內蒙古自治區。至於南韓則構想類似的大韓經濟圈或環渤海經濟圈。

四、波羅的海政經聯盟

波羅的海沿岸十國：愛沙尼亞、拉脫維亞、立陶宛、丹麥、芬蘭、瑞典、挪威、波蘭、德國及俄羅斯等各國外長於 1992 年 3 月在丹麥首都哥本哈根召開會議，商談未來組成區域性政經聯盟的可行性。

此次會議各國達成共識，並希望組成一政府間之機構，以進行未來之整合方案。鑒於過去之東、西方意識型態差異，原本可相互合作之波羅的海各國，一直保持著一定程度之距離。本次會議可視爲該政經聯盟計畫之濫觴，各國均對未來的發展充滿信心。

五、中西亞經濟合作組織

由中亞、西亞十個國家組成的經濟合作組織，1993 年初起開始積極推動合作計畫，希望這個經濟圈成為二十一世紀初期經濟發展最活躍的地區。中西亞十國包括：巴基斯坦、阿富汗、哈薩克、土庫曼、塔吉克、吉爾吉斯、烏茲別克、亞塞拜然、伊朗及土耳其，人口共有三億，面積達七百二十萬平方公里。

圖 4-7　波羅的海沿岸國家位置圖

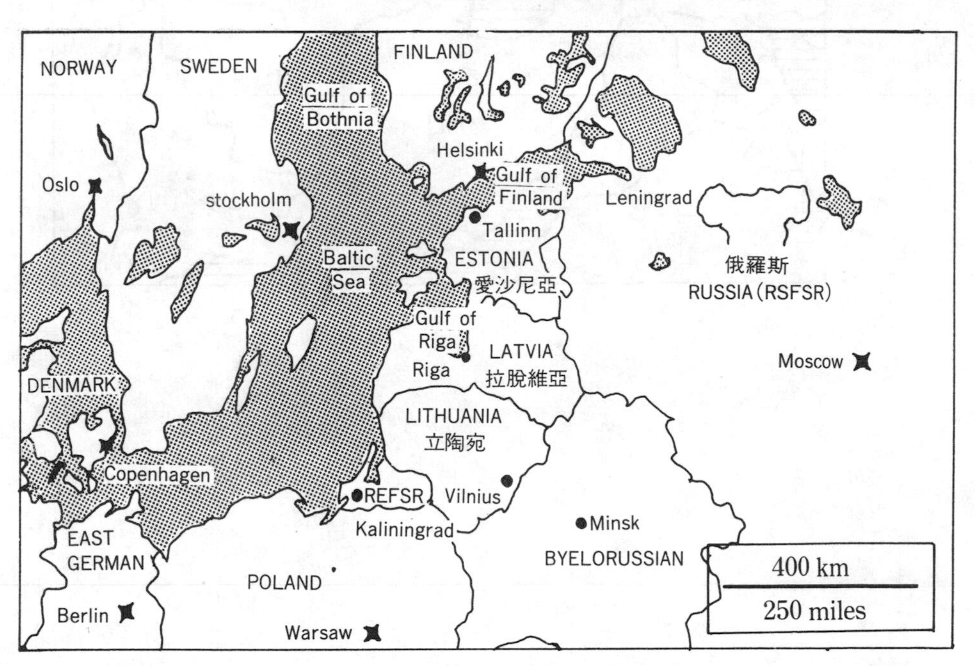

十國初步商定，1995 年前在各國之間至少設置四十條通訊網路，並開闢各國間的鐵公路及航線，廢止區域內關稅制度，同時減少非關稅障礙，建設天然氣、油管等地下輸送資源的路線。

圖 4-8 係中亞及西亞經濟合作組織十國位置圖:

圖 4-8　中西亞經濟合作組織位置圖

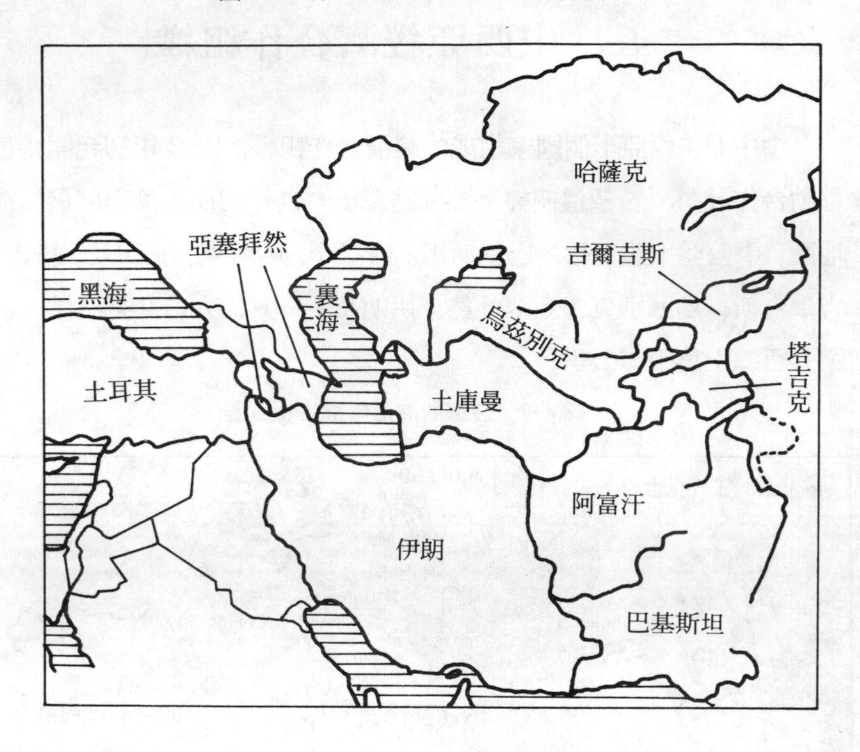

〔第四章附表索引〕

〔第四章附圖索引〕

〔問題與討論〕

1. 未來國際市場重要發展趨勢是：一方面貫徹自由貿易精神，另一方面區域經濟組織又加速整合發展，你認爲兩者之間如何取得平衡?
2. 試述區域經濟整合的形式和程度。
3. 試申述「歐洲經濟共同體」「歐洲自由貿易協會」「歐洲單一市場」及「歐洲經濟區」相互間的關聯性。
4. 申論歐體整合爲單一市場對內部的影響?
5. 北美自由貿易區由美、加、墨三國所組成，試說明其背景及對內部、外部之影響。
6. 由中國大陸、臺灣與香港合組成大中華經濟圈，或大中華共同市場，你認爲可行嗎? 有何看法或建議?

第五章　進入國際市場

早年我國對外貿易，主要是傳統的拓展出口而已，或結識國外進口商，或寄發開發信，或拜訪國外客户，參加商展等，找到訂單再安排生產，找銀行押匯，等到貨物裝船以後，就算完成一筆交易，並無周密的計畫和策略。

在現代國際行銷觀念下，公司欲進入國際市場，必須具備完整而周詳的目標、政策、短、中、長期計畫和策略。首先要充分瞭解公司爲何要進入國際市場，然後檢討公司在人才、資力與組織、管理各方面是否具備足夠條件，然後分析競爭情況，選擇目標市場，並且還要就短期與中長期觀點擬訂各種國際行銷策略。

第一節　進入國際市場的準備

企業在進入國際市場以前，先要做好妥善的準備工作。

一、進入國際市場的理由

公司進入國際市場一定有它的原因和動機，國際行銷是一件非常艱距的工作，不宜由於偶然的機會或一時衝動，而冒然進軍國際市場。以下係一些合理的動機和理由：

⑴公司的成立係以外銷爲目的。

⑵國內市場已飽和，而公司尙有產能可利用。

⑶競爭者已先行順利進入國際市場。

⑷增加國外市場可降低生產成本，可分擔研究發展(R&D)費用。

⑸有機會運用國外研究發展人才。

⑹減低國內季節變動因素，充分利用生產設備。

二、進入國際市場具備的條件

在決定進入國際市場以前，需深入檢核公司是否具備必要條件，最好能逐項逐條評估。

㈠產品條件

⑴評估現有設備，產能或擴展計畫是否足以達成拓展國際市場規模？

⑵產品品質是否符合國際市場檢驗標準？是否應先行通過檢驗？

⑶公司是否具備開發新產品的能力？

⑷公司產品與競爭對手產品比較，有那一些優缺點？價格有否競爭力？

⑸國際市場打開後，材料和零件的供應來源是否會發生問題？

⑹公司產品是否符合專利與商標登記？

㈡行銷條件

⑴公司是否有足夠的外語人才？產品目錄需要多種文字印刷時，公司是否有這一方面的能力？

⑵公司是否經常獲得所需的國際行銷資訊?

⑶有否能力找出競爭對手? 評估對手的優點、弱點、產品、價格? 並查出對手的行銷策略與配銷管道。

⑷產品如需提供維修或售後服務，公司是否有能力提供這方面的服務?

㈢配銷條件

⑴公司對國際市場配銷通路是否有充分認識? 能否有效掌握配銷通路?

⑵公司有否能力在國際市場設立行銷據點?

⑶採用何種運輸工具? 對於各種運輸工具的成本、使用頻率及可靠性，有否充分的瞭解?

⑷如何保持充分庫存量，而又不致大幅增加營運成本，如果必須設置倉庫調節，公司有否能力負擔，或委託專業公司處理?

⑸公司有否能力掌握配銷體系之資訊?

㈣財務條件

⑴評估營運成本的增加。如運輸、配銷、產品合理化、產品檢驗的成本等，公司財務是否能夠負擔?

⑵估計開發國際市場的成本，如產品開發、促銷費用等，尤其國際促銷費用非常昂貴，公司財務能否負擔?

⑶評估生產力和銷售的變化，國外客戶付款期限，對現金週轉的影響。

⑷公司現有財務管理組織與人才，足以應付開發國際市場業務嗎?

⑸深入再評估公司外幣交易、期貨、匯兌、債務管理等能力。

三、選擇目標市場

公司如果具備良好的理由、充分的條件進入國際市場，下一個步驟便是要評估國際行銷機會，瞭解公司利基所在，據以選定目標市場，然後才擬定開發外銷市場之策略。

選擇目標市場可自以下兩方面著手。

㈠現有市場的判定

產品的現有市場可自我國海關出口統計資料中查得，先按商品號列(目前世界各國商品分類漸趨一致，查尋已較爲方便)查出外銷總數量與金額，而與本公司或全國生產量值比較，判定外銷重要性及依存度。並自該產品輸往那一些國家的數量與金額，可以排定現有市場重要性的順序。

從外銷各國量值比較，可以概略的瞭解輸往某一國家的平均單價。

㈡潛在市場之發掘

從主要外銷國家的進口統計資料，可以查尋出那一些國家是主要的供應者，也就是主要競爭對手國。再從競爭對手國的出口統計，找出他們擁有那一些重要外銷市場，而我國產品尙很少銷往，便是有利的潛在市場了。

以上查尋的方法，係假定該項產品在國際產品分類有確定的號列，否則就要向產品輸出公會或其他市場研究機構查尋資料，所花費的時間和費用便高多了。

表 5-1 至 5-5 係以自行車爲例，自各種統計資料編製之統計表，以供參考。

表5-1　臺灣自行車外銷量值與平均單價

外銷市場	1989			1990			1991		
	數量（千輛）	金額（千美元）	單價（美元）	數量（千輛）	金額（千美元）	單價（美元）	數量（千輛）	金額（千美元）	單價（美元）
美　國	2,837	266,030	93.8	2,480	267,883	108.0	2,467	285,261	115.6
歐　洲	1,257	154,639	123.0	2,077	310,683	149.6	2,645	431,769	163.2
日　本	408	27,881	68.3	364	33,033	90.8	478	58,404	122.2
加拿大	251	21,658	86.3	437	39,058	89.4	471	43,292	91.9
澳　洲	574	38,781	67.6	357	22,480	63.0	205	16,740	81.7
非　洲	108	5,187	48.0	74	3,887	52.5	63	4,616	73.3
其他地區	481	25,791	53.6	646	63,768	98.7	796	51,228	64.4
合　計	5,934	539,968	91.0	6,434	740,771	115.1	7,126	891,371	125.1

資料來源：臺灣區車輛工業同業公會

表5-2　主要國家進口自行車統計　單位：輛

國　家	1988年	1989年	1990年
美國	7,426,000	7,576,000	7,015,000
法國	1,313,000	1,486,000	2,204,000
英國	1,305,000	1,593,000	1,976,000
德國	693,000	968,000	1,650,000
日本	900,000	857,000	667,000
荷蘭	379,000	470,000	724,000
義大利	60,000	162,000	444,000

資料來源：Cycle Press International 1991, Sep

表5-3　自行車主要生產國出口統計　單位：輛

國　家	1988年	1989年	1990年	$\frac{1990-1989}{1989}\%$
中華民國	6,305,000	5,934,000	6,260,000	5.5%
中　共	1,510,000	2,450,000	2,500,000	2.0
義大利	1,500,000	1,537,000	1,764,000	14.8
印　度	600,000	700,000	800,000	14.3
德　國	736,000	731,000	762,000	4.2
法　國	559,000	537,000	583,000	8.6
荷　蘭	239,000	344,000	480,000	39.5

美　國	114,000	250,000	395,000	58.0

資料來源：同上表

表5-4　歐洲自行車主要市場規模

單位：輛
m表示百萬輛

年份	產量	進口量	出口量	國內需求量
法　國				
1988	1.297m	1.313m	559,000	2.051m
1989	1.453m	1.486m	537,000	2.405m
1990	1.540m	2.204m	583,000	3.161m
德　國				
1988	3.006m	693,000	736,000	2.963m
1989	3.441m	968,000	731,000	3.679m
1990	3.858m	1.650m	762,000	4.746m
義大利				
1988	2.750m	60,000	1.500m	1.310m
1989	3.000m	162,000	1.537m	1.625m
1990	3.500m	444,000	1.764m	2.180m
荷　蘭				
1988	745,000	379,000	239,000	885,000
1989	719,000	470,000	344,000	845,000
1990	892,000	724,000	482,000	1.134m
英　國				
1988	1.065m	1.305m	170,000	2.200m
1989	1.377m	1.593m	170,000	2.800m
1990	1.170m	1.976m	246,000	2.900m

資料來源：日本自行車促進協會

表5-5　美國自行車進口統計(1990)

進口來源	數量(千輛)	金額(百萬美元)	單價(美元)	金額所佔百分比
中華民國	4,968	404.5	81.4	79.4
中國大陸	892	32.8	36.8	6.4

南　韓	627	31.8	50.8	6.2
日　本	95	21.6	228.0	4.2
泰　國	196	8.6	44.0	1.7
香　港	98	3.3	33.5	0.6
波　蘭	67	2.0	28.9	0.4
加拿大	5	1.2	245.8	0.2
巴　西	10	0.8	73.8	0.1
印　尼	13	0.6	44.4	0.1
總進口	7,015	509.4	72.6	100.0

資料來源：經濟部國際貿易局

四、競爭分析

在目標市場選定後，公司在決定進軍國際市場以前，還要做好競爭分析，不但要從各方面瞭解現有競爭者，還要預測與判斷未來可能加入的競爭者，才能達到知己知彼，擬定贏的策略。

分析國際市場之競爭情況，包括市場上有那些主要競爭廠商？他們主要客戶是誰？他們如何進行競爭？他們的市場佔有率爲何？他們的產品與行銷策略有那些優點和缺點？市場上競爭者雖然甚多，但眞正有實力的競爭者却不會太多，通常可以根據市場佔有率大小依次選擇一至三家，按照以下三個階段❶加以蒐集資料與分析。

㈠瞭解過去，描繪未來

對於大型企業而言，通常出版年報、季刊、讀者服務與內部刊物，或透過報章雜誌發布的商業訪談，因此蒐集這些資料深入閱讀，對於競

❶參閱Wallan E. Rothschild著*Getting to Know All About Them*, chapter5, 1976。

爭者歷史背景，經營現況，財務報表，甚至於未來意向，均可自這些正面直接資料中一覽無遺。對於大型企業而言，這些公開發布的資料包括其未來發展計畫，可信度都非常高，可作爲擬定本身行銷策略的依據，一般中小型企業雖然資料較少，可信度也較低，但仍不失其參考價值。

㈡確認競爭者最新策略

雖然，第一階段競爭者主動發布的資料可信度很高，但亦不宜盲信競爭者所稱之策略，因爲競爭者可能中途變更其原定計畫，甚至於可能故意發佈資料誤導對手，故並應時時密切注意競爭者實際行動，確認競爭者最新策略，才不致發生很大的失誤。

㈢評估競爭者之資源

對競爭者的評估與分析不僅逐項注意其人力、財務、及物力資源，而更重要的是競爭者如何運用這些資源，茲就重要項目分析如下：

1.產品之構思與設計能力

競爭者構思、設計、開發、製造及運送產品或服務之能力。

2.生產能力

競爭者在製造方面的效率與彈性如何？即產品是否自製？其成本多少？擴充的可能性如何？競爭者垂直整合程度如何？應儘量多蒐集這一方面資料深入分析。

競爭者的供應商、經銷商與主要顧客可能是很好的資料來源，最後應該購買競爭者的產品，對其成本、品質各方面作徹底的分析。

3.行銷能力

包括競爭者的形象與聲望、配銷通路、銷售能力、溝通策略、以及市場區隔與選擇目標市場之能力。

4.管理能力

公司管理階層的力量、素質及特色是公司整體競爭力量的主要來源。公司是否注重人才培訓? 發生主力幹部跳槽時，是否有足夠優秀人才遞補? 又公司是否具有良好的薪酬與獎勵制度維繫員工向心力。

第二節　進入國際市場策略之一——出口

出口或外銷是進入國際市場傳統的途徑和方法，不但投資少，風險小，彈性也大，隨時收放自如，資金週轉又快，甚至於可以完全運用銀行的錢來週轉營運。回憶臺灣早年許多出口生意幾乎是無中生有，年輕人利用家中一張桌子，一具電話就做起貿易商來。首先，他們查尋國內外報章雜誌刊登的貿易機會，據以去找生產工廠報價，而且自動降價爭取訂單，收到L／C後就找銀行押匯，有了訂單有了錢，轉向生產工廠殺價賺取差額，如此週而復始，搖身一變便成為一家頗具規模的貿易商了。今天，臺灣已名列世界貿易大國之林，上述傳統外銷推廣方式已漸式微，但傳統出口外銷依然是進入國際市場最重要行銷策略之一，茲就現代國際行銷觀點申述之。

一、出口貿易的方式

出口貿易除一般的買賣方式外，亦可以下述各種方式為之。

㈠原廠授權製造

原廠委託製造(Original Equipment Manufacturing，簡稱OEM)，亦稱授權委託製造，係指受託者(承製廠商)按原廠需求及授權，依特定的材質、規格、加工程序、檢驗標準及品牌或標示而製造的產品。

上項產品可能是零配件、半成品或成品。

原廠委託製造對於出口廠商而言，具備以下各項優點：

⑴迅速擴大國外市場。

⑵達到經濟生產規模，減低成本。

⑶專心於製造及生產技術之開發。

⑷提高產品品質及管理，帶動產業升級。

⑸吸收技術經驗，了解國外生產及行銷習性。

⑹節省產品設計開發及市場開發費用。

原廠委託製造最大缺點為過分依賴委託者，一旦訂單終止，承製廠商營運便面臨危機。此外，OEM 契約係使用委託製造者之商標、品牌，在世界各國大力取締仿冒之下，承製廠商須事前取得委託者之商標授權使用書，以免貨品在海關擋關，發生糾紛時亦可免除法律責任。進一步說，OEM 契約中，有些依照委託者提供之模具、藍圖、設計、規格、指示、技術來製造貨品或零阻件，亦應請委託者須就其提供之技術或藍圖，保證承製廠商無害(hold harmless)之責任，亦即不使承製廠商因受第三人控訴侵害權利(發明，新型，新式樣)或商標權。

再者，在「製造商責任」雷厲風行之下，歐美國家法院最新之趨勢係將零組件、半成品、成品及裝配製造廠商均置於製造商連帶責任之體系之下，就其所合作生產產品之瑕疵所造成人身傷亡負連帶賠償責任。此種責任，OEM 承製廠商無法以契約方式來排除對第三人之責任，惟得與委託者訂約時，書明因委託者之指示或所提供之規格、藍圖、設計、技術所引起之產品瑕疵，導致第三人損害時，委託者須保證承製廠商無害。換言之，承製廠商如因此而賠償第三人之損害，均得向委託者請求賠償。

另外，因商標法、專利法之運用下，推定違反商標法之行為人「明知」他人已有登記註册之事實，不容以不知情而脫罪，故承製廠商不應以一紙「商標授權使用書」爲已足，仍應進一步調查委託者是否爲眞正之商標所有權人。

㈡三角貿易

三角貿易(triangular trade，或稱 delta trade, merchanting trade)的種類、形式甚多，最常見的一種亦即甲國出口商與乙國進口商的商品買賣，非經雙方直接簽訂買賣契約，而經由第三國的廠商以中間商的地位完成的貿易方式。此種貿易方式亦稱爲「文書作業」(Documents Process)的三角貿易，由於就該第三國而言，因爲僅涉及交易文件之往來，其貨品實際並未在該國通關進口，而係由生產國(甲國)直接運交買方(乙國)

圖5-1 簡單的三角貿易圖示

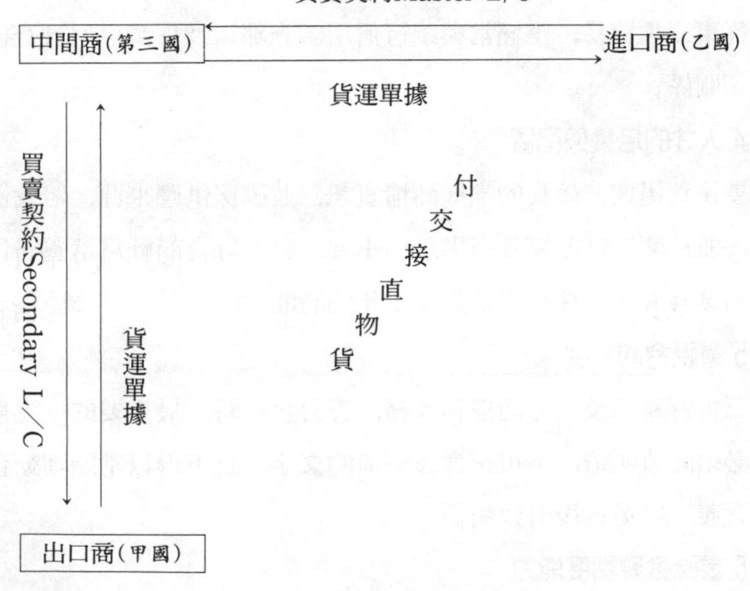

而完成交易，茲以圖形顯示如次：

企業推動三角貿易，較一般雙向貿易風險增大，茲就推動三角貿易注意事項簡述如下：

1.商情網的建立

能夠快速的蒐集商情是推動三角貿易的首要條件，買主在那裏？如何根據買主的需求，以最快速的方法，最具吸引力的報價提出，才是跨出三角貿易的第一步。

2.確保供應來源

由於爭取三角貿易商機，時效最爲重要，因此對於供應來源應預先建立良好的關係，不但可以立刻提出報價，而且對於供應數量與時間均能確實掌握。

3.重視信用調查

三角貿易要同時和買方、賣方打交道，對於雙方的信用都要瞭解得很清楚，否則容易發生貿易糾紛，時間和金錢的損失均難以估計。因此企業從事三角貿易，應經常與銀行信用調查部以及專業信用調查機構保持密切關係。

4.人才的培養與配置

要達到迅速、確實的掌握商情資訊，並確保供應來源，培養優秀的人才，並長期派駐於海外市場最爲重要。日本綜合商社爲培養一位優秀的三角貿易人才，往往需要長達十年的時間。

5.重視合約文字

三角貿易涉及三方面權利義務，簽訂合約時，最重要的一點爲所有條款必須簡單明瞭，不可有含義不清的文字，且不得以常識判斷合約文字之含義，以免日後引致糾紛。

6.重視金融調度能力

三角貿易涉及二國以上交易對手，風險較大，除必須具備專門知識外，並應擁有綜合調度能力，充分利用各國不同之金融制度及國際金融市場之變動，或安排低利貸款給買賣雙方，以增加促成交易之機會。

㈢相對貿易

相對貿易(counter trade，簡稱C／T)係指交易中的貨款可全部或一部分以貨物或服務取代貨幣，作爲付款工具的貿易方式❷。自七○年代發生石油危機以來，許多國家因爲支付油款遽增，購買其他商品的外匯相對不足，或爲促進國際收支平衡，或擴大行銷，所以相對貿易便應運而興。

相對貿易的含義包括易貨(barter)、相對購買(counter purchase)、補償交易(compensation)、抵補交易(offset)、投資助銷(investment performance requirements)及換發(swap)，在實務的操作上，一筆相對貿易可能同時兼具數型。

事實上，相對貿易源自人類有商業活動初期的「以物易物」觀念，時至今日再度盛行可歸納原因爲以下諸點❸：

1.就全球性觀點

⑴多數國家外匯非常短缺；

⑵國際性債務急遽膨脹；

⑶市場需求呈現疲乏現象；

⑷能源危機留下後遺症；

⑸保護主義旗幟高漲；

⑹平衡雙邊貿易逆差；

⑺提升工業水準；

❷參閱《國際貿易金融大辭典》之解釋，中華徵信所出版。
❸參閱陳吉山教授在外貿協會「相對貿易研討會」之講稿。

(8)市場競爭情況激烈；

(9)東西貿易逐漸擴展；

(10)雙邊主義再次擡頭；

2.就開發國家觀點

(1)維持旣有市場佔有率；

(2)開發外匯短絀的新市場；

(3)確保原料、初級產品的長期供應；

(4)確保出貨獲得償付；

(5)視相對貿易爲新的國際市場拓銷工具；

3.就開發中國家觀點

(1)保留珍貴的強勢貨幣；

(2)改善貿易逆差；

(3)藉此開發新市場；

(4)維持貨品輸出價格；

(5)規避先進國非關稅障礙；

(6)藉此獲得先進國新技術及管理方法。

相對貿易合約內容因操作不同而異，惟其基本結構則大同小異，玆就常見數種基本型態——易貨交易，對等採購交易及產品購回協定分別簡述如次：

1.易貨交易合約

與一般商業交易比較，締結易貨交易合約往往面臨下列三項困擾：

(1)易貨交易未涉及貨幣流通，而無信用狀充當交易付款媒介之信用保障。

(2)兩筆交換的貨品裝運日期常不相同，二者之間存有時間落後現象。

(3)相對貿易貨品通常不具市場行銷性，且品質規格問題亦較一般交易者爲多。

因此易貨合約的內容並未如想像中的單純，宜針對上述問題妥作安排，例如合約雙方或一方提供銀行簽發的履約保證。

2.對等採購交易合約

基本上，對等採購交易合約包括二份分交的原銷貨合約及對等採購合約，而另一獨立協議書或「標題書」(Heading)則充當連鎖文件，確認當事人應盡義務。

一般而言，對等採購貨品品質多半爲低劣者，其國際市場需求並不高。因此，爲了確保原銷貨廠商履行其對等採購承諾，在對等採購合約中通常規定有罰金條款；此外，宜注意下列特別條款的約定：

⑴原銷貨合約因故取消時，對等採購合約是否繼續生效，則任由原銷貨廠商選擇。

⑵原銷貨廠商可自由地將對等採購承諾轉讓給第三者或其指定人。

⑶對等採購貨品爾後轉售的限制，如轉售地區、轉售對象及轉售價格之限制。

⑷依對等採購合約所支付的罰金並不影響原銷貨合約的當事人間之權利義務。

3.產品購回協定合約

由於涉及生產設備的交易，產品購回協定與其他型式的相對貿易有二點顯著不同：⑴大部分產品購回之數量與金額均較其他型式的相對貿易爲大，一般交易金額常在百萬美金以上。⑵產品購回的履行期限，一般來說亦較其他相對貿易交易爲長，通常並爲連續性。

基本上，產品購回協定合約通常比對等採購合約複雜，二者相同點在於二份主要合約：⑴原銷貨合約及⑵產品購回合約間有一協議書充當連鎖功能。不同的是原銷貨合約中因涉及設備／技術的銷售，而與一般標準貿易合約有所不同。在原銷貨合約制定時，須注意有關設備／技術銷售特殊規定及明確規定雙方當事人間權利義務關係；另產品購回合約則應特別注意下列條款：(1)可接受貨品規格、品質管制；(2)價格、付款條件；(3)行銷限制；及(4)糾紛處理、仲裁約定等。

二、出口貿易的障礙

(一)關稅

關稅(customs duty 或 tariff)是一個國家對於通過其國境的貨物所課徵的租稅❹關稅之種類，依課徵標準，可分爲從價稅(ad valorem duty)、從量稅(specific duty)、複合稅(compound duty)以及選擇稅(alternative duty)；依課徵制度，可分爲單一稅(single tariff)、複稅(multiple tariff)、優惠關稅(preferential duty)；依課徵目的，可分爲財政關稅(financial duty)、保護關稅(protective duty)、反傾銷關稅(anti-dumping duty)以及報復關稅(retaliatory duty)等。

進口國政府爲保護本國產業或增加稅收課徵關稅，皆會降低出口產品的競爭力。如果進口國藉關稅制度的運作，阻止國外某一種類產品輸入的措施，更形成關稅壁壘(tariff wall)。二次大戰前，各國常藉關稅措施以保護本國產業，但因其阻礙國際自由貿易甚大，故近年來已少採行。

(二)非關稅障礙

非關稅障礙(non-tariff barrier)係指除了關稅以外，任何有礙於自由貿易進行的各種行政措施，茲擇要分別簡述如次：

1.進口配額(import quota)

指貿易管理上對於進口貨物的數量或金額加以一定額度的限制，可

❹參閱《國際貿易金融大辭典》，中華徵信所出版。

以替代關稅而作爲一種限制進口措施。

2.外匯管制(exchange control)

外匯短少的國家往往實施各種方式的外匯管制，對於進口商而言往往爲爭取稀少的外匯而付出較高代價，甚至於無法找到外匯辦理進口的困境。

3.進口保證金(import deposit)

進口商輸入貨物時規定須向銀行繳存貨款相當比例的保證金，若進口商未能於規定期間內完成進口手續，即沒收此項保證金。其目的在限制進口並防止投機，藉以維持國際收支的平衡，但對進口商而言，卻可能因此增加資金週轉困難，加重利息負擔，因而間接阻礙了出口。

4.進口許可證(import licence)

又稱 import permit，係指進口商在進口貨物前，必須先向指定簽證機構申請核發輸入許可證，藉以管制外匯與限制進口。

5.其他行政及法律障礙

如報關程序、遲延、有關保健與安全之規定、反傾銷規定、政府採購規定、各種特別稅負等。

第三節　進入國際市場策略之二——併購

合併與購買(Mergers and acquisitions, 簡稱併購, M&A)之企業進入國外市場最快速途徑，但由於經營環境迥異，往往失敗的機率頗大。近年來我國企業邁向國際化過程中，發生許多併購失敗的案例，包括宏碁電腦公司併購美國康點與 S.I.公司。企業併購亦不失成功的案例，美國聯合電腦公司便是藉併購壯大的。一般而言，併購的過程包含了下面四

個階段❺:

首先是策略規劃，透過策略規劃使企業清楚掌握其併購的目的，它協助企業回答“Why?”的問題。

第二是尋找標的公司的過程，在尋找的過程中企業按上述的策略目標選擇並發掘一個或數個適合的目標，它協助企業回答“What, where and when?”的問題。

第三是購買的動作，透過談判交涉所建立的併購交易的架構，它協助企業回答“How and how much?”的問題。

最後是後續管理的配合，藉由後續管理活動的投入，完成企業併購的策略目標，它協助企業回答“So what?”的問題。

茲就上述併購過程四階段，引伸說明如下:

一、併購的目的

公司爲何要進行合併與購買其他企業一定有它的目的，而且預先要有良好的策略規劃，我們可以將這些策略目的大致歸爲六類:

1.取得行銷通路與品牌

在傳統出口貿易，出口商對於國外市場行銷通路幾乎毫無關聯，企業國際化以後，首先關切的便是如何有效控制行銷通路，而併購是迅速擴大行銷通路與建立品牌最有效途徑。

2.取得生產技術

開發新產品新技術，往往需要投入大量時間和金錢，而且不一定成功的把握。併購其他公司可迅速移轉技術人才。數年前，全友公司併購美國滑鼠公司 MSC，以取得高技術層次的光學滑鼠製造技術。

❺1990年3月6日外貿協會主辦「企業併購研討會」，中山大學管理學院劉維琪院長策劃主講部分講詞。

3.掌握原料來源

確實掌握原料來源與原料供應價格，是企業致勝重要因素之一，尤其是那些原料不可替代的產業，譬如籐製家具產業，一旦籐原料來源發生問題，整個產業將面臨關閉命運，因此企業往往藉併購來防止競爭者壟斷，或政治干預限制原料出口。

4.擴充產品線

一般而言，公司產品線愈深愈廣，對經營愈爲有利，因此，企業經常尋求擴充其產品線的機會，往往藉併購對方公司迅速增加產品線，但也可能因而遭致許多困難。例如宏碁併購美國康點公司(Counter Point)，使其產品線由個人電腦擴及迷你電腦，但由於個人電腦功能發展一日千里，已漸取代迷你電腦地位，使得宏碁併購康點遭遇到許多挫折。而大通籐業原來產品爲籐製，自從併購了美國 Stoneville 公司後，進入了鋼鐵製家具市場。

5.進入新行業

公司爲多角化經營，本身財力又甚寬裕時，往往藉併購其他企業而進入完全新的行業。這種動機風險最大，必須量力而爲，作好最壞打算，萬一全軍覆沒，也不致於影響到本業的經營。數年前，太平洋電線電纜公司併購美國西南銀行與凱麗大酒店，便是跨入與本行業完全無關的銀行業與旅館業。

6.突破貿易限制

近年來貿易主義大行其道，各國紛紛設限，以保護本國之企業。併購貿易對手國國內的企業，係突破貿易限制的重要手段。1993年1月1日歐洲經濟區成立，1993年底北美自由貿易協定開始實施，臺灣企業已紛紛計畫到歐洲與北美去發掘併購機會。

二、如何選定併購對象

近年來臺灣海外併購案，併購的對象多半原來就是與母公司有業務往來，不是客戶就是代理商、經銷商，很少利用到專業併購仲介公司與國外投資銀行。

併購在雙方知之甚詳的情況下，一旦對方有意讓售，多數情形下併購案就會快速進行，有時候反而未經週詳的考慮，造成誤導。因此，企業進行併購，無論是原已熟悉的公司，或者經由銀行或專業併購仲介公司推介完全陌生的公司，均要對以下各點作深入而週詳的考慮。

1.檢視可能的法律限制

在決定進行併購以前，首先要找出本國及對方國家一切可能會妨礙併購進行的法律規定，以免資源投入後，才發現種種限制，以致遭遇事倍功半，進退兩難的困境。

2.考慮彼此資源的結合性

併購主要目的就在獲取對方內部資源，將兩方資源加以結合以產生綜效。此時資源結合性就必須認眞考慮，看是否存在著文化的障礙，或組織氣候的差異，而使資源結合產生困難，無法發揮預期的效果。

3.審愼評估對方內部資源

對方公司內部資源必須審愼評估其價値，尤其是對於看不到的無形資產部分更是重要，茲擇要分述如下：

⑴檢視主要產品或服務是否已處於產品生命週期的衰退期，或專利權期限已到，未來競爭將加劇，利潤會減少。

⑵調查各項生產設備是否有適當維修或狀況良好？其生產速度及品質是否有競爭力？

⑶檢查重要的長期買賣契約是否會因爲併購行動而解約，使公司喪

失重大的利潤因素。

⑷如有虧損，其所產生的稅質(tax shelter 使公司減少課稅所得而減少繳稅的效果)價值必須小心認定。因為按我國的規定合併後盈虧是不可互抵的。各國規定並不一致，美國雖然可以互抵，但仍有一定比例與限額，宜多加注意。

⑸存貨的眞實價值是多少？到底是待售的存貨或已被淘汰的舊產品？這點在產品汰舊換新很快的產業特別重要，例如電腦業即是。

⑹細察財務報表上是否存有粉飾(window dressing)，是否有正確的表達現況，對於「或有負債」是否附有詳細說明。

⑺海外併購最重要的是人才，而且要儘量留住當地國人才，並特別留意研發人才的動向，同時要注意組織的氣氛，主管之間是否有不當的衝突？如果有不協調的地方，宜利用併購契機一併調整，以使組織和諧一致。

三、評價與付款

併購對象選定後，下一個重要程序就是目標公司的評價。一般評價的方式大致為下列數種：股票市場價值法，併購市場價值法，清算價值法，以及現金流量折現法等，而以現金流量折現法最具理論基礎。對於評價的模式，經濟學者劉維琪教授並指出兩項簡單的概念。第一，對於目標公司目前的現金流量必須瞭解，否則對併購後如何處理缺乏準則，也無法評估出目標公司的價格。其次，所要評估出的價值，並不是目標公司實際的市價，而是本身能接受的最高價的上限。

在併購活動中，付款方式對公司的財務結構、稅務規劃、現金流量等方面都會產生影響。一般的付款方式為現金、股票交換、債券等方式或更複雜的相互組合。各種不同的付款方式對雙方公司的影響都不相同。

四、後續管理與經營

跨國併購，基於文化、政治、法律與經濟環境的差異性，失敗的案例遠多於成功的案例。但世界第二大電腦軟體公司——美國聯合電腦公司，在創立以來的十六年裏，卻成功的併購了四十一家公司，從金額一億美元到數十萬美元皆有。

如前項所述，海外進行併購，儘可能要留住當地國人才，但也不是說毫無原則的放任原班人馬，按照原來方式繼續經營，那就會失去併購的意義和效果。主併公司應清楚的將併購的原因與目標傳輸給被併購之公司，最好能夠派出一支數位最優秀的人才，前往被併購公司工作。

第四節 進入國際市場策略之三——投資

自1992年起，臺灣企業的海外投資總額，已超過同年世界各國對臺灣的投資，成爲全球淨投資國的一員。根據經濟部發布的國際收支統計，我國近五年(1987～91)對外投資達一百九十億美元，在國際間排名第九位，前八名依序爲日本、英國、美國、法國、德國、荷蘭、加拿大與義大利。由於臺灣經濟繼續快速發展，海外投資的活動日見重要。

海外投資是企業國際化重要途徑之一，茲擇要討論如次：

一、海外投資的原因

1.突破貿易障礙

許多開發中國家爲保護本國幼稚之工業，往往利用高關稅或限制進口來阻止外國產品。但是爲了引進先進國家資本，生產設備與技術，而又訂定獎勵辦法吸引投資。

2.進入「共同市場」

區域經濟組織是九〇年代國際經濟重要趨勢，自1993年起，歐洲經濟區，北美自由貿易區均已設立，這些共同市場對外實施共同關稅，內部貨物自由流通，進入共同市場投資，取得有利的競爭地位。

3.利用當地的資源

向開發中國家投資，最重要的是可利用其「低工資」與「豐富的勞動力」以增加企業的利潤。目前臺灣企業湧向中國大陸、越南與泰國投資，主要是基於這方面之目的。此外，海外投資亦可活用當地之資金、製造設備、經營能力及研發人才。

4.掌握低廉原料來源

企業對於長期以來品質優良，價格低廉的原料來源，爲保持繼續有效輸入起見，而赴海外投資開發這些豐富的資源，以免爲競爭者所掌握。此項原因亦可應用於零配件、維修器材方面。

5.利用閒置設備與技術

國內生產已達飽和，或者由於工資提高不適合在本國生產時，這時生產設備與技術閒置是一種浪費，如前往海外投資可開創事業的第二春。臺灣鞋業大舉移植廣東、福建，便是最好的實例。

6.節省運輸費用

產品有效攻佔下國外地區市場以後，爲節省運輸費用而赴當地國投資生產，此舉並可節省進口關稅及各項手續費。產品亦可能由於體積大或單價低，由於運費原因而無法與本地產品競爭，而採取海外投資當地生產，例如可口可樂公司採取全球性投資生產策略。

二、海外投資的風險

企業赴海外投資具有多方面的利益有如上述，同時也存在各種風險，本書第二章國際行銷環境所討論到的社會文化，政治法律，經濟金融因素以及環境與消費者保護等，企業赴海外投資，稍爲不注意，就會遭遇挫折與打擊，甚至於鎩羽而歸，決定海外投資前宜審愼檢查每一個項目。

1992年6月，美國國際風險評估公司就投資利潤機會平等、管理風險、政治風險、匯兌償付能力四個項目評估，公布世界主要國家投資風險比較，我國與日本並列投資風險最低的第二位，瑞士居第一位。表5-6係世界主要二十五國投資風險之比較，而表5-7係歐體十二國投資優劣比較。

表5-6 世界主要國家投資風險比較表

名次	國名	投資利潤機會評等	管理風險	政治風險	匯兌償付能力
1	瑞士	80	78	78	83
2	日本	76	80	66	82
2	臺灣	77	74	71	85
4	新加坡	76	76	75	78
5	德國	70	72	64	75
6	奧地利	71	71	72	71
6	荷蘭	73	72	68	79
8	美國	69	72	68	67
9	挪威	68	67	70	67
10	比利時	65	70	59	66
11	瑞典	61	63	65	55
12	法國	58	64	55	55
12	愛爾蘭	60	64	57	59
12	西班牙	60	60	57	62

15	英　　國	61	66	65	51
16	葡 萄 牙	57	55	61	55
17	南　　韓	55	53	53	60
17	馬來西亞	55	56	54	55
19	澳大利亞	55	58	68	40
19	丹　　麥	54	55	54	54
21	沙烏地阿拉伯	52	57	41	58
22	中國大陸	54	50	52	60
23	加 拿 大	53	61	56	41
24	土 耳 其	50	49	52	49
25	智　　利	49	52	47	47
25	匈 牙 利	47	44	52	46
25	泰　　國	49	54	44	48

資料來源：美國國際風險評估公司(1992年6月)

表5-7　歐體各國投資優劣比較表(1991)

國　　家	勞工成本1) 德國＝100	稅務負擔2)%	每週工時3)	耗電量 pf/kwh4)
比 利 時	78.4	39.0	1,739	8.54
丹　　麥	77.1	38.0	1,672	8.20
德　　國	100.0	66.2	1,647	13.74
法　　國	66.0	52.2	1,763	8.46
希　　臘	27.5	46.0	1,840	9.54
英　　國	56.2	33.0	1,754	12.11
愛 爾 蘭	53.5	40.0	1,817	9.79
義 大 利	80.0	47.8	1,764	9.87
盧 森 堡	74.4	—	1,792	8.54
荷　　蘭	79.3	35.0	1,709	8.35
葡 萄 牙	19.5	36.0	1,935	12.51
西 班 牙	55.6	35.0	1,784	14.52
歐體 EC	64.0	42.6	1,768	10.34

資料來源：IMF 估算

注：1)生產製造業每工時所發生的薪水及津貼補助

2)泛指公司稅

3)生產製造業的常規工作時數(全年總時數)

4)工業用電的平均價格

三、海外投資的方式

企業對國外投資方式，一般可分爲「獨資」與「合資」兩種型態。獨資較爲單純，企業政策推動自主性甚高，子公司的產銷政策與母公司利益一致，尤其便於移轉定價，並可保持技術與業務的機密。至於缺點有：需要投入龐大的財力與人力，不易靈活運用地主國資金、人才與其他資源，產品也較不易打進本地市場。

至於合資(joint venture)，係企業與地主國自然人或法人共同投資，情況就複雜得多，茲就優點與缺點❻，以及合資對象的甄選分別說明如下：

(一)合資的優點

(1)首先，合資不僅可以節省本企業經營資源之投入，並可有效取得當地合夥人既有的經營資源(包括原料供應與人才)，使子公司各項業務能迅速展開，並藉原有的行銷通路，快速地進入市場。

(2)可避免地主國對外國企業的差別待遇和各種障礙，同時較能享有地主國的獎勵措施，如關稅保護、低利貸款及內銷比例等。

(3)合資公司較爲當地社會所認同，有助於產品爲當地社會大眾所接納。另在勞工關係方面，合資企業與當地公會之關係較爲良好，不致遭受排外之攻擊外，更有助於提高員工士氣，尤其是在民族意識強烈的國家。

---

❻參閱王泰允教授著《國際合作實用》，遠流出版公司，民81年3月1日初版，pp. 439～451。

⑷採取合資的另一項利益，乃在共利的基礎下，分享獨佔或寡佔的利益、規模經濟，或其他唯有經由合作才能獲致的利益。

㈡合資的缺點

⑴合資企業最大不利之點在於決策受到牽制，因此往往失去最有利的行動時機。另在經營環境日趨不利而欲撤資時，往往面臨進退兩難的困境。

⑵當合資雙方的利害關係對立時，即潛伏著發生衝突的危機。外商是在廣大的國際環境下進行行銷活動，但當地合夥人的企業環境局限於地主國，問題的考慮自然有所差異，故合資公司作經營決策時，就容易發生意見分歧現象。例如，外商重視合資公司與其所屬他國子公司的配合，以達成全球性統一調配之經營目標；而當地合夥人僅重視本身合資公司的成長與獲利機會。此外，當地合夥人對於合資企業資金的運用或業務擴充計畫，均常與外商母公司的決策會發生衝突。

㈢合資對象的甄選

合資事業有如上述，有著許多優點，但也存在很多缺點，長期合作過程中隨時可能發生意見不合與衝突。因此，如何愼選合資對象最爲重要，選對了合夥人也就表示事業成功了一半，反之，就種下了失敗的種子。以下係選擇合資對象的重要注意事項：

1.有關對方公司的評價

⑴設立日期與背景，產品品牌或商標的知名度。

⑵資本與資產總值、淨值，最近三年營業額與獲利，以及市場佔有率等。

⑶技術水準，研發人才，以及新產品的開發能力。

⑷在業界中的地位，以及同業的評價。

⑸財務的安定性、健全性、支付能力、現金流量及銀行的信用狀況。

⑹有關設廠條件，電力與供水是否充足而穩定，運輸與倉儲條件，環保規定如何？

2. 有關對方經營者的評價

⑴經營者的品格是否「誠意」「眞實」並具備「積極性」。

⑵經營者的道德意識如何？契約履行的忠實程度，可信賴性如何？

⑶經營者的個性是否易於相處？對問題多採肯定還是否定態度？

⑷經營者何種教育程度？經營與管理能力如何？

⑸經營者是否具備領導能力？員工對其是否信任與服從？

3. 有關當地員工的評價

⑴員工的教育程度，一般的品質如何？

⑵員工是否有很高的工作意願和工作熱忱？

⑶員工流動性是否很高？當地人工補充是否容易？

⑷有否公會組織？公會干預程度是否很高？是否有罷工傾向？

⑸員工對外國人的態度如何？是否易於與外國派遣的管理者合作？

第五節 進入國際市場策略之四——授權

授權(licensing)是企業進入國際市場的一種簡單方式，此種方式與貨物出口與投資比較，不需投入資金，也不必承擔風險。所謂授權係指授權者(the licensor)與被授權者(the licensee)訂立契約，允許被授權者(通常是外國公司)使用授權者擁有之製造方法、商標權、專利權、技術與行銷知識、經營管理知識，以及其他智慧與工業財產權。

因此，授權一般主要包括專利的授權(license)、商標的授權(authorise）和專門技術的移轉三種標的。此外，著作權亦屬授權的一種，譬如電腦軟體公司設計的產品。此外，特許經營亦係授權的一種方式。

茲就授權進入國際市場的優缺點，如何選擇被授權人、授權的報酬金以及特許經營的意義❼等說明於後：

㈠授權的優缺點

1. 授權的優點

⑴可迅速的進入國際市場。

⑵承擔較小的經營風險。

⑶保護專利權、商標權及其他工業財產權。

⑷作為行銷先鋒——開拓新市場的試銷工具。

⑸克服進口限制與投資限制。

⑹獲取技術移轉費或權利金之報酬。

2. 授權的缺點

⑴不易控制被授權者的經營活動。

⑵可能培養潛在競爭對手。

⑶需繼續不斷開發新技術，否則合約延續有困難。

⑷品質控制與生產管理較困難，可能會因而破壞品牌形象。

⑸獲取之報酬有限。

㈡選擇被授權人

除非企業有計畫推展授權策略拓展國際市場，通常授權多來自國外公司的要求。公司在接獲此類信息而具有授權的意願時，就應進行嚴格而客觀的調查，評估對方是否是一位良好的被授權者，以下係重要的評

❼參閱王泰允教授著《國際合作實用》，遠流出版公司，民81年3月1日初版，pp. 315～435。

估條件:

⑴對方公司的信譽如何? 是否具有良好的企業形象和顧客關係?

⑵對方公司主要負責人的誠實, 信用與道德意識如何?

⑶是否具有管理、技術及財務的能力?

⑷在產品、利潤及整個市場地位上, 是否具有令人滿意的競爭能力?

⑸對於授權有否妥善的計畫與詳細的規劃?

⑹雙方是否有共通的經營哲學與經營方式?

㈢授權的報酬金

企業對國外公司授權除了其他目的外, 主要可以獲取報酬。報酬金常以下列各種名稱出現: 特許權權利金、技術服務費、技術情報費、圖書費、技術人員訓練費、專利商標使用費、基本設計費、技術資料費、基本管理費、技術諮詢費等項目。

授權報酬金的支付方式, 有「定額支付」與「比率支付」兩種型態。定額支付乃是約定以一定的金額支付, 其或爲一次付清, 或分爲數期支付。至於比率支付則可分爲下述三種不同的支付方式: ⑴以銷售額按約定的百分比作爲報酬金。 ⑵按生產量之多寡支付報酬金; 即按每生產一單位產品, 支付若干報酬金。 ⑶按營業純益之百分比來計算報酬金。以上三種支付方式, 以採用第一種方式較爲普遍。

在實務上, 定額支付與比率支付經常混合運用, 往往在授權初期先支付一固定金額, 然後再按年度、銷售額計算當年報酬之金額。

㈣特許經營的意義

特許經營(franchising)係指特許者(franchisor)准許被特許者(franchisee)在某特定地區使用其企業名稱、商標、專門知識及其他無形資產, 包括整套的經營理念與管理體制的移轉。特許經營的特許者往往是連鎖店的經營者，而被特許者也多數具有連鎖店經營的意願。

跨越國界的特許經營在作業方式上，實與一般的國際授權相似。以麥當勞爲例，美國麥當勞總公司將其發展成功並獨家擁有的各項權利，授權給臺灣的寬達食品公司，准許其使用商名、商標，並提供烹調設備、布置與裝潢、食品配方與規格、及行銷技術與系統，以及傳授管理專門知識與營運管制等方法。

國際特許經營的作業方式基本上有下列幾項要點：

⑴賦予連鎖體系之經營權，通常以一個國家構成一個連鎖體系。

⑵跨越國界的特殊經營，特別強調管理體制的移轉。

⑶權利金爲主要報酬方式，通常按總銷售額比率支付。

⑷權利可轉授予他人使用，亦即「再特許」，但通常須先取得授權者書面同意。

⑸對被特許者活動經常考核管制，以保持一貫的高品質，優良的聲譽。

〔第五章附表索引〕

〔第五章附圖索引〕

〔問題與討論〕

1. 企業決定進入國際市場以前，應如何評估自己具備之條件。
2. 企業如何選擇現有目標市場及發掘潛在目標市場?
3. 簡述企業如何蒐集資料，評估競爭者之資源?
4. 原廠委託製造(OEM)對於出口廠商有那一些優點? 應注意之處爲何?
5. 企業推動三角貿易，較一般雙向貿易風險增大，試說明應注意之事項。
6. 何謂相對貿易(counter trade)? 試就全球性觀點說明近年盛行的原因。
7. 試說明出口貿易的非關稅障礙。
8. 試舉出一、二實例，說明企業赴海外進行併購(M&A)可能遭遇的問題與困境。
9. 合資(joint venture)是海外投資重要方式之一，試申論其優點和缺點。
10. 試述授權(licensing)的優點和缺點。

第六章　國際產品策略

國際行銷最容易犯的錯誤是：將本國產品一成不變的銷往海外市場。或者將銷往某一國外市場的產品，一成不變的銷往另一國外市場。事實上，如本書第二章中所述，各國行銷環境差別甚大，消費者喜好不同，因此，國際產品行銷策略，包括產品計畫、新產品開發、品牌與標示、包裝設計、品質保證，以及售後服務等，均應分別根據各國行銷環境差異性而擬訂。

本章所討論國際產品策略，重點放在消費品方面，關於工業品與服務市場之策略，請分別參閱本書第一章第二節之說明。鑒於國際服務行銷是我國最弱之一環，而華人在世界經濟地位與影響力日增之際，本章特列第四節從華商地位探討國際服務行銷的機會。

第一節　國際產品開發策略

產品是行銷的中心，沒有產品便沒有行銷可言。但在現代行銷觀念下，產品可區分爲消費品與工業品，有形產品與無形產品，不但服務認爲是產品，各種有關產品的無形因素，諸如品牌、商標、包裝、標籤、品質保證以及售後服務等，均認爲是產品的一部分。而且國內外行銷環境，在在均影響產品的國際行銷策略。

因此，從上述觀點，產品的整體觀念❶可圖示(圖 6-1)如下，本章將據以討論各項產品的國際行銷策略。本節重點在於產品計畫、產品開發及產品生命週期三部分。

圖 6-1　產品的整體行銷觀念

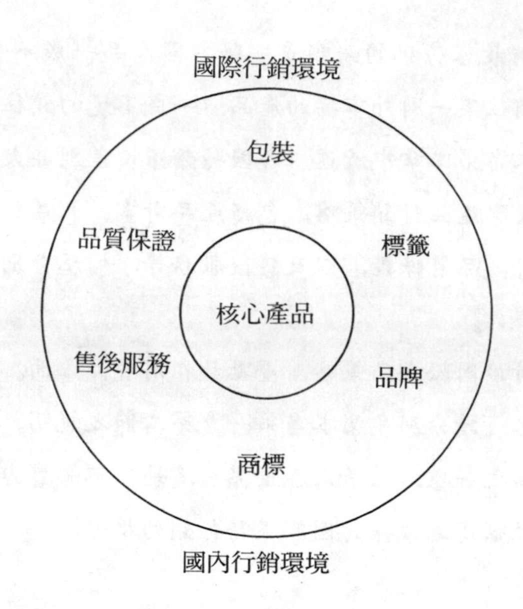

一、產品計畫

創新(innovation)是現代企業的命脈，但一個企業的產品開發(product development)應先有良好的產品計畫(product planning)。因此，一個企業產品計畫應該是一切產品策略的始點。

❶參考美經濟學者 Vern Terpstra 著《國際行銷管理》，第八章第一節。

產品計畫，從國際產品策略觀點，包括範圍如下：

- 產品範圍：公司那一些產品適合輸往國外市場？對開發國外市場而言，公司應擴大產品線還是簡化產品線？
- 顧客分析：國外目標市場的顧客需求如何？影響其購買動機與因素爲何？
- 產品評價：在國外消費者心目中，公司產品在競爭中所居地位、份量如何？
- 產品構想：就開發國外市場的觀點，何種開發新產品的構想值得研究與採納？新產品應如何迎合國外顧客的特別需求？
- 產品設計：產品是否符合國際安全標準？產品包裝與所標示文字是否符合地主國的規定，與文化環境是否會發生衝突？
- 產品品牌：品牌及商標圖案與地主國文字含義、風俗習慣是否會帶來良性促銷作用？還是會產生負面效果？目前使用品牌在國外消費者心目中是否已有相當印象？
- 上市時機：開發國外新市場，或在國外市場推出新產品，何時係產品上市最適宜的時機？
- 品質控制：產品品質是否符合國際或地主國品質管制的規定？是否需先申請品管標誌？
- 訂定價格：根據國外競爭產品價格訂定適當價格，以達致最大銷售量、最大利潤與市場佔有率。
- 行銷資訊：策劃與建立國際行銷資訊系統，迅速與連續蒐集有關產品之國外市場行銷資訊。

本章各節可謂均涵蓋上述產品計劃之範圍，本段茲就公司產品線的簡化與擴充，以及全面品質管制的重要性與國際發展趨勢，分別說明如

次:

㈠產品線的簡化與擴充

所謂產品線,在生產者而言係指所製造的一系列產品;而在批發業而言,係指所經銷的一系列產品❷。一個公司僅製造或批售一種產品,稱爲「單一產品公司」,而一個製造或批售一種以上產品,稱爲「多種產品公司」。一個擁有多種產品的公司基於各種主觀與客觀的因素,尤其進入海外市場之前,可以將產品線簡化,亦可將產品線予以擴充。茲分別說明生產線擴充與簡化的利益與方式如次:

1.產品線簡化的利益與方式

產品線簡化的優點甚多,大致可分爲下列各點:

⑴產品線簡化後,可集中精神與技術對於少數產品改進品質,減低成本。

⑵減少資本需要,可使資金週轉靈活。

⑶增加生產的經濟活動,從事大規模生產。

⑷使缺貨情況減至最低限度,增加對顧客的服務。

⑸使廣告活動效果集中,包裝設計更臻理想。

設若某一企業決定捨棄一種或數種產品,其處理方法可有下列四項:

⑴仍保留此項產品,但予以改變設計。

⑵繼續製造,但整批售給他人。

⑶繼續銷售,但改向其他製造商購買,不再自行生產。

⑷停止製造,並停止銷售。

一個企業對於一種或數種產品,在決定捨棄以前,負責行銷主管必須愼重就長期利益與短期利潤分別考慮。如僅就短期利潤觀點考慮,所

❷參閱本書作者著《行銷學》,三民書局,民 78 年 12 月初版。

產生之產品如能收回成本並略有利潤，即值得生產不應捨棄。但若就長期利益而言，如代以更有利的創新產品，對於整個事業的前途甚爲重要，若僅顧及短期利潤，不於適當時間將應捨棄的產品捨棄，將帶給企業不可彌補的損失。企業決定進入海外市場前，對於宜捨棄的產品更應愼重考慮。

2.產品線擴充的利益與方式

產品線擴充的優點有如下述：

⑴充分利用企業之人力與各項資源　每個企業都存在或多或少超額生產能量，例如機器設備、運輸工具與管理才能等，皆可能具備超額生產能量，因此甚易開發其他類似新產品或增加副產品加工等，不但可以降低成本，擴大利潤，且可增強競爭力量。

⑵增加公司經營之安定性　公司生產線擴大後，可減低季節性與市場需要變動的影響，而使公司經營與預定利潤日趨於安定。

⑶促進行銷的效率　產品線增加，可擴大銷售額，適應特別顧客之需要，品牌與商標均可得到充分的利用。

⑷投資報酬率提高，使利潤大幅增加。

關於產品線擴充的方式，包括：

⑴增加同一製品的尺碼、款式或分量，但以不改變品質及價格爲原則。

⑵增加不同品質與價格的同一類產品，譬如各型鋼筆、各種價格的手錶。

⑶增加互相關聯的產品，譬如牙膏與牙刷，自來水筆與墨水。

⑷增加的產品雖與現有產品無關，但使用同一原料者，譬如電冰箱公司增加洗衣機的製造。

⑸增加的產品與現有產品完全無關。此種情形風險甚大，必須具備充分資金與配銷通路的配合。

㈡全面品質管制

品質管制基本目的是提高產品品質，減低生產成本，使所生產之產品，不但品質優良，而且成本低廉，得以滿足消費者的需要。現代品質管制範圍，已非單純的工程管制，而進步到全面品質管制(Total Quality Control，簡稱 TQC)。諸如設計、製造、預算、成本、倉儲、包裝、促銷、安全以及售後服務，均屬於品質管制之重要項目，則所謂「全面品質管制」應自設計始，一直到顧客滿意爲止。

全面品質管制與品質認證已是全球的一股潮流。1987 年春間設於瑞士的國際標準化組織(International Organization for Standarzation，簡稱 ISO)集合世界多國品管精華：包括美國的 MIL-Q-9858A 品質計畫需求，北約盟軍(NATO)的品質規範，英國國家標準 BS5750，以及加拿大國家標準彙編而成 ISO 9000 系列，允稱當今最佳之品質管制範本，目前全球已有五十餘國採用，我國亦於 1990 年 3 月，由中央標準局將它轉爲我國的國家標準，賦與 CNS 12680-12684 的編號。

茲就 ISO 系列配合我國 CNS 系列，包含內容簡述如下：

- ISO 9000／CNS 12680

  「品質管理與品質保證標準之選擇與指南」，主要內容爲告知廠商如何選用合適的品保系統。

- ISO 9001／CNS 12681

  「品質系統——設計／開發、生產、安裝及服務、品質保證模式」，提供供應商作業標準，以建立買方信心。

- ISO 9002／CNS 12682

  「品質系統——生產與安裝之品質保證模式」，適用於設計規格已定型的產品，供應商只從事生產與安裝的活動。

• ISO 9003／CNS 12683

「品質系統——最終檢查與試驗之品質保證模式」，適用於供應商在最終檢查及試驗階段能保證符合規定之要求。

• ISO 9004／CNS 12684

「品質管理與品質系統要領——指導綱要」，係供公司內部施行品質保證之模式。

西歐各國則早於 1987 年 12 月將 ISO 9000 系列品質管制與品質認證，採用爲歐洲標準，賦予 EN 29000 系列之編號，由西歐各國包括歐體十二國及歐協六國共同遵行。

企業實施品質管制，除爲提高產品品質，減低生產成本的基本目的外，同時具有以下之作用：

1.保護消費者健康

工廠實施品質管制，尤其食品方面，固然要注意食品的色、香、味外，更應注重保持清潔，防止變質，使之不影響人體健康。此外如玩具的添加的色素與設計的安全性，對於兒童的健康更爲重要。

2.維持社會公共安全

譬如電線容易走火，而電錶超過負荷時，亦容易發生危險，招致財物損失，甚至影響社會公共安全。因此如果電線、電錶在出廠前，能作周密的安全檢查，可以防患於未然。

3.便利出口檢驗

檢驗是對產品符合國家標準或符合外國進口商所開的信用狀條件所規定產品的一種證明，尤其是食品類與電器製品類世界各國均規定非經檢驗不能出口。但出口商品種類甚多，檢驗機構人力與設備均極有限，不可能樣樣都施行檢驗，而抽樣檢驗乃是治標辦法，惟有工廠實施品質管制，劃一產品，就原料自定產品等級，加強工廠內部檢驗設備，使之標準化，不但有利出口檢驗，而且可減少國際貿易糾紛，增加國家聲譽。

4.取得國家正字標誌的方法

我國中央標準局訂有全國共同遵守之國家標準，凡合於國家標準的產品，經過申請審查合格手續後，中央標準局即可發給合格標誌。凡是取得正字標誌產品的工廠，必須：

(1)工廠生產檢驗設備及製造技術等均能控制產品之品質。

(2)應照標準檢驗方法或主管標準機構指定方法經常實施產品檢驗。

5.便利取得世界各國認證標誌

配合全球品質管制發展趨勢，歐美日等工業先進國家紛紛實施品質認證制度，以利產品迅速通行各國，因此實施全面品質管制，尤其符合 ISO 9000 品管之規範，有助於便利取得各國認證標誌，對產品行銷國際市場殊爲重要。以西歐十九國爲例，在歐洲單一市場整合前後，決定以「歐洲標準」(CN)取代各國不同的國家標準，並以全歐洲一致的方式或從事測試、檢驗與認證，其所實施的「CE」標誌，凡牽涉到安全、衛生、環境、消費者保護之產品均需要貼 CE 標誌，才能在西歐各國通行無阻，下表(表 6-1)係已頒指令需貼 CE 標誌之產品類別：

表6-1 歐體實施「CE」標誌之指令及產品

項次	名稱	指令發布日期
1	玩具安全	1990.1.1
2	簡單壓力容器	1991.7.1
3	營建製品	1991.6.30
4	電磁相容性產品	1996.1.1
5	燃燒氣體燃料設備	1992.1.1
6	個人保護裝備	1992.7.1
7	機器	1992.12.31 1993.1.1 具危險性者 1995.7.1
8	主動式植入醫療器具	1993.1.1
9	非自動衡器	1993.1.1
10	電信終端設備	1992.11.6
11	熱水鍋爐器具	1994.1.1

㈢產品責任

世界多數工業先進國家，爲保護消費者健康與安全，對生產者產品之責任日漸加深，從事國際行銷，稍爲不愼產品發生瑕疵，導致消費者遭受損害，小則市場斷送，甚至於背負鉅額賠償責任。

廣義上產品責任(product liability；簡稱 PL)是指產品發生在人身上或器具上的損傷或商業上的損失之賠償要求而言，也稱製造物責任或生產物賠償責任❸。

美國是世界上 PL 問題最嚴重國家，日本與西歐各國近年來亦日趨重視。茲以美國爲例，其特徵如下：

⑴對缺陷產品之訴訟不斷增加，一年有六～七萬件之多。

⑵賠償金額逐年顯著增加，還實施代表訴訟制度(class action)，一位消費者勝訴的話，廠商必須對同樣受害的所有人員償付賠額。

⑶製造商成爲直接訴訟對象情形居多，但近年來也漸有代理商、零售店爲訴訟對象的傾向。

⑷不僅以產品爲對象，甚至於連產品的容器、包裝、使用說明書不夠完備，都會成爲申訴的對象。

⑸追訴設計缺陷的例子日漸增加，甚至連設計技術者也成爲申訴的對象。

⑹以往 PL 訴訟多限於消費產品，但近來工業產品也幾乎佔了半數。雖然工廠內的損害可由勞工保險來救助，但因其賠償少引起作業員不滿，而援引 PL 問題告發設備與機械的生產廠商。

⑺產品責任從產品製造開始，一般而言沒有年限限制，有的製造後經過十年、二十年才被追究的例子也不少。

---

❸參閱陳耀茂君專文〈論生產者與產品之責任〉，《臺灣經濟月刊》，民 76 年 1 月。

⑻雖然符合政府所製訂的規定，但還是發生危險時，企業責任還是會被追究。

上述所敍述的美國產品責任對企業追究嚴苛程度，有的企業甚至因爲無法負擔賠償金額而宣告破產。

歐洲、日本與美國比較起來，產品責任事故發生件數與賠償金額均較小，歐洲二十一國並已於 1977 年 1 月簽訂有關產品責任之條約案，責任與規範較爲明確。

總之，產品責任已成爲國際行銷重要課題，PL 已不只是生產製造的問題，從企劃、設計、測試、研發到生產後的供給、使用、服務(保養、修理)、廢棄爲止；亦即從產品的誕生到消滅爲止都有關連。因此，全面品質管制(TQC)顯得更爲重要，唯有全公司，全部門及各階層人員均參與 TQC，企業才具備善盡社會責任之條件。

邁向國際行銷新時代，企業不僅要防止 PL 等等之消極責任，還要努力去開發能夠使社會富裕的新技術、新產品，以達成積極的責任。

二、產品開發

對於產品國際行銷策略而言，產品開發(product development)較任何理論與方法更爲重要，美國十大企業 1991 年研究發展經費高達二百六十五億美元(參閱表 6-2)，雖然並不是所有企業都有能力發明新產品，但一個具有創新精神的企業，卻經常從事開發新產品——或改進其品質，或發展其新用途，或改變其外形；就現代行銷觀點，所謂新產品可區分爲四種型態❹：

❹參閱本書作者著《行銷學》，三民書局，民 78 年 12 月初版。

表6-2　美國企業之R&D排名(1991年)

	投資額 (百萬美元)	91/90增加率 (%)	佔營業額比率 (%)
1.GM	5,887	10	4.8
2.IBM	5,001	2	7.7
3.福特汽車	3,728	5	4.2
4.AT & T	3,114	6	7.0
5.迪吉多	1,649	2	11.9
6.柯達	1,494	12	7.7
7.HP	1,463	7	10.1
8.波音	1,417	71	4.8
9.G.E	1,402	-5	2.4
10.杜邦	1,298	-9	3.4

(一)無可置疑的新產品(the unquestionably new product)

即一般所謂革命性的新發明的產品，譬如打字機、電燈、電話、汽車、飛機、人造樹脂、盤尼西林、原子筆、電晶體、電子計算機與電腦等偉大的發明，這些造福全人類的新產品，極爲難得的天才發明家的傑作，並非一般企業所能做到的，但是卻不容許完全拋棄這種具備挑戰性的精神，一項革命性的發明，不但可以造福人類，也足以奠定一個企業成功的基礎。

新發明來自各種需求，以下九十九項需求提示，對於有意從事新發明的企業充滿挑戰：

(1)發明治癒癌症與愛滋病的藥物。

(2)發明不污染環境的新能源。

(3)由機器人操作公共交通系統。

(4)人類開發海底城解決土地荒問題。

(5)人類到太空旅行。

(6)生產光分解型塑膠購物袋。

(7)與人腦思維聯線的機器手臂書寫工具面世。

(8)研製巨大海水攪拌器使海底營養物昇至海面。

(9)普遍利用太陽能。

(10)再生紙的生產成本大幅度降低。

(11)用激素噴射液破壞害蟲生命週期。

(12)附有冷卻裝置的罐裝飲料上市。

(13)普遍使用仿陽光的人工照明。

(14)大規模採用快中子反應堆解決能源短缺問題。

(15)建立磁流體大型發電廠。

(16)製造無污染的用氫燃料汽車。

(17)發明瞭解語言與聲音的電腦。

(18)利用藻類淨水及製造紙張。

(19)3 D 立體攝影技術的普遍運用。

(20)防止老化的藥物。

(21)大量生產人工合成營養品。

(22)製成治癒流行性感冒的疫苗。

(23)準確預估地震的發生時間及地點。

(24)普遍使用垃圾再生能源發電。

(25)巨型人造衛星將太陽能以微波傳送回地球。

(26)神經元能修復以便移植人腦。

(27)橡膠輪胎冷凍成粉狀再鋪設公路。

(28)能預防大多數疾病的綜合疫苗研製成功。

(29)器官移植手術成功克服異體排斥。

(30)發明與生產人工合成燃料。

⑶衛星控制行車導航系統。

⑶經濟地從海水中提煉鈾料。

⑶採用可控熱核反應作為動力。

⑶經濟地從頁岩中提取石油。

⑶建造超高速地下鐵路網。

⑶發明高靈敏的聽聲自動打字裝置。

⑶數公分厚的超薄型電視機。

⑶玻璃製成的人工砂舖設海灘。

⑶從豬血或牛血提煉人造血。

⑷建立浮島社區。

⑷無害食品添加物。

⑷播雲造雨促進農業生產。

⑷製成無害氫彈用於發展工業。

⑷製成耐極高溫的高強度塑料。

⑷上班族專用的昇降飛機面世。

⑷提高智力的藥物。

⑷子宮外受精及發育造福不孕夫婦。

⑷第一本「未來百科全書」出版。

⑷超高速有軌無輪列車普及化。

⑸發明無噪音的超音速客機。

⑸城市間通行垂直起落飛機或旋翼運輸機面世。

⑸以玻璃和牛糞混合物製成陶瓷。

⑸從地下水道污泥提煉建築材料。

⑸建造跨海隧道重力運輸系統。

⑸建立完整的電腦百科全書訊息庫。

⑸試用月球上的材料進行土木施工。

(57)建立星際無線電通訊網。

(58)靈敏回饋裝置的機器人能自動改變程式。

(59)價格大衆化家用立體電視上市。

(60)光速火箭探測太陽系外的恆星。

(61)發現外星球有高智慧生物存在。

(62)判別精子事先確定胎兒性別之生育術研究成功。

(63)用基因分子工程學改良人類遺傳。

(64)音頻保密器防止各式竊聽。

(65)激光聲光印刷機的發明。

(66)用超音波代替X光射線。

(67)以無副作用藥物激發人體細胞自然新陳代謝。

(68)人類順利地移民至其他星球。

(69)無污染無噪音可長途高速行駛的電動車。

(70)消滅雷電以防非人爲的森林火災。

(71)靜電淨化器清除機場跑道上空。

(72)家家戶戶採用電視傳眞機處理日常大小事務。

(73)利用潮汐發電。

(74)建立統一快捷的世界交通網。

(75)在海底建造開採礦物的企業。

(76)電視電話普及化。

(77)應用電腦傳感器預防礦山及地道作業災害。

(78)以飛彈升空炸入颱風眼以消彌颱風肆虐。

(79)微電腦居室照明／溫度控制系統。

(80)以電腦全面控制停車大樓。

(81)超級市場使用快速裝袋系統大大節省付帳時間。

(82)建造水岸城市。

(83)微光感應照相機。

(84)製成可分解塑膠。

(85)人造人體器官研製成功。

(86)發明操作簡易的超音波縫紉機。

(87)古蹟文物再生保存科技系統化。

(88)自動翻譯機翻譯多國語文。

(89)發明以殘肢神經驅動的義肢。

(90)電腦城市出現。

(91)發明可改變人性的藥物。

(92)雷射視力矯正科技大突破。

(93)城市空氣清淨系統解除空氣污染之威脅。

(94)醫學進步使人的平均壽命延長到八十多歲。

(95)建造無人工廠。

(96)實現語音控制家用電器的概念。

(97)以物質分解法進行垃圾處理。

(98)電子報紙雜誌。

(99)可防止地震之新型建築結構。

(二)部分的新產品(the partial new product)

被稱爲部分的新產品雖然不像前述革命性產品的偉大發明，但是由於其一部分的改進與創新，卻同樣滿足消費者需要與造福人類，譬如將普通的電熨斗，改良爲自動調節溫度或自動噴水蒸器的電熨斗；或者在縫衣機上裝置馬達成爲電動縫衣機，又譬如個人電腦自 8 位元，發展爲 16 位元，再發展爲 32 位元、64 位元等，皆可認爲部分的新產品，足以使一個企業獲利甚豐，或邁向成功發展。

㈢較大改變的產品(the major product change)

此類新產品在創新層次又較低一層,往往僅改變產品一部分的品質,或者使用方式的改變,或者改變其形狀;就行銷的觀點,絕大多數的企業,由於受到研究發展經費的限制,不太可能發明革命性的新產品,甚至於部分新產品亦不易發展成功;創新的工作主要集中於本類型較大改變的新產品,乃至於較小改變的新產品。

所謂較大改變的產品譬如普通牙膏添加氟化物以保護牙齒而生產氟化牙膏,皮鞋油自傳統蠟狀,改變爲膠汁狀或噴射式,又鉛筆由原來圓狀易自桌上滾落至地板,而改爲六角形,而成爲一種新的受歡迎的產品。

㈣較小改變的產品(the minor product change)

就科學的觀點,此類較小改變的產品甚至於不被認爲新產品;但就行銷的觀點,產品不斷的做較小的改變最爲重要,也是多數企業能力範圍內所必須做的持續創新活動,譬如美國各廠牌汽車,每年製造新車時,無論外形方面與機件方面均作少許的改進或改變,以吸引顧客,通常美國汽車每隔五年做一次較大的改變。

對於服裝、鞋類與玩具以及各種電子消費品,更需要不斷做各種改變,所謂創造流行與變化,以創造新的需求。

但企業發展新產品,無論作上述那一類型的創新,必須遵循一定嚴謹的過程,才不致造成公司資源的浪費,茲概述如次:

⑴新產品發展始自一項構想,好的構想不一定來自公司的研究發展部門,而可能來自銷貨員、服務人員或一般職員,甚至於顧客也會帶來許多好的構想。但是一個現代企業要具備不斷開發新產品的能力,則必須有一個好的研究發展部門,而我國企業在研究發展方面的經費一向偏低。

(2)創新的構想必須自各種角度加以衡量與測試，首先應經過「過濾」的程序，對於經初步評估顯然不值得開發的構想，宜立即予以捨棄，以免浪費公司的資源。而對於初步認爲值得發展的構想，應首先製成樣品，對可能購買的國內外消費者予以測試，對行銷通路中的批發商與零售商也應調查其意見，並研析潛在市場的規模。從事國際行銷時，應特別重視國外進口商意見。

(3)進一步就技術方面問題加以考慮，工程及技術部門並應衡量生產成本，消費者對於該項新產品的價格是否願意接受？與類似產品比較競爭力如何？如果一切具備有利條件後，小量試驗性產品應先行製造，由此可精確估計實際生產成本，並作大量生產的準備。

(4)所製成小量樣品，應繼續在實驗室加以試驗，以及實際在國內外市場作試銷，從而得知該項產品是否確爲消費者所接受。

(5)行銷方案與製造計畫應同時擬訂，換言之，在產品推入市場以前，就已建立妥善的產品策略，例如品牌、包裝等，並決定配銷通路、訂價及促銷策略等。

(6)在決定全面生產進入市場以前，仍應選擇某一地區作試銷性研究，以期能及早發現問題與缺點，而加以彌補或改進。

(7)開始全面生產及進入市場。

根據美國某著名市場研究機構對八十家公司新產品發展資料之調查，發現每四十件新構想，經過上述步驟後僅有一件新產品獲得成功(請參看圖 6-2)。

從上述企業發展新產品過程，我們知道發展一項新產品成功的機率極低，而費用極高，所以當一項新構想提出後，最重要的是考慮下述主觀客觀各種因素，給予非常周密的「過濾」程序，以節省企業發展新產品人力與財力，增大成功機率。因此，除嚴格遵守上述流程外，並應就以下各點予以審愼考慮：

圖 6-2　新產品發展過程

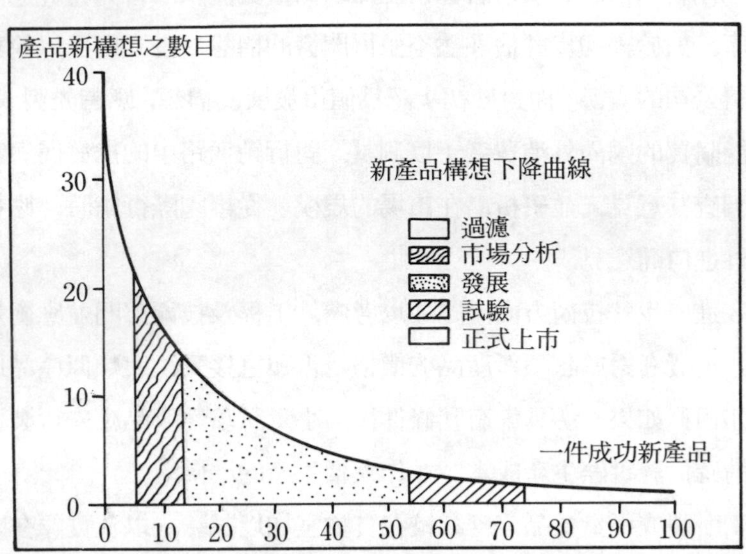

1.應有適當的市場需求

廠商在決定發展一項新產品前，市場對於該項新產品有否充分的需求，乃是最重要的先決條件，生產者必須確實的瞭解是否有足夠的消費者需要此項新產品？需要量有多大？潛在市場在何處？

2.產品應能適合公司目前的行銷結構

爲徹底瞭解此項條件是否適當，公司主管人員應憑其豐富的行銷與企業管理經驗，對於以下各點問題詳加分析與檢討：

(1)是否可利用公司目前的配銷通路？

(2)公司現有的推銷員是否有時間與能力推銷新產品？

(3)假如公司設有服務部門，對於新產品是否亦可爲顧客提供服務？

(4)新產品是否會與本公司其他產品互相競爭或衝突？

(5)國際市場是否已有類似產品販售？是否會侵犯他人的專利權？

(6)主要國際配銷體系之人員，對新產品接受度如何？

3.產品應能適合公司目前的生產結構

新產品構想將較易被接受，假如其能適合公司目前的生產設備、人力與管理，並可減低生產成本並增加競爭力。

4.產品應能適合公司的財務狀況

就公司財務觀點決定是否接受新產品構想，至少應愼重考慮下述三問題：

⑴公司是否有充分的資金發展此項新產品？

⑵新產品增加是否能增加公司季節與週期的安定性？

⑶是否能賺得適當的利潤？

5.取得合法之地位

在接受新產品構想以前，公司管理當局應確切瞭解並無不合法之情事，譬如侵受他人的專利權與智慧財產權。若此項新產品如適於專利登記時，則應申請專利權，而申請世界各國專利，手續極爲繁瑣，宜由專利代理人提出申請。

6.應具備充分的管理能力

公司的管理階層是否有時間與能力去管理擬議中之新產品，也甚爲重要。

7.產品應保持公司一致的印象

新構想要注意不違背公司的基本目標。譬如某公司素以低價、低利潤、大量銷售爲號召，則不宜生產高價、高利潤之產品。

三、產品生命週期

產品生命週期(product life cycle)包括引進、成長、成熟、衰退四個時期，對於行銷活動甚爲重要；國際行銷加上距離因素，掌握產品生命週期更顯得複雜而重要，缺乏精確的估算，市場旺盛時無貨可銷，而市場衰退時卻大批貨物湧至，落到滯銷命運。茲就行銷學觀點，說明產品生命週期四個階段如下(並請參看圖 6-3)：

1.引進期(introduction)

產品開發完成正式上市，所謂產品的引進期。此一時期，通常由於沒有類似競爭產品，訂價偏高，銷售成長緩慢；同時因爲新上市，配銷與促銷費用均支出較多，此一時期，往往利潤偏低，甚至於虧損。

2.成長期(growth)

產品上市後如果爲消費者所接受，銷售量會快速增加，利潤也隨著顯著增加，甚至於在此階段達到高峰。

3.成熟期(maturity)

在此一時期，需求激增銷售量達到巔峰，也因此競爭者紛紛加入，由於競爭劇烈，爲保持市場佔有率，促銷費用大量增加，導致利潤下降。產品進入成熟期，應立即開發新用途、新式樣、新技術等，否則將邁向

圖 6-3　國際產品生命週期曲線圖

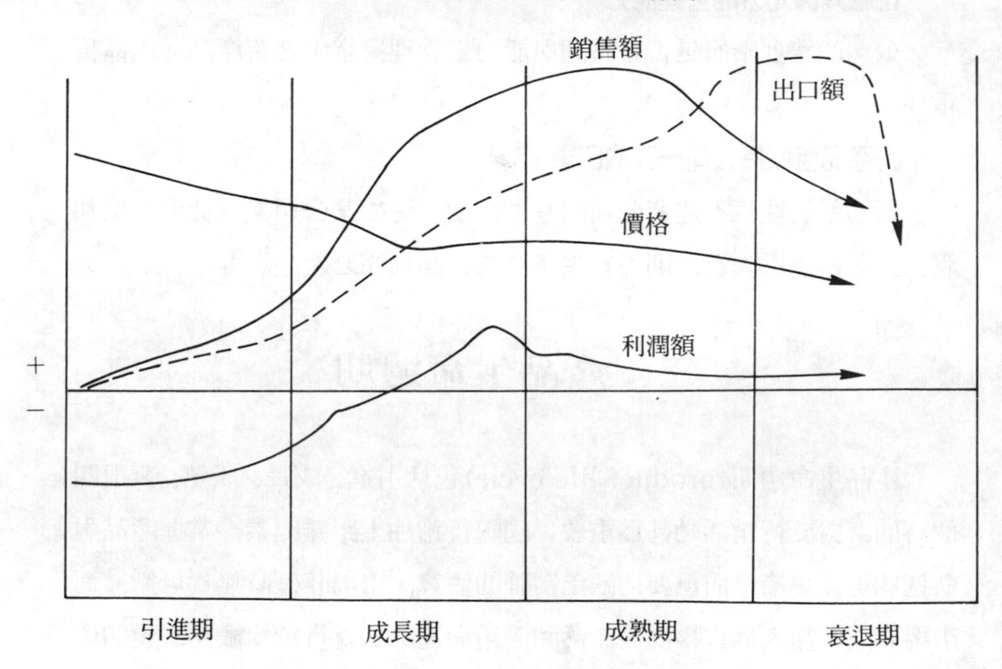

衰退期。

4. 衰退期(decline)

銷售量與利潤均急遽下降，設若生產部門與行銷部門未能密切配合，並導致存貨大量增加，使得整個產品行銷利潤化爲烏有。

國際產品生命週期加上距離與時間，更趨於複雜與難於捉摸，往往需求量最大時無貨可銷，而市場已接近衰退期大量貨物湧至，最後爲避免存貨不得不廉售賤賣(圖 6-3 出口額曲線就是最容易犯的毛病)。所以如何精確的估計產品生命週期，已是國際行銷人士最重要的課題。

現代產品——尤其是科技產品，生命週期愈來愈短，也是國際行銷人士最大的難題。一項新的科技產品，諸如新型個人電腦，往往生命週期不到一年，如果經由傳統的國際貿易方式，報價與寄送樣品就花去三、四個月時間，等到貨物送達市場時，算來產品已進入成熟期，或者其他公司更新一代的產品已經推上市，往往因此失去先機。因此生命週期短促的國際產品，需要預先建立有效的配銷通路，迅速而精確掌握行銷資訊，才能在產品生命週期每一階段創造高銷售量與高利潤。

如何延長產品生命週期是國際產品重要策略之一，產品生命週期固然可由開發新用途、新技術、新式樣以及新的使用者來延長。對於國際行銷而言，延長產品生命週期尚可採取移轉市場的方式，通常工業先進國市場達到成熟階段，發展中國家市場尚在成熟階段，而落後國家正値引進期，値得加以注意與運用。又同屬工業先進國家或發展中國家，產品生命週期亦有先後，譬如服飾與鞋類，西歐各國流行趨勢往往領先於美國，而玩具與遊戲用品、禮品及家庭用品等，美國又常領先歐洲國家。以多年前流行的魔術方塊爲例，當年美國市場銷售已達巔峰，歐洲才開始引進市場。

第二節　國際品牌策略

品牌(brand)一詞具有相當廣泛的意義，據美國行銷協會給予的定義爲：

品牌是一個名稱、語詞、符號、表徵、設計，或者以上各種的組合，用以識別一家或集團廠商的產品或服務，以之與其他競爭者區別。

A brand is a name, term, sign, symbol, or design, or a combination of these, intended to identify the goods or services of one seller or group of sellers and to differentiate them from those of competitors.

另商徽(emblem)與商標(trade mark)與品牌具有近似的含義，商徽是企業的標誌，商標是品牌的圖案化，商標經註冊登記後受法律的保障。通常商徽一個企業只有一個，而一個企業可以擁有多個品牌與商標，商徽又可視爲總品牌。譬如美國通用汽車公司以 GM 二字爲商徽(也是總品牌)，但其所製造的汽車又可區分爲以下主要品牌(主品牌下又有子品牌)：開得拉克(Cadillac)、別克(Buick)、奧斯莫比(Oldsmobil)、龐的克(Pontiac)，與雪佛蘭(Chevrolet)，即各有其品牌與商標。

品牌主要可分爲生產者品牌(producer's brand)與中間商品牌(middlemen's brand)。例如「裕隆」汽車，「宏碁」電腦、「肯尼士」網球拍，均屬於生產者品牌。而遠東百貨公司、頂好超級市場等，如將其所出售的一部分貨品，註明其公司標誌，則係中間商品牌。

優良品牌應具備以下各項要素❺:

⑴應能顯示有關產品的優點，包括產品的用途、特性與品質。

⑵須簡短易於拼讀、發音、辨認與記憶，讀時無不協和聲音，而令人有愉悅之感，並且只有一種發音方法，如屬外銷產品，應選擇可以用各種主要語言發音，而不致於有不雅的含義。

⑶須有特性，與其他任何品牌具有顯著的差別性。

⑷應有伸縮性，可適用於任何新產品。

⑸具有促銷的提示，並能適用於任何廣告媒體。

⑹須易於申請註冊登記，而受法律的保障。

品牌對行銷活動居於極重要地位，茲就對消費者利益與廠商利益，分別說明之:

品牌對消費者而言可獲如下之利益:

⑴易於選購所需的產品。

⑵對產品品質易產生信心。

⑶便於維修及更換零件。

⑷對於二種以上同類產品，可相互比較品質。

⑸可促進產品不斷的改進。

品牌對廠商而言則有下述之利益:

⑴品牌可引起消費者重複購買，增加市場佔有率。

⑵減少與競爭產品價格的比較，並有助於價格的穩定，並提高利潤。

⑶便於擴張產品線或推出新產品上市。

⑷品牌可建立公司的印象，有利於廣告宣傳。

⑸在自助商店內，品牌有利於自我促銷。

品牌具有上述各種優點，開發國外市場更為重要，但建立國際品牌

❺參閱本書作者著《行銷學》，三民書局，民 78 年 12 月初版，pp.117～127。

是一條悠長、艱辛而坎坷的路程，我國許多國際大企業在建立國際品牌過程中，都曾有過不同的痛苦的經驗，但依然是一條必定要走的路。開發國外市場為何必須建立自創品牌，以及如何去推廣自創品牌，謹分述如次：

一、自創品牌的必要性

1.提高外銷利潤

多年來臺灣外銷產品多數做代工生意，不但國內廠商互相比價，價格往往低到利潤邊緣，近年來生產成本提高，還要和競爭國家的業者比價，因而有「流血輸出」的形容詞出現，可見在沒有品牌保障情況下，賺取外銷利潤十分不易。國內生產筆記型個人電腦著名廠商倫飛公司，曾經有每月接單十萬臺的紀錄，依然感嘆賺不到錢的困境。有了名牌為後盾，才能大幅提高產品的附加價值。

2.維持市場佔有率

在代工生意情況下，一旦價格拼不過人家，就很快失去訂單。自創品牌可維持一定市場佔有率，不至於一夕之間自國際市場上消失，至少有一段寬裕時間，重行擬訂行銷策略，爭取顧客。

3.維持價格穩定

在國際市場上，沒有品牌的產品，處於白熱化競爭之下，純粹在比較價格不斷導致價格下降。品牌可與其他競爭品區隔，維持價格的穩定。對於擁有品牌的產品，消費者往往重視牌名而不大注意係何國製造，只要品質好往往願意付出較高價購買，譬如光男公司球拍一向以「Pro-Kennex」品牌出售，品質及價位均甚高，國外消費者很少注意是來自臺灣的產品。

4.引起重複購買

擁有品牌的產品易帶給消費者信心，如果使用滿意，會引起消費者重複購買，也有利於廣告等促銷活動。

5.有利新產品上市

品牌在國際市場建立知名度後，對於公司增加產品線，或推出新產品上市，顯然居於有利的地位，同時也鼓勵公司研究發展，不斷的開發新產品。譬如光男公司的「Pro-Kennex」，宏碁公司的「Acer」以及捷安特公司的「Giant」皆已在國際市場打響名號，這些公司推出新產品時，往往收事半功倍之效。

6.有利開發服務市場

對於部分產品而言，往往提供軟體與維修，更換零配件等服務市場，業務量有時尚大於原產品價格，譬如個人電腦的軟體與附件。工業品基本上擁有很大維修市場，如果再建立品牌，維修、更換零件與售後服務的市場更爲擴大。

7.有利自我助銷

在現代自助商店內，品牌與包裝都像沉默的推銷員，在貨架上向往來消費者促銷，而美、歐、日等各國大小零售店，多採開放式貨架，消費者選購貨品時，又特別重視同類產品品牌間之比較，故優良的品牌等於有力的促銷工具。

二、自創品牌的途徑

1.直接以自創品牌外銷

開發海外市場，一開始就用自創品牌外銷，初期可能遭遇不少阻力，但不失爲一種直接而簡單方法。外銷廠商如堅持直接使用自創品牌，進口商或經銷商可能會提出要求，增加廣告等促銷費用，以利推廣。

2.先做代工再自創品牌

我國外銷廠商多數先代國際著名品牌做代工,等市場佔有率提高後,利用在配銷通路建立起來的聲譽,逐漸推出自創品牌,以捷安持自行車爲例,早年幾乎以美國自行車名牌"Schwinn"行銷全球,然後才逐漸自創"Giant"品牌。

3.併購製造商品牌

有人比喻自創品牌像生一個孩子,併購品牌像收養一個孩子,有時候收養的孩子比自己生的孩子還好。所以近年來國內外銷廠商併購國外製造商品牌頗爲普遍,成功的案例有弘崧國際公司買下義大利鞋業名牌Travel Fox(旅狐)使用權,而使弘崧得以躍進美國中高級鞋業市場;大通籐業以七千萬美元購併美國家具廠Stoneville,經營也相當成功。當然,併購製造商品牌也有不少失敗的案例,最著名的有宏碁以六百萬美元買下美國Counterpoint公司,Counterpoint公司是生產多處理機高性能迷你電腦,但因產品無法與迪吉多公司競爭,而在二年後結束。

4.併購中間商品牌

外銷企業也喜愛併購中間商品牌,因爲多數中間商品牌通常擁有自己的配銷通路,宏碁公司也曾以九千四百萬美元買下美國Altos電腦公司,Altos公司有數以千計的客戶及廣泛的經銷網,但是由於其也是銷售類似迷你電腦,所以業績也並不理想,但併購中間商品牌優點甚多,亦不乏成功的案例。

5.取得品牌授權

當一家代工廠商想要自創品牌外銷,由於欠缺資金及國際行銷經驗,往往畏懼不前,不敢輕易跨出第一步。這種情形下,取得國際知名品牌授權生產,是相當適合過渡時期的運用策略。經由品牌授權,並可以使外銷廠商直接自外國名廠處取得技術、設計、行銷等方面的協助。

臺灣廠商取得國際著名品牌授權情形頗爲普遍,馳名世界的法國Pierre Cardin公司在臺灣至少授權成衣、皮革等十家業者使用其品牌。

義大利知名的品牌 Ghepard 在外貿協會推介下，授權華星皮件公司使用其品牌。又高砂紡織公司獲得美國最大牛仔褲集團——Lee 的授權，可自行生產與銷售掛上 Lee 品牌的牛仔褲。

三、商標的設計與創新

商標是品牌的圖案化，商標經註冊登記後受法律保障。一個好的品牌應具備優點已於本節上文述及，至於一個好的商標應具備三項要素：造形美、顯示企業性格與單純。

商標的美觀新穎，直接帶給顧客良好的印象與信賴感。相反的，一個老式、抄襲的或者簡陋的商標，也會帶給消費者認爲是落伍的、二流的產品。商標設計如果更能顯示企業性格，當更具促銷的力量。

單純是商標設計另一重要因素，圖案與字數越單純也越強烈而有力，例如世界著名的品牌 Kodak、Ford、Coca-Cola、IBM 與 Sony 等，都令人易留深刻的印象。圖 6-4 係世界常見的一些著名商標。

事實上，現代企業不但要設計優良的品牌與商標，還要建立企業識別體系(company identity，簡稱 CI)，包括品牌識別，行銷識別與企業識別。

一家公司如果擁有一個老舊的商標，更新的途徑有二：

(一)緩慢的變化

即逐漸將商標改變，使新商標的造形與原來商標很接近，形像上有脈落可循，經過一段相當長的時間，經歷一次又一次的修改，一個嶄新的商標終於出現，採取緩慢變化最著名的實例，是美國西屋公司(Westinghouse Electric Company)的更新商標，從 1900～60 年前後共更改了六次。

(二)驟然的變化

即完全捨棄原有舊標，採用重行設計的全新商標，可能包括企業識別體系全面改變。當新商標決定後，在極短時間內，公司的所有標識一夕之間完全更新，充分顯示公司的企圖心，並需要支出大量促銷費用作廣泛的廣告宣傳。數年前，宏碁公司因爲其英文品牌"Multitech"字數多，太過普通，決定聘請國際設計專家，將該公司品牌、商標、企業識別體系作全新設計，定名爲 ACER，據悉，該公司企業識別體系更新後，該公司次年全球營業額就增加了25%以上。

圖 6-4　世界常見之著名商標

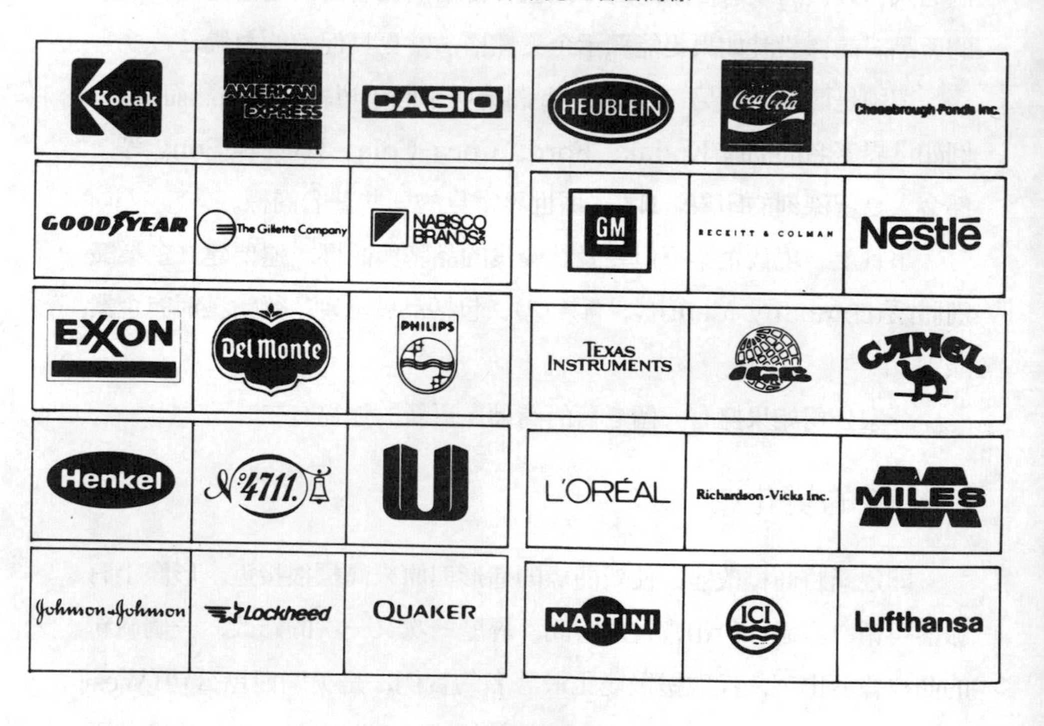

資料來源：*Advertising Age,* June 25, 1984, pp.51～54

四、品牌與商標的保障

品牌與商標的保障，世界各國多採註冊登記制度；或先有使用事實再登記，或先登記才准使用兩種方式。在先登記才准使用的制度下，不肖之徒常將他人的品牌或商標，以自己的名稱註冊登記，原廠要使用自己的品牌，還要經過談判出資購買，據悉臺灣品牌被人搶先在中國大陸登記情形非常普遍，企業決定建立國際品牌時，是值得注意的現象。美國 Apple 電腦多年來一直未能以自己品牌在巴西市場行銷，就是因爲一家巴西公司搶先登記了他們的品牌，談判與訴訟久久不能確定。

國際商標註冊，雖然有專業律師、會計師事務所可代爲辦理，但費時費力費錢，公司在決定辦理國際商標註冊以前，應愼重考慮以下問題：

- 建立國際品牌費用昂貴，公司產品是否有此價値？
- 公司人才是否有能力推廣世界品牌？
- 品牌外語名稱是否簡短、有力，令人易留深刻印象。其含義與發音對世界主要語文是否有不妥當之處？
- 商標設計是否具備高水準形象？其色彩是否令人有愉悅的感覺？對某些國家是否不適當？
- 品牌外語含義與發音是否會與其他著名品牌類似的地方，導致仿冒之嫌而無法獲准登記？
- 品牌的圖案與發音是否適合用於各種媒體？
- 品牌是否足以顯示產品的品質、用途與特性？
- 公司推出新產品或增加產品線時，同一品牌是否適用？

申請商標登記毋需逐國申請，各國際機構接受註冊登記後，可在其部分或所有會員國生效(參閱本書第二章第三節)。

第三節　國際包裝策略

由於世界各國零售商店自己取貨的方式愈來愈普遍，陳列在貨架上的貨品靠自己來推銷、包裝已成爲不折不扣的沉默推銷員。但是，現代包裝設計不但要美觀、獨特、便利使用與創新等俾有利於促銷，還要注意到各國有關保護產品、保護消費者、環保等法律規定。

一、包裝設計與促銷

包裝要達到自我促銷，不但設計要美觀、獨特與便利消費者使用，還要注意圖案和色彩是否受到某一國外市場排斥，譬如有豬形圖案的包裝均不宜出現在中東國家，有二次大戰納粹的標誌，歐美各國民衆都非常厭惡，與我國佛教標誌「卍」非常類似，包裝上要避免使用。色彩也很重要，很多國家對色彩有特殊偏愛和厭惡，設計包裝要靈活運用，一般亞洲國家人民喜歡絕對色，譬如大紅、鮮綠、深藍色等，歐洲人則喜歡淡雅的調和色，色彩中滲和白色、灰色等。

就促銷的觀點，包裝要針對消費者設計，才能充分發揮促銷的功能，以下分別就消費者性別、年齡、社會階層扼要說明之❻:

㈠針對性別而設計

顧客是男性或者女性，是市場區隔最重要的一項標準，現代多數的包裝均已廣泛採用男性化或女性化的包裝特徵。

根據性別來決定包裝有三種程度的不同。第一種情形下，產品的使用並無性別之分，但購買者卻有顯著性別傾向。譬如洗衣粉多數由女性擔任購買，汽車蠟則多數由男性購買，在此種情形下，洗衣粉或汽車蠟的包裝宜依照性別傾向設計。但亦可完全忽視性別的因素，而表現產品的品牌或產品本身的特色。

第二種情形是性別非常明顯的產品，諸如女性用的香粉、唇膏、香水等，性別是表現的中心。因此，此一類產品，包裝色彩特別表現女性性別的傾向一向非常濃厚。

在第三種情形下，包裝表現性別是重要而且必需的。譬如近代生活水準不斷提高後，化粧品公司開始製造與推銷男性化粧品，但是由於根深蒂固的觀念，似乎化粧品是專屬女性的產品，因此公司欲打開男性化粧品市場，必須在包裝設計方面表現極度的男性化，方能吸引男性購買者的注意並引起其購買行動。

㈡針對年齡而設計

年齡的差別表現在包裝設計方面尤爲複雜化，如果依消費者年齡來區隔市場，可以劃分爲嬰兒市場、兒童市場、少年市場、少女市場、男青年市場、女青年市場、成年人市場、老年人市場等多種，每一區隔市場內又可區隔爲更多不同的市場，諸如兒童市場又可分爲就學前的幼兒、初年級的兒童或中、高年級的兒童等。而成年人市場又可分爲男性、女性等。因此，如何針對年齡的特色設計產品的包裝，將有賴現代包裝設計家高度的智慧與技巧。

---

❻參閱本書作者著《行銷學》，三民書局，民 78 年 12 月初版，pp.128～132。

㈢針對社會階層而設計

現代工商人士均甚重視不同的社會經濟階層，其重視的程度甚至於超過國界，此種區隔主要基於消費者的所得因素，此外家世、職業、教育均產生或多或少的影響。

顯然的，不同社會階層的消費者對於產品願意付出不同的價格，因此，製造業多瞭解生產不同等級的產品，以不同的價格供應不同的顧客階層。當某人願意付出較高的價格，往往期望獲得較佳的品質，事實上，他少有機會實際去比較每一種不同價格的產品的品質，唯有從符號上告訴顧客關於產品品質的高下。

但是，最重要的符號還是包裝，譬如美國一個公司出品的蕃茄湯罐頭，充分運用包裝設計的技巧，顧客一看即可分出品質與價格的高低。通常，一項爲高所得市場而設計的包裝，多採用單純的、清晰的畫面、柔和的色彩以及上等的材料。換言之，令人產生「高品質」的感覺。而包裝設計針對低所得的消費者時，一般採用濃厚的色彩與畫面，並且常常將價格明顯的標示，令消費者直接獲得廉價的印象。

以上係針對消費者區隔的包裝策略，就產品一般促銷功能而言，以下係常見的數種包裝策略：

1.類似包裝(a family resemblance)

公司所出產之各種產品，在包裝外型上如採用相同的圖案、近似的色彩，共同的特徵，使顧客極容易聯想到是同一廠家出品，稱爲類似包裝，亦可稱爲產品線包裝(packaging product line)。此種包裝優點甚多，不但可節省包裝設計成本，增加公司聲勢，對於新產品的上市更爲重要，由於公司原來建立之信譽，可減低消費者對新產品的不信任，而有助於擴大推銷。

2.多種產品混合包裝(multiple packing)

多種產品混合包裝係將數種有關連產品放置於同一容器內。譬如家庭常備的「急救箱」，內裝有藥水棉花、膠帶、紗布、紅藥水、碘酒與酒精等。或者婦女常購用針線百寶箱，在一個透明塑膠盒內裝有各種大小的針、各種顏色的線、鈕扣、剪刀、軟尺均屬於多種包裝，此種包裝政策亦最有利於新產品的上市，將新產品與其他舊產品放置在一起，而使消費者不知不覺中習慣於新產品之使用。

3.再使用包裝

或稱雙重用途包裝(dual-use packaging)，乃原來所包裝之產品使用完畢後，空容器可移作其他用途。譬如空罐、空盒、空瓶可改裝爲其他物品，或用杯狀玻璃容器來裝糖菓，吃完糖菓空容器可作玻璃杯用。此種包裝策略，一方面可討好消費者；一方面使刻有商標的容器，發揮廣告的效果，而引起重複的購買。

4.附贈品包裝

是現代重要包裝策略之一，尤其在兒童與婦女最具影響力之市場，效果極大。附贈品包裝乃藉贈品引起消費者購買，而且極容易引起重複購買，製造廠商多樂於採用。但是，附贈品包裝有許多國家是法律禁止的，從事國際行銷需要多加注意。

二、包裝設計與保護產品

包裝主要目的是保護產品，使產品自生產至使用整個行銷過程，以及保存期間，不致毀損、散落、溢出或變質。因此包裝材料的選擇，就保護產品的觀點，應具備防潮、隔熱、避免震損、遮光等功能。但是在決定採用何種包裝材料之前，必須顧及使用之便利，運輸與儲藏的因素以及成本的考慮，近年來還要考慮消費者的保護與環境保護問題。

在以往金屬容器是保護產品最主要包裝材料，但由於成本過高，使用不便或因重量而增加運輸成本，現已被各種經過化學處理的紙製品所取代，譬如牛奶、果汁等飲料，多已採用紙盒包裝，兼具質輕、價廉等優點，市場上塑膠容器也很普遍，不過必須考慮到環保的問題。

從國際行銷的觀點，運輸的過程中許多可能發生的狀況，也需要特別加入考慮；譬如運輸的距離與所需的時間，經過陸路運輸時路面的狀況，運輸與倉儲的過程中，是否會發生偷竊的可能。此外，一個國家空氣濕度高低，也影響包裝材料的選擇與設計的考慮。

三、包裝設計與保護消費者

爲保障消費者利益，建立良好商業規模，現代多數國家均制訂有商品標示條例，規定商品包裝上的標貼應記載某些指定的項目，主要目的在使消費者對於容器內的商品的質與量得到正確的說明，消費者藉此易於作價值的比較，同時並可維護生產者的信譽。

我國迄至近年始完成商品標示法立法(尚待立法院通過)，其規定大致與歐美國家差不多，除在國內販賣商品一定要以中文標示爲主，外文爲輔，外銷商則不受此種限制。但外銷商品改爲內銷或自國外進口商品出售時，應加中文標示或附說明書。

根據我國商品標示法規定，關於商品的標示有積極的規定與消極的規定；該法第八條規定商品經包裝出售者，應於包裝上標示左列事項：(1)商品名稱；(2)廠商名稱及廠址；(3)內容物之成分、重量、容量、數量、規格或等級；(4)出品日期。

該法第九條又規定，商品有危險性者、有時效性者、與衛生安全有關者，或具有特殊性質或需特別處理者，應標明其用途、有效日期、使用與保存方法及其他應行注意事項。

美國聯邦訂有「商品包裝及標識條例」，並分由兩個政府機關加以管理：一是聯邦衛生教育及福利部——對象是食品、藥物、食具、醫療器材、化粧品等；另一是聯邦貿易委員會，其對象是除上列以外的其他消費品。根據該條例，美國的消費商品製造業者、經銷業者，在包裝及標識上受兩種辦法的管理。第一種是強制性的，即應符合法律的規定，另一種是任意性的，是聯邦貿易委員會或衛生教育福利部，於必要時，對若干事項得制定規則發布命令加以管理。

㈠強制性管理

強制性管理對於所有商品均適用。美國商品包裝及商品標識條例明文規定凡屬消費商品必須有一標貼列明下列事項：

⑴產品的名稱　消費商品的標貼上必須說明產品的名稱。不過該條例僅規定須標明，但未作進一步的規定，因此關於產品名稱標識的位置、字體的大小尺度、用何種術語等，可由生產者自行設計。

⑵製造商　製造商或經銷商的名稱及其營業地址。

⑶包裝內容物的淨數量　必須個別與正確的標示出來，視物品的性質，用重量、容量或個數在標貼上標示之。標示的位置必須標示在標貼「主要陳列面」的劃一地位，即此一部分的標識必須是在通常情形下，為零售店陳列時面對顧客顯著的一面。

⑷標貼可供若干次使用，應標明每次使用量非一成不變，故亦允許有伸縮餘地。譬如標貼上得記明「每次 4～6 英兩」。通常可作若干次用之表示，大都應用於食品或飲料。

⑸對於包裝內容的淨數量之標識不得再加任何形容文字。

㈡任意性管理

根據美國商品包裝及商品標識條例，聯邦貿易委員會及聯邦衛生、教育及福利部對於某種消費商品，認為對於防止詐偽行為或使顧客便於作價值比較有必要時，除本條例規定外，有權訂定補充規定命令就其他方面加以管理。

1.包裝大小的標示

一種消費品的包裝，如果標示其爲「大號」或「中號」，應該有一個標準來加以規範。此項尺度的標準將由前述兩主管機關就不同產品分別訂定之。此種標準亦可作爲標貼上所標示數量的補充說明。

2.對於在包裝加上「便宜幾分錢」(cents off)或「經濟包裝」(economic size)等宣傳號召加以限制

該條例規定訂有此種優待顧客的宣傳標識，應確實保證減價優待的利益眞正落到消費者手裏。至於可行的方法：例如規定製造商在包裝上指出批發價格已降低若干，足使零售標示的「便宜幾分錢」眞正轉給消費者，或者此種標識限制其使用期間。同時，在使用若干時後中間須有一段間隔，或規定每年推出的產品，僅允許其中一部分可採用此種推銷宣傳。

3.對於消費品組成分方面的管理

消費品成分的標識，除食品(聯邦食品藥物及化粧品條例已有專條規定)以外，得由前述兩機關加以規定。例如得規定應於標貼上標明：⑴產品有普通名稱或習用名稱者，其名稱；⑵產品有兩種以上成分時，每種成分的普通名稱或習用名稱。亦可規定組成分依其重要性順序排列。但爲保障商業上秘密，不得硬性規定予以洩露，即不須明白表示各組成分的百分比。

4.對於寬鬆不實包裝的管理

毫無作用寬鬆不實或少裝之包裝得禁止之，該條例規定除：⑴爲保護該包裝內容物所必要，或⑵爲封裝內容物使用的機具所需的理由以外，凡是包裝內所裝內容物實質上少於該容器的能量者，將認爲毫無作用的寬鬆包裝。蓋由於顧客購買包裝的消費品時，總希望是裝得結實的，購買時總是估量著匣子的大小。實則往往有用不相稱的過大的容器，使其內容空疏不實，如同假裝夾底，或不必要的寬大，顯然有失公平。

此外，包裝設計要考慮消費者使用的便利，譬如各種易開罐的設計；牛奶與果汁的紙盒，不但容易開拆，而且開拆後也易於封閉保存，小紙盒的飲料另附吸管等。

四、包裝設計與環境保護

日本產品包裝素以精美講究著稱，但近年來歐美消費者認爲日本包裝過於繁複精緻，不但製造大量垃圾，而且過分的包裝所增加的成本，最終會轉嫁到消費者身上。日本廠商已心生警惕，重新檢討包裝設計，外銷產品的包裝已漸趨簡單化，可見日趨高漲的環保觀念，已影響包裝設計與策略。

㈠包裝材料廢棄物的回收

近年來德國發起包裝材料廢棄物回收之運動，對世界各國具有示範的作用，亦將造成廣泛的影響。德國包裝廢棄物回收與限制，造成典型的環保與商業競爭之衝突。儘管部分歐市國家，如英、法、比利時等國均對德國法案，採取反對的態度，並認爲該法案可能違反歐市貨物自由流通之原則，然而德國本國工商界依然配合該項法案之推動，並已對世界各國產品輸往德國造成重大的變化。

有關德國包裝材料之新法規，其重點在於減少包裝之垃圾，與誘導製造商主動採用合乎環保原則(即不肇公害及可循環再生)之包裝材料，例如：紙、紙板、玻璃、PE、PP 或少量之 PET、PS、天然紡織品及植物性之原料。PVC 材料被視爲有問題，此外含重金屬之印刷顏料，有公害危險之粘膠或含氟氯碳化(CFC)之發泡膠亦宜避免。

德國聯邦廢棄物處理法規定製造商或經銷商必須自一定日期起將各類包裝材料回收再次使用或作再生用途，其規定生效日期，分類達成量如下：

1991 年 12 月 1 日「運輸包裝材料」

1992 年 4 月 1 日「再包裝材料」

1993 年 1 月 1 日「銷售包裝材料」

表 6-3　德國包裝材料回收分類達成量

材　料	1993 年 1 月 1 日	1995 年 7 月 1 日
玻璃	70%	90%
白鐵皮	65%	90%
鋁	60%	90%
厚紙(板)	60%	80%
紙	60%	80%
塑膠	30%	80%
組合材料	30%	80%

㈡電氣等產品的回收責任

德國每年產生十五萬公噸電器品廢棄物，其中包括多達二百五十萬臺電視機。在未來十年，每年預計將增加 5～10%。德國政府爲避免電器品廢棄物，混入家庭廢棄物處理，計畫自 1994 年起將採下列措施：

⑴電氣用品在生產時，就必須顧慮到，避免廢棄物及再生的可能性。

⑵生產及銷售的廠商，須負責回收使用過的電器品。

⑶回收的電器品廢棄物，應盡可能再生，或重複利用。意即禁止焚化或掩埋。

⑷目前廢棄的舊電器，部分已有二十年歷史，機體中尙有不易，或無法再生的材料，如含溴的傳導片，用重金屬穩定性質的合成物質，含 PCB 的電容器。若回收時的技術，尙無法使這一類的電器或零件再生，

如目前的映像管，則必須以現有方式處理之。

下列電氣或電子產品類，規定必須由生產或銷售廠商回收：

家電用品、電子娛樂器、辦公用及通訊設備、金融機構用的設備、電子工具、測量儀器、控制裝置、調節用儀器、照明設備、玩具、鐘錶、實驗室設備、醫學用儀器、繪圖儀器及複製設備。

處理及再生電器品廢棄物的費用，應計入價格中。這可刺激進口商及外國廠商，如同包裝，在設計電器品，應從一開始就設計成合乎環保原則。否則銷售商可將其產品清單剔除。

㈢含氟氯碳化物出口的限制

含氟氯碳化物(CFC$_5$)等之產品因破壞臭氧氣層，世界各先進國家已在紛紛研議禁止生產、製造與販賣。美國環保署(EPA)首先於 1993 年 2 月頒布法令，規定自同年 5 月 15 日以後，美國進口商進口所有含氟氯碳化物等破壞臭氧氣層的製造品，皆須貼上警告標籤，否則將無法通過美國海關檢查而遭退回。

美國環保署係根據 1990 年空氣污染防止條例制定該標籤法，希望藉此使環保意識逐漸擡頭的消費者降低購買該類產品的意願，間接促使製造商改用對環境無害的物質。

據資料來源分析，美國環保署的標籤法所管制的物質分為二級，第一級物質包括化學鹵素(氟、氯、溴、碘、砈)及所有氟氯碳化物、四氯碳化物和麻醉劑；第二級包括一些特定的氫氟氯碳化物(HCFC$_5$)。5 月 15 日起要管制的主要為第一級物質，至於大部分的第二級物質管制將始於 2015 年。

第四節　國際服務行銷機會

就行銷的觀點，服務(services)也是產品(products)之一種，關於服務與產品的區別，以及服務市場的特色，已於本書第一章中予以敍述。本節重點係從華人觀點探訪國際行銷服務(the international marketing of services)的機會。

我國「產品」的國際行銷極爲強勁，已邁入世界貿易大國之林，但「服務」的國際行銷方面，除海運外仍處於起步階段。在世界海運市場，我國長榮海運則在短短二十餘年間，躍居世界第一大貨櫃運輸公司，陽明海運業務也發展甚爲快速。金融業也是國際服務行銷的重要部門，但因我國政府過去一直限制在國外設立分行，金融業國際化起步甚晚，國內銀行一直到近幾年才開始到海外設立據點，其他國際服務業亦多處於起步階段。

就國際行銷的觀點，重要服務行銷可區分爲兩大部門：

以人爲中心	以資產爲中心
教育與訓練	銀行與其他金融業
電視與廣播	法律服務
資訊服務	會計服務
觀光旅遊	管理顧問
影片與電影院	證券投資
博物館與美術館	保險業務
	航運與倉儲

以下茲就華人利基所在，發展上述國際服務部門之機會探討如次：

一、以人為中心國際服務行銷機會

㈠教育與訓練

華人散布世界各地，過去第二代為融入當地社會多以學習當地語言為主，對中國文字完全陌生或僅能聽講簡單華語。鑒於近年來臺灣、香港經濟發展快速，中國大陸亦奮起急追，大中華經濟圈在二十一世紀勢必成為全球注目的焦點。同時，過去流行各地方言，漸以北平話取代普遍使用，更提高海外華人學華語的意願，此一潛在市場極為龐大，而且不僅限於基本語言的訓練，進一步包括中國文化、經濟、政治現況，中國式的企業管理等，均將成為有興趣的教育與訓練科目。

此外，臺灣發展經濟成功的經驗，不僅全球華人深為關心，對全世界開發中國家而言，臺灣經驗也是一項值得推廣的教育訓練項目。

㈡電視與廣播

華人聚居的世界各大城市，例如紐約、芝加哥、洛杉磯、舊金山、多倫多、溫哥華、巴黎、倫敦，皆具備發展電視與廣播華人節目的機會，雖然製作電視節目費用非常昂貴，但因為臺灣與香港電視臺製作許多連續劇與綜藝節目，深受海外華人的歡迎，購買這些節目放映權，使得經營有線或無線電視的機會增加。而亞洲各國透過衛星網路，已形成一個廣大的文化行銷體系。

發行華文報紙也是國人發展國際服務行銷重要機會，在過去只要有華人聚居的地方，都有華文報紙的發行，但多屬小報與少量發行，但自臺灣《聯合報》系在美、加、泰國發行《世界日報》，在歐洲發行《歐洲日報》，世界華人已擁有自己重要新聞媒體。

㈢資訊服務

由於華人與華文的特色，海外電腦軟體與電腦資訊服務亦充滿發展機會，二次大戰以後，臺灣與香港大學畢業生赴美留學人數衆多，早年電腦學科萌芽，臺港青年紛紛改習電腦，培養了許多優秀電腦人才，因此電腦資訊服務形成雙向服務機會，臺港開發的電腦軟體與資訊，可以銷售給海外華人市場；而臺港電腦軟體公司，也可以在海外羅致此一方面優秀人才，成立研發中心，而將研發成果回銷形成大中華市場。

當然，電腦軟體與資訊服務並不限於華文與華語市場，臺灣在個人電腦與多項週邊設備方面均居於世界電腦市場主要地位，因此，對於主要外銷市場語文之電腦軟體與資訊服務的開發，亦居於有利的地位。

㈣觀光旅遊

國際觀光旅遊是一個廣大無比的市場，近年來國際旅遊的收入甚至於超過世界鋼鐵、汽車與石油產業，成爲世界第一大產業，據估計到西元 2000 年時，國際旅遊人數將突破十億人次，國際旅遊總收入將達到五千億美元。隨著國人所得的增加，來自亞洲的臺灣旅客也繼日本人之後，成爲國際旅遊市場的焦點。

國際旅遊業有三大行業，以及爲數衆多的小型服務業，而三大行業是航空公司、旅館與旅行社。臺灣已有中華、長榮及華信三家公司飛行國際航線，而長榮從一開航起就在各主要城市投資經營旅館業，以掌握旅遊市場。旅行社投資少容易經營，是海外華人喜歡投資經營的國際服務業，以往規模均較小，而且較少採取連鎖經營，今後隨著海峽兩岸與香港國際航線的增加，國人投資國際旅館業爲數日多，加以中國大陸豐富的觀光資源，旅行社將成爲華人經營的國際服務熱門行業。

㈤影片與電影院

自從攝影器材普遍化與電影院小型化後，電影事業將發展爲新的國際服務事業，1993 年在美國製作的「喜宴」影片，製作費少、拍攝時間短，而獲得柏林影展最佳影片的榮譽。海外華人社會各方面人才日多，投資影片製作，而以中國大陸、臺灣與香港觀衆爲發行對象，市場潛力深厚。

電影院小型化後，在華人聚居的世界各大城市，開設精緻的影院，放映海外華人本身製作以及港、臺、大陸的影片，如以連鎖型態經營，將是一項值得發展的國際服務事業。

㈥博物館與美術館

在以往海外華人小本經營，各大城市的華埠經營的商店不外餐館、禮品什貨店、旅行社及出售書報的商店等。近年來華人財力日趨雄厚，而中國文化深具特色，當地人士不一定有機會來東方旅遊，如果在當地開設小型博物館或美術館，讓當地人士皆有認識中國歷史與文化的機會，除可有門票收入外，也是一件深具意義的服務事業。

二、以資產爲中心的國際行銷服務機會

㈠銀行與其他金融業

1992 年，臺灣、香港與中國大陸進出口貿易值高達五千億美元，所需貿易金融服務多由外國銀行提供服務。不但香港盡是外商銀行的天下，臺灣外商銀行也多達五十餘家，而臺灣金融機構在國外開設分行的，由於過去受到各種限制，近年雖已開放，由於缺乏國際金融人才，爲數仍

不多，今後似宜積極培訓優秀的國際金融人才，才能全面進軍國際金融市場。

另一方面，世界各國對外國銀行前來設立分行，都訂有相當嚴格的限制，所以應先熟悉當地國各種法令規定。

㈡法律、會計與管理顧問服務

華人事業的外移以及海外華人經濟力之加強，均有利於律師、會計師、管理顧問師發展其業務。華人在海外取得律師、會計師資格的人數不少，過去往往依附在當地事務機構中服務，或者慘淡經營，今後卻充滿發展的契機。

㈢證券投資與保險業務

證券投資也是金融產品的一種，保險業也與金融業有密切的關係，這兩項重要的國際服務業，也與海外華人經濟實力增強與擴大具有密切的關聯。近年來我國已開放國外金融業與保險業來臺投資證券與開設保險公司，但國人赴海外投資證券及開設保險業尙屬少見。

㈣航運與倉儲

在國際服務業中以海運最為發達，長榮與陽明已是世界海運業的超大型公司，近年來隨著國際航線的增加，國際空運業務亦隨之增加，因此隨著海運與空運業務的擴展，許多週邊的服務業亦充滿新的機會，諸如貨運、報關與倉儲等各項國際服務業，均可投資發展。

[第六章附表索引]

[第六章附圖索引]

[問題與討論]

1. 試就國際行銷的觀點，說明企業實施全面品質管制(TQC)的重要性。
2. 新發明來自各種需求，試列舉兩項需求，探討企業如何成功的開發新產品。
3. 自創品牌路途艱辛，投資大，風險大，如果你是一位國際企業的負責人，你仍會發展自己的品牌嗎?
4. 發展國際品牌應注意那一些要素？可能採取的途徑有那一些?
5. 試述商標設計與創新。
6. 現代包裝設計不但要保護產品，而且要保護消費者，試申述之。
7. 包裝設計與環境保護的關連性如何?
8. 未來國際服務行銷對華人充滿機會，你認為最有發展機會有那一些行業?

第七章 國際配銷通路策略

配銷通路(distribution channels)亦稱分配通路，係指貨品自生產者經由中間商至消費者的整個行銷結構(marketing structure)，亦即貨品自生產者向消費者移動時所經由的全部途徑。但貨品從生產者到達最後市場，必須包括兩種流程：一是所謂「交易流程」(the flow of transactions)，或稱爲「所有權流程」(the flow of ownership)，乃經由中間商交易行爲，將產品的所有權逐次轉移，以達到最後消費者或使用者手中。一是「實體流程」(the flow of physical product)，或稱「實體配銷」(physical distribution)，此即藉由各種儲運及其他服務機構提供的服務，將產品送達最後顧客指定之地點。

上述中間商主要包括代理商(agents)與經銷商(distributors)，前者不具有商品所有權，後者又可概分爲批發商與零售商。至於牽涉實體流程的機構甚廣，舉凡運輸、倉儲、保險、銀行等均屬之，屬於「支援機構」(facilitating agencies)。本章第一節至第四節討論範圍皆以交易流程爲主，第五節則專門説明實體流程。

又一般而言，工業產品的配銷通路較爲簡單，由於每筆交易量值大，顧客少，生產者往往採取最直接、單純的通路，將產品送達使用者手中。消費品則經常經過複雜的配銷通路體系，商品才能送達最後消費者手中，故本章討論範圍乃以消費品的配銷策略爲主，偶爾涉及工業產品配銷的範圍。

第一節　概說

經濟生活愈進步，中間商的地位愈見重要，在貨品自生產者移至消費者過程中，如無中間商之存在，每一個生產者必須與每一個消費者接觸，其複雜程度極難想像。由於中間商的存在，使行銷過程簡化得多，並能符合經濟與便利的原則(參閱圖 7-1)，在國際行銷來說更爲重要。

圖 7-1　中間商在交易過程中之效能

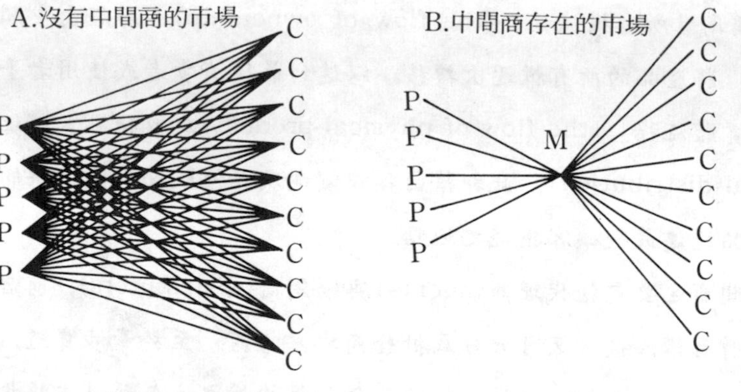

中間商主要功能有三：即集中(concentration)、平衡(equalization)與擴散(dispersion)。中間商收集採購生產者的產品，並因其數量過於龐大，而予以平衡或分派，然後再擴散到每一個地方，以便利消費者購買。由於中間商此三項主要功能，因而創造了時間效用(time utility)、地方效用(place utility)與佔有效用(ownership utility)，其重要性可想而知。

中間商種類繁多，除代理商(agents)或稱經紀商(brokers)因不涉及產品所有權的移轉，也不負擔貨物風險，僅由於其提供的服務，促成買賣雙方的交易較爲單純外，茲說明批發商與零售商的種類與功能如次：

一、批發商的種類與功能

批發商業或批發交易(wholesaling or wholesaler trade)係指產品的移轉乃基於再銷售的目的的一切活動，通常不改變產品的性質和內容(但有時亦可能變更包裝與標示)。批發商依照經營商品分類，可分爲一般批發商與專業批發商；依照地域來分類，可分爲全國批發商、區域批發商與地方批發商；依照服務功能來分類，則可分爲完全功能批發商與有限功能批發商。在配銷通路結構中，批發商扮演重要的角色，茲分述其功能如次❶：

1.購買

批發商是製造商的顧客——零售商或工業使用者的購買代理人，批發商憑其豐富的經驗與市場預測的知識，預先估計其顧客需要某些商品及其數量，先行購買儲存，隨時供應其顧客。由於批發商此項服務，可節省零售商與工業使用者許多時間、精力與費用，對於製造商而言，因爲批發商每次購買數量甚大，間接亦可節省許多行銷成本。

2.銷售

對於零售商與工業使用者而言，批發商乃其購買代理，但對於製造商而言，批發商則是銷售代理。由於多數製造商規模甚小而資金有限，特別是多數製造商均以生產或工程爲中心，而非以市場爲中心，因此儘管他們能製造好的產品，仍然需要有人來幫助銷售，批發商則充分提供

❶參見 W. Stanton, *Eundamentals of Marketing*, 1984, pp. 352～369. Converse, *Elements of Marketing*, New Jersey: Prentice-Hall, Inc., pp. 232～233.

此一方面的服務。

3.分配

批發商的另一項功能——分配(dividing)，可能對於他的主要兩個顧客——零售商與工業使用者具有相等的價值。通常，製造商基於運輸或管理成本的關係，不願意小量出售，而多數零售商限於資金無力大量購買，因此惟有由批發商自製造商處大量購進，而分配成小單位轉售給零售商或工業使用者。

4.運輸

批發商除提供上述分配的服務外，並爲雙方顧客提供運輸方面的服務；製造商節省運輸成本，而零售商或工業使用者，由於批發商提供迅速與頻繁的送貨，因此不必保持大量存貨，而削減投資於存貨、保險與倉儲方面的費用，對於零售商而言，不致因商品價格下跌，而造成重大的損失。

5.倉儲

批發商經由倉儲活動而創造地方與時間的效用，顧客隨時可自批發商處獲得小量與現貨的供應。通常，在倉庫的利用方面，批發商充分發揮倉庫的利用價值，尤其是季節性的貨品方面，批發商利用同一空間，按季節變遷而儲存不同的貨物，因而降低倉儲成本。譬如批發商藉倉庫的同一空間，冬季存放滑雪用具，而於夏季存放泳裝等。

6.財務融通

零售商或工業使用者向批發商購貨，通常不必立即付現，通常有一定信用賒欠期間；而在季節性的商品銷售，譬如中國端陽、中秋與農曆新年三節，食品批發商往往將各種節慶用食品先行批售與零售商，而在節後再前往結賬。批發商此項功能除可減少零售商的經營資金，間接協助製造商銷售外，某些資力雄厚的批發商，並以先行付款的預購方式，以資金直接幫助生產者或製造商。

7.風險負擔

持有商品所有權的批發商，對於製造商而言，假如商品發生毀損，失去時尚性以及因其他原因無法售出時，乃由批發商負擔風險責任。批發商又往往向零售商或工業使用者保證，對於所售出之商品不滿意時包退包換。至於在信用賒欠方面，批發商亦較製造商與零售商負擔更大的風險。

8.管理服務與諮詢

提供管理服務與諮詢亦屬於批發商重要功能之一，尤其是對於小零售商，批發商可能提供的服務範圍甚廣，包括代為訓練零售商的售貨員或推銷員，協助商店設計與陳列，廣告合作，建立較佳存貨控制與記賬以及提供新產品、競爭者價格、時尚趨勢等商業情報。

二、零售商的種類與功能

零售商業(retailing)在行銷結構中，數目衆多，其與消費者生活亦最為密切。依照美國行銷協會的定義，所有直接銷售與最後消費者的活動，均屬於零售商業。零售商業主要可區分為小零售店與大規模零售商業，兩者經營型態完全不同。大規模零售商業又可分為百貨公司(department store)、連鎖商店(chain store)、超級市場(supermarket)、特級市場(hypermarket)、郵購商店(mailorder house)、折扣商店(discount store)以及自動販賣機(automatic rending machine)等等，而且各種新型大零售商業不斷興起，將另於次節述及美國配銷通路中說明之。

至於零售商業主要功能有以下二方面：

1.對消費者的服務

零售商最重要的功能是儘可能使得消費者的購買工作來得容易與便

利，事實上，零售商的行爲相當於消費者的代理，基於此種觀念，零售商應有責任供應適當的商品與合理的價格。零售商另一項功能是提供分配的服務，譬如大量購進貨物，而加以改裝成罐裝、瓶裝或盒裝，以適合消費者的需要。

零售商亦提供運輸與貯藏的功能，可隨時供應消費者的需要，因此創造了時間與地方的效用。多數零售商店又擔負送貨至消費者住所的任務。零售商保證某些消費者的風險，譬如保證所出售的貨物品質優良，顧客不滿意時包退包換或退回貨款，通常較大的零售商又提供分期付款與修理服務。

財務輔助是零售商另一項重要功能，現代大規模零售商業均對消費者提供記帳付款辦法，即消費者經常以信用卡購貨，然後採循環方式分期付款。

2.對生產者與批發商的服務

對於生產者、製造商與批發商而言，零售商一如銷售專家或如同售貨員。由於零售商提供實體的便利與人力，使生產者與批發中間商有一據點可接近消費者的住處。零售商使用廣告、陳列與人員銷售等方法使產品自生產者移向消費者。在決定消費者的需要與慾望時，零售商偶爾亦扮演著消費者的發言人。

在將大量貨品分割爲消費者所需要的分量時，其對生產者與消費者所表現的服務相同。零售商貯藏活動亦同時有助於製造商與消費者，零售商並分擔製造商的危險負擔。

又小零售店與大規模零售業的經營各有其優缺點，茲比較分析如下❷：

1.經營的彈性

❷參閱本書作者著《行銷學》，三民書局，民78年12月初版，pp.147～149。

通常小零售商店的經營與管理遠較大規模零售商店具有彈性，小商店可隨意儲存當地所需要的貨物，可根據需要而訂定彈性的政策。而大零售商店需事事遵循總公司或總管理處的規定與指示，缺乏彈性。

2. 購買的力量

大規模商業組織在購買條件方面遠較小商店為優越，他們因能大量購買或直接向製造商採購，而獲得較大折扣的保證。某種情況下，更可獲得其他利益，譬如廣告費用的補貼，缺貨時可獲得優先的供應，或者賦與特定地區的獨家經銷權利。

3. 使用廣告的利益

大型商店可有效的利用廣告，但對於小的零售店而言，如果在城市報紙或電視上做廣告，則極不經濟。因此現代大百貨公司、連鎖商店與超級市場均因使用廣告而獲得大量銷售，小商店便無法得到此一方面的利益，但亦因而節省大筆廣告等促銷費用。

4. 建立零售商本身品牌的利益

大規模零售組織具有良好的地位與機會去發展自己的品牌，而小商店則不可能獲得此種利益。

5. 財務能力

大規模零售商店通常多資力雄厚，需要擴充時，甚易獲得銀行或其他金融機構的投資；由於雄厚的財力，使得大規模零售商店因而獲得其他方面的利益，諸如取得獨家經銷權、發展私人品牌，而財務能力良好的零售商，暢銷品牌的廠家往往樂於請其代銷。反之，小規模零售商店多財力薄弱，而無法獲得此方面的利益。

6. 兼營其他業務的利益

大規模零售商因掌握大量的商品，因此在某種情況下，兼辦批發的功能，甚至於自製自銷，多數大零售商店均自行負起倉儲之工作。小規模零售商店限於資力，而無力兼營其他業務。

7.經營費用

大規模零售商店由於管理需要，或因分工的關係，僱有大量非銷售人員，因而營運費用甚大。而小零售店由家庭分子自行經營，可節省大量管銷費用。

8.獲取經驗

大規模零售商店由於擁有專門人才與雄厚的資力，獲有較佳機會從事行銷研究工作。從經驗中獲得新觀念，願冒由於創新而引起的風險，可以從數十家乃至數百家分支店中選擇一家從事試銷，將從各種行銷方法中獲得最大利潤。

9.商店印象

小零售商店常予公衆一種熱忱與友誼的印象，店員多能親切喊出顧客姓名，店主或經理具有較多機會親自招待顧客；在另一個角度，大商店聲譽較佳，容易獲得顧客的信任。

從以上各點比較分析，現代零售商業之經營，大規模零售商業遠佔優越的地位。因此，世界上甚多國家，均訂有法律對大規模零售商店施以種種的限制，諸如限制其營業時間，由生產者訂定貨品最低零售價格，

表7-1　日本前十大零售業（1991）

單位：10億日圓

排名	公司名	營業額
1	大榮	2,026
2	伊藤榮堂	1,460
3	西友	1,095
4	佳速克	1,041
5	西武百貨	917
6	三越	877
7	高島屋	843
8	NICHII	767
9	大丸	608
10	丸井	569

或者控制大規模零售商的購買力量等。小零售商店僅需很少的人力、小量的資金，因此很容易吸引人開始從事經營，但亦最易遭遇失敗命運，主要由於小零售商店不注意經營與管理方法，而面臨激烈競爭，勢必成爲最脆弱的一環。近年來，小零售店部分參加連鎖店的經營，在進貨和管理方面獲得許多專業知識的協助，使得經營的風險大爲減小。

第二節 配銷通路的選擇與衝突

一、影響配銷通路選擇的因素

影響配銷通路選擇的因素甚多，公司在決定選擇何種配銷通路以前，必須對於產品、市場以及公司本身各種因素愼重分別的加以考慮，並須予以綜合的研究與判斷，方能決定選擇最有利的配銷通路，創造最大的利潤❸。

(一)產品因素

1.單位價值

一般而言，消費品的價格愈低，其配銷通路愈長；貴重的貂裘大衣，由於單位價值過高，製造商多數均直接交由百貨公司或專賣店出售；而一般單位價值甚低的家庭用品，至少經過一個或一個以上的批發商，再經由零售商而售與消費者。

❸參閱本書作者著《行銷學》，三民書局，民 78 年 12 月初版，pp.136～139 及 pp. 150～163。

2.大小與重量

選擇配銷通路必須考慮運輸與儲藏的成本，過重或龐大的產品，由於運輸與儲藏不便或成本過高，應儘可能縮短配銷通路，譬如電冰箱或電視機等製造商，多數直接與零售商往來，如果在零售商之上需要另一中間商代爲分配，則寧可選擇代理商而不用批發商。

3.式樣或款式

時尚程度較高的產品，即式樣或款式較容易發生變遷的產品，例如各種新奇的玩具、婦女的時裝等，亦應儘可能縮短配銷通路，而求速售。

4.易毀性或腐敗性

產品如果易於毀損或腐敗，採取較短或迅速的配銷通路，使產品必須在腐壞前送達消費者手中。譬如蔬菜、水果、冰淇淋及其他冷凍食品等。

5.技術與服務觀點

多數工業品具有高度技術性，或需要經常服務與保養，均由製造商直接售與工業使用者。至於消費品如電視機、洗衣機及電熱器等，售後服務亦極爲重要，故製造商亦常採取直接銷售之途徑，或僅經過極少數的零售商擔任銷售。

6.定製品與標準製品

現代消費品多屬標準製品(standardized products)，具有一定品質、規格和式樣，可依樣品或產品目錄出售。但仍有部分消費品屬於定製品(custom-made products)，譬如定製衣服、定製傢俱等，此種定製品多數由製造廠商直接與消費者發生往來，或僅經由少數零售商。

7.新產品

公司開始發售一種新產品，可能需自三個不同的角度加以考慮：(1)新產品是否可以利用原有產品之配銷通路？ (2)新產品需要較具攻擊性的銷售？一般批發商無法提供此種服務，公司可能支付大量佣金組成人員銷售組織，直接向消費者推銷。 ⑶新產品上市，甚少人知道，故多數中間商都不願代爲銷售，公司只好交與任何願意代銷的中間商，根本無選擇的餘地。

8.政府規則

某些產品的配銷通路，受政府規則的影響，譬如檢驗的要求，特別稅以及限制販賣的規定，譬如我國對於麻醉藥品的管理規定。又譬如煙酒專賣，限由公賣局指定經銷店代售。

㈡市場的因素

市場的特質，往往是選擇配銷通路重要的因素。茲扼要說明如次：

1.潛在顧客數量

潛在顧客數量的多寡，決定產品市場的大小，市場範圍愈大，愈需要中間商提供服務。倘如潛在市場僅有少數的顧客，可由公司直接派推銷員去推銷。

2.市場的地理集中性

工業市場每集中於一定地理區域，適於直接銷售。消費品的市場雖然常遍布全國，但仍可區分出其密度較高的地區，譬如女性高級化粧品與昂貴的英國全毛西服料，其潛在顧客大多數集中於都市地區，因此，並非所有全國性銷售的消費品均必須採取傳統的配銷通路。

3.銷售數量

購買者所採購的數量，往往影響製造商或生產者配銷通路的選擇。譬如現代的許多大規模零售商業百貨公司、連鎖商店與超級市場等，所採購的數量均極龐大，往往超過一家中、小製造商全部的生產量。

4.消費者購買習慣

顧客對於各種各類消費品的購買習慣，包括願意付出的價格，購買場所的偏好以及對於服務的要求，均直接影響配銷通路。譬如消費品中的日用品，需要採取正常的配銷通路，而特殊品，則可以選擇較短的配銷通路。

5.銷售的季節性

僅銷售季節性的貨品，例如我國端午節出售粽子，中秋節出售月餅與舊曆年前的年貨生意，此類專做季節性生意的廠商，平時甚少與中間商接觸，在季節性生意來臨時，必須採取較短的配銷通路，多數批銷零售店直接銷售。

6.競爭商品的配銷通路

同類商品的配銷方法，對於製造商選擇配銷通路的考慮，至爲重要。一般而言，製造商應儘可能採取競爭品同樣的配銷通路，比較容易佔有市場；生產者除非有絕對把握，不宜另外採取新的配銷通路。譬如美國的藥房多代售冰淇淋，而我國即極爲少見，多由專賣店、百貨公司食品部銷售，倘若某種冰淇淋改放在西藥房售賣，可能沒有顧客問津。

㈢公司本身的因素

除上述產品與市場的因素外，公司本身的條件，包括聲譽與資金、管理能力與經驗、控制配銷通路的需求以及所願提供的服務等，對於配銷通路的選擇，均發生重大的影響。

1.聲譽與資金

公司的聲譽愈大，資金愈雄厚，愈可自由任意選擇其配銷通路；甚至於建立自己的銷售路線，普遍設置自己的門市部，採取產銷合一的方法來經營，完全可以不需要任何的中間商存在。反之，資力薄弱的小製造廠商，必須依賴中間商所提供的各種服務。

2.管理能力與經驗

企業在行銷方面的管理能力與經驗，直接影響其對於配銷通路的選擇，許多公司雖然在生產方面，表現卓越的知識與技術，但在行銷方面卻一籌莫展，而不得不將整個銷售工作交與中間商，如果未能選擇適當中間商，或者中間商未能盡到推銷努力，整個公司業務均會受到嚴重的影響。

3.控制配銷通路的需求

企業由於其決策或策略，或爲控制零售價格，或爲增進推銷力量，或由於爲保持產品新鮮程度或爲時尙的原因，而必須儘可能縮短配銷通路。因爲較短的配銷通路，比較容易由公司加以控制。

4.所願提供的服務

製造商與生產者所願提供服務程度，每影響其配銷通路。譬如製造商或生產者，對其產品大做廣告，中間商比較樂於代爲銷售；或者零售商要求製造商在其店內自行建造陳列櫥，或經常派服務員與修理保養技師常駐店內。又製造商如果能提供充分的售後服務，亦能增加中間商經銷其產品的興趣。

二、配銷通路的基本策略

對於上節所述各種因素詳加考慮後，製造商或生產者應開始採取步驟建立其配銷通路；首先必須決定中間商的多寡——採取廣泛的配銷通路？還是精選較少數的中間商？甚或採取獨家配銷辦法？在選擇配銷通路的基本策略訂定後，即應對個別中間商加以選擇與評價，尤其採取選擇的配銷通路與獨有的配銷通路時，尤應特別注意選擇適當的中間商。

㈠廣泛的配銷通路(intensive distribution)

通常消費品中的便利品的製造商每採用廣泛配銷通路，由於此類產品消費者發生欲望時希望立即獲得滿足，而不重視何種特殊的品牌。因此許多便利品的製造商，常使它的產品分配到每一個消費者可能到達的商店；工業品則限於經常耗用的供應品或者具有高度統一標準的貨品，譬如小件工具、潤滑油等。

配銷通路主管人員在決定採取廣泛配銷通路以前，必須明白下述兩點觀念：

⑴此項策略往往受到部分零售商的阻礙與控制，譬如某新品牌牙膏的製造商，欲採取廣泛的配銷通路，但當地所有超級市場決定僅銷售四種著名品牌的牙膏。

⑵採取廣泛的配銷通路，批發商與零售商均不願分擔任何的廣告費用，故製造商必須單獨負擔全部的廣告與宣傳的費用。

同時，製造商必須明白的認識，假如它在零售商階層採取廣泛的配銷通路，必定同時在批發商階層亦必須採取廣泛的配銷通路。此外，採取廣泛的配銷通路的製造商，應隨時注意消費者購買習慣的變動。例如東南亞各國早年沒有大型百貨公司，但近年來各大都市百貨公司相繼開設，已成爲消費者最樂於選購的場所。此外超級市場、連鎖商店近年來發展極爲快速，已逐漸成爲日用貨品與食品最重要的配銷通路。

㈡選擇的配銷通路(selective distribution)

係指在特定的市場僅精選少數的中間商，此種配銷通路適用於所有的產品，故實際上製造商中採用此種通路者最多。雖然，日用品基於利潤的觀點亦常採取此種配銷通路，但比較而言，消費品中的選購品、特殊品與工業品中的零件，由於消費者或使用者常對某種品牌的偏愛，故最適宜於採取此種配銷通路。

公司原採取廣泛的配銷通路，經過一段時間後，基於提高利潤的觀點，往往淘汰一部分無效率的中間商，而採取選擇的配銷通路。根據美國某公司的統計，有 41%的顧客僅佔該公司總經銷售額的 7%。經發現此種缺點後，決定停止與部分中間商往來，而將許多無利益可圖的顧客予以淘汰，四年以後，僅保留較好的顧客，竟發現其銷售量反而增加76%；而促銷費用從22.8%減至11.5%。再有專製小型電器工具的美國道美爾公司(Dormeyer Corp.)，多年前當經濟衰退時，在全國九十七個市場區域中，將一千五百個批發商減爲一百二十三個，所有銷售情形與信用較差的批發商都被淘汰，其結果反增加18%的銷售量。由此可知，製造商採取廣泛的配銷通路，所負擔的各種費用往往過大，故在新公司或新產品打開市場後，應對所有配銷通路加以評價與檢討，而改採選擇的配銷通路較爲有利。

㈢獨有的配銷通路(exclusive distribution)

在此種配銷制度下，製造商或生產者在特定市場區域，僅選擇一家批發商或零售商銷售其產品，通常雙方訂有書面合約，規定不能再代銷其他競爭性的商品。由製造商與批發商訂立此種合約，稱爲獨家配銷商(exclusive distribution)，在美國汽車與電氣用具常採用此種配銷方法。而由製造商與零售商訂立此種獨家代銷合約，稱爲獨家經銷商(exclusive dealerships)，乃最常見獨家配銷方法，本段以下所述均基於獨家經銷立場。

通常特殊品的製造廠喜愛採取獨家配銷通路，尤其是消費者特別重視品牌的特殊品，或者製造商希望其零售商能具備所有規格與種類之產品，亦採取獨有配銷通路。多數的工業品，譬如農業機械、建築機械及商業用冷暖氣設備等均需要表演操作與使用方法，故應採取此種分配方法。消費品中需加強售後服務的產品，譬如各種電氣用品與家庭用空氣調節器等，亦宜於使用獨家分配的方法。不過現代大電氣用品製造廠常另外建立其保養與修理系統，故多採取選擇的配銷通路。

獨有的配銷通路的策略，優點甚多，但亦有其缺點，茲分別就製造商立場與零售商立場加以評述：

1.就製造商觀點評述

獨有的配銷通路對於製造商的利益，有如下述：

⑴使製造商易於控制零售市場，並決定其產品的零售價格。

⑵在廣告與其他銷售促進計畫方面，能獲得經銷商的合作與協助。

⑶由於訂貨、運送、記賬與收款等工作均甚簡單，故可將分配成本減至最低限度。

⑷可排斥競爭者進入市場，亦可防止受競爭者的排斥。

⑸新產品上市較爲容易。

⑹可提高零售商的推銷效率，加強對顧客的服務。

獨有的配銷通路對於製造商亦有如下不利之處：

⑴某一特定地區僅有一家經銷商，可能因此失去許多可能的顧客。

⑵養成製造商過分依賴經銷商，又每一地區僅有的一家經銷商，萬一因某種原因必須更換時，可能短期內完全失去該市場。

⑶製造商在作全國性廣告時，雖然常將每地區的經銷商名稱地址列入，但部分顧客因距離較遠未能前往購買，以致浪費廣告價值。

⑷難於獲得適當的經銷商。

2.就零售商觀點評述

獨有的配銷通路對於零售商的利益，有如下述：

⑴可獲得製造商行銷與廣告活動一切利益。

⑵獨家品牌不必作削價競爭，並確保利潤收益。

⑶經銷獨家產品線可獲得威望，且與製造商維持較佳之關係。

獨家的配銷通路對零售商亦有如下述之缺點：

⑴將整個命運與製造商聯繫在一起，倘若製造商失敗，亦隨同沈淪。

⑵獨家代銷合約，往往要求零售商在設備措施方面亦作一部分投資，萬一取銷合約，損失甚大。

⑶製造商往往對獨家代理商一再增加其配銷額，如果不能達成任務，

製造商可能另增加一家或數家經銷商。

製造商與零售商訂立獨家經銷合約，通常應注意包括下列各項目：

(1)分配特定區域或指定產品種類。

(2)契約終止之條件。

(3)存貨量及訂貨量。

(4)使用公司名稱及品牌的方式。

(5)進貨價格與零售價格的約定。

(6)廣告及促進銷售活動的細節規定。

(7)退貨條件。

(8)廠方提供之協助。

(9)裝修及服務條款。

(10)償還貨款請求條款。

在美國，聯邦政府通過許多法案，禁止使用獨有的配銷通路經營方式，以免損害消費者與同業競爭者之利益，故廠商訂立代銷合約時，均特別審慎，惟恐觸犯法令。我國法律目前尚無類似的規定。

三、配銷通路的衝突

現代行銷愈發達，配銷通路結構愈形複雜，因此配銷通路之間相互衝突與競爭，發生在同一階層的衝突，常可見於零售商與零售商間之衝突。譬如服裝專賣店與百貨公司服裝部門的衝突。近年興起的便利商店連鎖店與一般雜貨店的衝突。亦可見於批發商間之衝突，譬如藥品批發商增加批售化粧品批發業務，或者建築材料批發商兼營油漆、地板蠟等業務。配銷通路間之衝突常見於不同階層的市場結構，諸如零售商售貨與工業使用者，因而與批發商發生衝突。製造商推動直銷，因而與零售商發生衝突。

製造商經常與批發商發生衝突，在國際行銷活動時，製造商亦常與擔任外銷任務的出口商或國外進口商發生衝突，以下分別就製造商與批發商立場，說明雙方衝突的觀點與原因：

㈠就製造商立場分析

從製造商觀點，由於許多原因不滿意批發商的服務，而希望不經由批發商進行促銷，因此發生超越批發商(bypassing wholesalers)問題，乃是製造商與批發商間最主要的衝突。

1.超越批發商的原因

在現代商業制度下，製造商每能採取新的經營與管理方法，而發展爲進步的企業，因此批發商顯得甚爲落伍，而製造商對批發商不滿意的態度日見加深。此外，亦可能由於客觀的市場因素，製造商認爲直接向零售商、工業使用者或消費者銷售，能獲致較大利潤。製造商對於批發商不滿意的原因甚多，可概括分述如下：

⑴批發商未積極推廣產品　在製造商眼光中，多數批發商僅是訂單接受者而非售貨員(that wholesalers are essentially order takers, not salesmen)；通常批發商不願爲任何個別的製造商的產品而主動積極推銷，而僅知道要求各種權利，如較大折扣，一定地區的獨家特許權等。雖然，製造商可藉價格策略來促使批發商願意促銷產品。

⑵批發商未負起倉儲功能　在某些情況下，製造商取消批發商是因爲批發商未能負起倉儲的功能，使得製造商自己必須保持大量的存貨。但是由於現代交通工具與商業情報發達的結果，批發商極容易獲得供應，事實上不願意再負擔倉儲的功能，招致跌價的風險。

⑶批發商發展自己的品牌　另外一個重要因素，使製造商不願經由批發商，因爲部分批發商發展自己的品牌，而形成直接與製造商品牌發生衝突。

⑷製造商希望接近市場　製造商某些場合不經由批發商是期望接近市場，製造商與零售商直接發生交易往來，可直接解決服務問題，並且隨時可獲知對於產品品質的批評；尤其是某些貨品之推廣如果需要對零售商的推銷人員加以訓練，製造商更寧願不經由批發商而自己負起此項訓練服務的任務。

⑸迅速運送的需要　假如產品由於容易毀壞或時間的原因，必須迅速加以運送，事實上應該縮短配銷通路；譬如西點麵包廠或牛奶公司，或者專門出售婦女流行的時裝公司，原則上其產品均直接售與零售商甚至直接售與消費者。

⑹零售商喜歡直接購買　許多零售商相信直接向製造商購買，可獲得較低價與較佳之服務，尤其是現代大規模零售商發達以後，所購買數量往往甚爲龐大，製造商自然願意捨棄批發商，而節省行銷費用。

2.製造商超越批發商的途徑

假如製造商決定捨棄批發商，可以採取以下三種主要途徑：

⑴直接批銷與零售商　製造商在決定直接批銷與零售商以前，應愼重考慮下述四項因素：

A.基於市場觀點　一個理想的零售市場必須具備兩個要件：第一、應該是地理集中的；第二、應該是大量購買的。目前歐美及日本等經濟發展國家，各種大規模零售商業諸如百貨公司、連鎖商店、超級市場、折扣商店以及郵購商店，均集中於人口衆多的大都市或郊區，故製造商直接批銷與零售商的客觀條件，可謂業已具備。

B.基於產品觀點　適合直接批銷與零售商的產品如下：①易於毀壞或高度時尙性；②單位價格高或總價高；③需要特別定製產品；④機械服務或裝置甚爲重要；⑤製造商具有完整的產品線。

C.基於管理能力觀點　製造商在未作最後決定捨棄批發商以前，必須充分考慮到公司的管理才能，是否有擔當直接與零售商往來的能力，諸如交通與儲藏設備，推銷人員的素質與數量等。如果公司管理才能不足，不宜貿然採取直接行銷。

D.基於製造商與零售商財力觀點　倘若製造商與零售商均資力薄弱，則不宜採取直接行銷。

⑵設立分銷處或分公司　須具備下述五項要件之一，始可考慮設置分銷處或分公司，實行直接批銷。

A.產品具有集中的市場。

B.製造商具有大規模的銷售力量。

C.公司一向注重人力銷售。

D.產品需要裝置、服務與修理。

E.消費者要求迅速、經濟之運送，而且公司不願使用公共倉庫。

⑶直接售與消費者　製造商也許不希望經由批發商與零售商，而直接向消費者銷售，可能採取的途徑甚多，譬如挨戶推銷，或使用電話推銷(直銷)，設立直營零售商店、辦理郵購業務，甚至於在製造現場或生產現場直接售與消費者。而所謂「直銷」已是現代一項新的行銷工具，頗引起各界爭議(請參閱本書第二章第三節)。

㈡就批發商立場分析

製造商基於多種觀點，不滿意批發商。同樣，批發商亦有甚多理由不滿意製造商。故製造商的行銷主管人員必須認眞瞭解與衡量批發商的訴苦，並且應進一步加以分析與研究對策。

1.批發商不滿意製造商的原因

批發商不滿意製造商的原因甚多，約可歸納爲下述各點：

⑴製造商不瞭解批發商的眞實地位　從批發商觀點，製造商最大的錯誤是不瞭解批發商對於服務顧客的功能居於最重要的地位，而製造商認爲批發商僅居於附屬的地位。

⑵製造商期望過多　多數批發商認爲製造商無論就倉儲、運輸與服務功能而言，均對批發商期望過多，遠超過批發商自製造商所獲得的利益。譬如批發商根本無義務主動去促銷個別產品，或者參與銷售現場的陳列活動。

⑶製造商僅顧及本身的利益　批發商認爲製造商僅在市場遼闊時才採用批發商，而在市場集中時，或者市場具有大量銷售的潛能時，製造商往往採取自行銷售的途徑。又甚多製造商在創業初期，每利用批發商開拓市場，而在市場打開後，每每背棄中間商改爲直接銷售。

⑷製造商同時自行銷售　最令批發商難以容忍的是製造商在利用批發商之同時，又直接售貨與大量購買的大規模零售商或工業使用者。譬如臺北某電燈泡製造廠，除利用某批發商負責全省批銷業務外，又直接銷貨與臺北數家大百貨公司的電器部，製造商此種行動，最易引起批發商的反感。

2.批發商可能採取對抗製造商的行動

批發商爲增加其在配銷通路間的競爭地位，以免遭遇可能被捨棄的命運，其可能採取的方法甚多，約可歸納爲兩種主要手段：⑴有效改進在行銷活動中擔任的功能；⑵使用各種方法維持與零售商的密切關係。茲分述如次：

⑴改進內部的管理　批發商致力於其組織現代化與提高管理才能，以增強其競爭地位。許多批發商注意增進其倉儲功能與活動。例如在市中心的鄰近地區建立單層的大倉庫，或在鐵路運輸站附近建立同樣倉庫，並添置自動起卸設備的運貨車，自動輸送帶與其他新式設備。

在辦公室管理方面，則採用電腦等新式設備，正確迅速的處理帳目與存貨。因而能提前與製造商結帳並付款，足以取悅製造商。至於電腦處理存貨與帳務管理，不但可減少存貨節省成本，並且有足夠的貨品供應零售商或工業使用者，獲得多方面的好感。

⑵提供對零售商的協助　批發商均瞭解其本身的成功係依靠小的、獨立的零售商店的成功。因此，批發商對零售商經營的協助乃係基於其本身的利益。批發商對於零售商協助的方式包括派遣其銷售人員擔任管理顧問，幫助選擇零售商店的地點，改進商店的設計，以及協助改進其記帳與存貨程序，甚至於提供產品的情報與代爲訓練推銷員等工作，均有利於雙方的利益。

⑶結合自願連鎖　某些美國批發商爲應付今日配銷通路存在之挑戰，而與許多零售店的自願連鎖訂約結合在一起，提供自願連鎖商店需要的服務與大量購貨的利益。

⑷發展與促進自己品牌　甚多的大批發商曾經成功的建立與發展自己的品牌，尤其是與自願連鎖商店訂約合作的批發商，自願連鎖商店更提供建立自己品牌的良好機會。一旦批發商的品牌爲顧客所接受，從此此種品牌的產品將僅有該批發商能夠供應，對於提高其在配銷通路之競爭地位意義至大。

第三節　國際配銷通路的中間商

本章以上二節所說明係一般配銷通路，至於國際行銷體系，其配銷通路另有其特色與功能，即所謂「外銷通路」(export channels)，茲分爲國內與國外兩部分說明之：

一、國內外銷通路的中間商

對於規模小、財力薄弱、沒有外銷經驗的生產者或製造商而言，從事出口生意往往先透過國內外銷中間商的協助，打開國外市場。這些從事外銷服務的中間商，最常見的有出口貿易商，臺灣向經濟部登記的為數達十萬家以上，此外國外公司駐在採購代理與外銷經紀商都扮演著相當重要地位，茲分別說明如次：

㈠出口貿易商

出口貿易商(簡稱貿易商)是國內外銷通路中最常見的中間商，臺灣擁有為數眾多的貿易商，但以中小規模較多，表7-2係1992年臺灣最大的二十家貿易商，而日本則擁有九家綜合商社(表7-3及7-4)，規模極為龐大。

貿易商通常以自己名義發掘外銷機會，取得外銷訂單或準備對外報價時，然後尋求低廉的供應來源。貿易商擔負所有外銷功能和工作，並承擔資金週轉和信用風險。對生產者或製造商而言，可節省外銷人員和開發市場之費用，而專心於生產工作。

但是生產廠商透過貿易商外銷，易造成依賴心理，無法和國外客戶建立直接關係，不但利潤微薄，一旦貿易商改向其他公司購買，立刻失去全部或一部分外銷市場。

至於日、韓的綜合商社或歐洲的大型貿易公司，通常規模龐大、財力雄厚，分支機構遍布全世界各地，並擁有完整的資訊網路，生產廠商進入了這些超大型貿易商體系，完全會失去了自我的存在，一旦想要自己從事外銷，往往不知從何處著手。

表7-2　臺灣前二十大貿易業(1992)

	公司名稱	營收淨額(百萬元)	員工人數
1	三商行	9,428	2,700
2	義新	9,387	160
3	豐羣水產	7,623	52
4	高林實業	7,051	437
5	磊鉅實業	6,436	450
6	菱華	5,283	150
7	特力	4,572	296
8	臺灣松電	4,088	219
9	臺灣省青果運銷合作社	4,033	760
10	震旦行	3,469	1,376
11	香港商誼家貿易	3,292	40
12	臺灣飛利浦	3,260	396
13	宇得	3,218	66
14	新禾	3,185	215
15	美商安麗	3,078	176
16	瑞士商吉時洋行	2,920	260
17	英商必活國際	2,910	116
18	建臺豐	2,691	95
19	功學社貿易	2,661	680
20	四星國際	2,600	100

資料來源：中華徵信所

表7-3　日本綜合商社社員數與據點數(1988)

	國內		海外			
			海外事業所		現地法人	
	社員數	據點數	社員數	據點數	社員數	據點數
三菱商事	8,798	64	2,895(422)	93	2,477(542)	64
三井物產	8,886	51	2,078(587)	86	2,078(587)	64
伊藤忠商事	7,031	41	1,489(417)	64	1,305(427)	47

丸紅	6,840	50	1,831(508)	83	1,758(536)	53
住友商事	5,118	42	1,258(347)	72	1,260(400)	43
日商岩井	5,511	50	1,199(330)	83	1,090(338)	45
東棉	2,736	36	870(223)	56	631(194)	29
兼松江商	2,698	22	564(129)	43	740(199)	28
日棉	2,961	28	520(131)	46	600(183)	31
合計	50,579	384	12,704(3,099)	626	11,939(3,406)	404

資料來源：日本和光經濟研究所
注：( )內爲派遣社員數

(輸出參與度) 表7-4 九大商社在日本的輸出入參與度 單位：十億美元，%

年度	日本的輸出額	9商社的輸出額	參與度
1983年	152.7	71.0	46.5
1984年	169.6	74.0	43.6
1985年	182.6	83.7	45.8
1986年	215.1	92.7	43.1
1987年	238.0	101.9	42.8
1988年	272.9	148.2	54.3

(輸入參與度)

年度	日本的輸入額	9商社的輸入額	參與度
1983	129.4	83.9	64.8
1984	134.5	90.3	67.1
1985	130.0	101.7	78.2
1986	125.4	91.6	73.0
1987	162.0	126.4	78.0
1988	194.0	144.5	74.5

資料來源：日本大藏省《外國貿易概況》，各家有價證券報告書

㈡駐在採購商

國外大進口商、大規模零售業，包括百貨公司、連鎖店、郵購商店，往往派駐人員在生產國負責採購任務，他們或者自設採購辦事處，或者委託當地貿易公司負責採購，不管採用何種方式，他們往往擁有多位採

購專家，負責選貨、議價與驗貨。

生產者或製造商售貨與駐在採購商，優缺點一如與出口貿易商往來，優點爲一切出口風險與融資由駐在採購商承擔，可專心於生產與製造；缺點爲競爭激烈，外銷利潤微薄，一旦訂貨被取消，外銷業務立即停頓。

㈢外銷經紀人

外銷經紀人主要任務爲擔任買賣雙方的媒介，促成交易，但他們不負責產品實體流程和資金融通。他們可以代表買方，也可以代表賣方，因此他所得佣金，可來自任何一方，或是雙方。

多數外銷經紀人專精於某類或數類貨物之交易，一般以大宗貨物爲主，例如穀物、橡膠、金屬或纖維等貨品。由於他們對於世界市場買賣雙方均很熟悉，而且經常保持聯繫，因此能迅速反應，掌握價格促成交易。

也有外銷經紀人並非以貨物爲其專業化之基礎，而是專做某一個或幾個國家間的貿易，尤其是那些較不爲熟悉的國家，例如非洲與東歐國家，由於他們熟悉這些國家的一切情況和法令規定，居間協助，對於買賣雙方均可獲得不少便利。

㈣聯合外銷經理

這是一種在臺灣較爲少見的外銷中間商，但在美國卻甚普遍，頗能適合中小企業的需要。聯合外銷經理本身爲一獨立公司，但對國外顧客而言，卻爲廠商的外銷部門，通常並使用印有後者名稱地址的信箋，他們同時代表多家外銷廠商，不過他們的貨品不會直接競爭，甚且能相互配合，構成完整的產品線，有利於聯合促銷。

聯合外銷經理通常服務項目甚廣，有的甚至負責全部外銷工作，包括發掘交易機會，寄送樣品，報價與促銷，以及處理外銷文件和船運、保險等系列服務。因此聯合外銷經理收取的服務費用亦較高，有時收取佣金在成交價格的10%左右，甚至於要求一定的固定報酬。

利用聯合外銷經理的優點是，廠商可以立即獲得整套的外銷服務，固定費用支出由多家廠商共同分擔，由於共同構成一系列產品線，不但可增強促銷力量，還可以節省實體分配費用。不過利用聯合外銷經理也有缺點，例如收取佣金過高，使廠商無利可圖，再如代理產品種類太多，促銷力量會過於分散。

二、國外外銷通路的中間商

國外外銷通路中間商遠較國內部分複雜，甚至於批發商與大零售商也超越進口商向國外採購，但本節仍不涉及批發商與大零售商，僅對各種類型其他中間商加以說明。

㈠海外經紀人

也類似外銷經紀人，不過位於進口國家之內，他們熟悉當地市場，熟悉進口配銷通路中間商，他們撮合買賣，賺取佣金，但他們不擁有產品所有權，不負責產品實體流程與資金融通。

㈡海外代理商

代理商主要任務也是發掘客戶、開發市場，通常也不擁有產品所有權，但他們有時候協助產品實體配銷流程，或者提供資金融通，分擔促銷費用，當然他們收取的報酬，視提供服務多寡來訂定一定標準，一般來說遠高於上述經紀人。

代理商可分爲一般代理商、區域代理商與獨家代理商。

(三)海外經銷商

海外經銷商類似代理商，但他們擁有產品所有權，負責產品實體配銷與資金融通，通常也分擔促銷費用。經銷商也分爲一般經銷商、區域經銷商與獨家經銷商。

外銷廠商與代理商、經銷商通常訂有契約，有關代理或經銷區域、產品範圍、配銷方式、促銷費用分擔，以及契約有效期間等，均經審愼與清晰訂定。在代理商或經銷商有相當好的利潤情形下，外銷廠商對於產品在當地的轉售價格、促銷策略、存貨控制、維修和服務方面，皆可握有相當控制力量。故對於需要不斷促銷、提供良好服務等功能之產品，以採用代理或經銷方式最爲適宜。

(四)進口商

此處進口商指純粹進口商，不包括批發商與零售商的進口行爲。故進口商係直接向外銷廠商進口貨品，然後轉售給批發商、零售商或工業用戶。通常進口商都不擁有獨家或地區性經銷權，外銷廠商可自由出售貨品與任何人，當然對進口商也缺乏控制力量。

因此，進口商不但擁有進口產品所有權，在配銷通路方面也擁有獨立自主權，但有時候進口商也會向外銷廠商提出要求，分擔部分促銷費用。

(五)聯合採購中心

批發商、零售商、合作社等爲增加議價採購力量，組成聯合採購中心或聯合採購辦事處，負責向外銷廠商採購會員商店所需貨品，由於採購數量大，價格較爲低廉。聯合採購中心爲服務會員商店，通常設有倉儲設施，可迅速運送及補充貨物。

(六)採購組合

採購組合是歐洲重要而特殊的行銷通路，通常是獨立公司組織，採會員制，其營運方式與上述聯合採購中心採購模式不同，他們的功能是爲會員商店提供發掘貨源及先行墊付貨款的綜合服務，本身並不負採購與倉儲的任務(關於採購組合詳細情形容下節討論歐洲配銷通路時介紹之)。

(七)國外分支機構

公司在海外設立分支機構，使得海內外業務均在公司直接控制之下，在供應、定價、促銷、存貨控制、資訊蒐集等方面，皆可得較有利的配合，公司在促銷與提供顧客服務工作方面，均會扮演更積極的功能，如果再附設倉儲設備，維持充分的存貨以及維護所需零配件，效果更佳。

公司爲進一步擴大某一海外市場，雖然已有代理商、經銷商或進口商，亦可考慮設置海外營業處，通常以分公司或子公司的型態設立，甚至於同時設立分公司與子公司，以分公司負責進口，子公司負責經銷，不過這種情形較爲少見。至於究竟選擇分公司還是子公司，主要係基於利潤與稅負來作考慮，以下係兩者主要差異之處❹：

(1)子公司係依照地主國法律規定，在地主國登記成立的一個獨立法人。分公司僅是母公司(總公司)的一部分，在地主國被視爲外國公司。

(2)分公司所得一般均與母公司所得合併，故分公司設立初期若有虧損，可與總公司所得抵減，而減低總公司的課稅所得。子公司是獨立的法人，經營如有虧損則不可併入母公司的合併損益中。

(3)子公司在滙出股利時，須扣繳股利所得稅(我國與日本預扣稅均爲20%)，甚至於盈餘若未分配，尚須強迫歸戶課稅。至於分公司，由於其

❹參閱王泰允教授著《國際企業經營策略與實務》，民74年出版，pp.87～94。

所得是總公司所得的一部分，則不會發生股利所得稅的問題。

⑷在大多數國家，分公司發生的所有債權、債務均歸屬於總公司，因此一旦發生法律糾紛時，必須由總公司出面處理，進行訴訟時可能要求查看總公司帳目及其他資料，帶來不少麻煩。子公司爲獨立法人，可單獨爲訴訟之主體。

⑸分公司向銀行貸款必須總公司出面提供擔保，一般來說手續複雜，地主國的銀行惟恐一旦發生法律糾紛，要向總公司所在地提出訴訟，因此較不願意貸款。子公司以本身資產、存貨，或應收賬款擔保，較易取得地主國銀行融資。

⑹外國公司不熟悉地主國法律，常易觸犯反托辣斯法、消費者保護法及其他法律，不但當地分公司遭控告，總公司亦將受到連累。子公司則獨立負起法律上的責任。

根據以上分析，公司在國外設立分支機構，顯然以設立子公司較爲單純而有利，故目前我國企業在海外設立行銷據點，多數均爲子公司型態。

倘若公司在某一海外市場營業額不大，無需設立分支機構，而促銷工作又不能完全仰賴進口商或中間商，譬如有關技術性產品的說明，則可考慮設置聯絡處或代表處，派遣一至二位銷售代表(或稱旅行推銷員)。

設置聯絡處或代表處手續較簡單，通常只要在商會登記即可，但亦不可從事簽約等商業法律行爲，銀行通常也不會給予授信與貸款。

㈧海外配銷中心

在海外市場設立配銷中心，直接掌握市場及行銷管道，隨時視市場需求之變化，靈活調整供應，是大型外銷廠商迅速擴大市場及提高利潤有效途徑。

配銷中心具備分支機構、進口商、展示中心及發貨倉庫等綜合性功能，但其經營具有相當彈性，可充分運用當地運銷體系之人力與設施。

以配銷中心拓銷海外市場，其優點有：

⑴縮短交貨期限，爭取客戶　海外市場競爭激烈，交貨時間迅速是爭取客戶重要因素。

⑵掌握行銷管道，提高利潤　廠商以子公司或進口商身分，自行建立或掌握行銷管道後，可直接批銷至批發商或零售商，提高銷售利潤。

⑶迅速了解市場，掌握商機　配銷中心設立後，可迅速了解市場資訊，精確分析市場動向，隨時因應市場之變化。

⑷加強顧客關係，擴大業務　配銷中心可加強對顧客的服務，譬如迅速更換貨品、補充零件或維修、保養等，或依據顧客要求，重新包裝、換貼標籤等，以增進顧客關係，擴大業務。

⑸配銷中心通常附設產品展示中心，除可經常邀請鄰近國家買主參觀選購外；並可參加鄰近地區商品展覽會促銷。

第四節　美、日、歐配銷通路特色

我國對外貿易除香港與中國大陸外，以美國、日本及歐洲各國為主，幾佔我國總出口70%以上，其重要性可想而知，本節特別對美國、日本與歐洲(西歐為主)各國配銷通路的特色加以介紹，供作擬訂配銷通路策略之參考。

一、美國配銷通路的特色

美國是現代行銷的發源地，行銷體系完整而發達，除上節所述各種進口通路中間商外，其配銷通路最大特色爲完整的大規模零售商體系，不但規模龐大，而且大零售商均直接或間接辦理進口，茲介紹美國大規模零售業概況❺並兼說明大型零售業的功能與優缺點：

㈠百貨公司

百貨公司(the department store)係指分部管理擁有種類繁多的零售商店，現代百貨公司已發展到應有盡有的規模。百貨公司具有三點重要概念：第一、是零售商店；第二、擁有各種各樣的貨品；第三、是分部組織與管理。因此，一個標準的百貨公司，每一部門各有其自己的空間與職員，每一部門自己負擔所佔用空間的租金並自行負擔水電及維持費用，薪水與工資亦各部門自行負擔，每一部門分擔廣告與櫥窗陳列費用，銷貨與進貨各部門均分別記帳。因此，現代百貨公司的管理是一件非常複雜與艱難的事，需要具備專門的學識與經驗。

百貨公司的內部組織通常包括四個主要單位：

⑴商品部，負責商品的採購與銷售；

⑵促銷部，擔任廣告、陳列與櫥窗裝飾等工作；

⑶管理部，負責人事、財產、運送與儲藏等；

⑷財務部，其主管業務包括財務、會計、統計、信用賒予與收款，以至付款與編制預算等工作。

大規模零售商店以百貨公司創始最早，遠在 1830 年巴黎已有大百貨公司，美國大百貨公司興起於南北戰爭時代，日本的三越與高島屋等數家著名的百貨公司均有百年的歷史，我國從前在上海有四大百貨公司——永安、先施、新新、大新，歷史亦甚悠久。

大百貨公司在現代零售商業佔有極重要的地位，美國三大百貨連鎖

---

❺參閱本書作者著《行銷學》，三民書局，民 78 年 12 月初版，pp.165～181。

公司——Sears, Macy's, J.C. Penny 均擁有數千家分店，每月營業額達數十億美元，仍在不斷擴增中。

百貨公司除具有一般大規模零售商業的優點外，並具有其特殊之優點，可合併歸納如下述：

(1)百貨公司擁有各色各樣貨品，美日第一流百貨公司往往擁有一百五十個以上的商品部門，顧客可以在同一店內一次採購不同商品，節省時間與精力。通常最小的百貨公司亦應具備二十五個以上商品部門。

(2)百貨公司具有高度公開的性質，任何人都感覺可自由進出，甚至於完全沒有購買的意圖。因此多數百貨公司均能全日保持人來客往，氣氛甚爲興旺，以刺激購買。

(3)百貨公司規模宏大，資力雄厚，能夠羅致大量人才，分工合作，不斷創新，研究推銷方法，增加管理能力，以創造最大利潤。

(4)百貨公司使用專家購貨，由於其重視本身的商譽，對於欲採購的貨品的品質，每加以愼重選擇，故顧客在百貨公司不容易買到贋品；又百貨公司每件貨品均公開標價，老幼無欺，深受顧客的歡迎。

(5)百貨公司無論橱窗裝飾，或內部布置與陳列，均美侖美奐，因而能吸引大量顧客前往購貨。

(6)現代百貨公司提供廣泛的服務，包括送貨到府，各種方式的信用銷售，無條件的在一定期間內允許退貨或調換，經常舉辦時裝與其他各種商品展覽，並提供各式餐飲、兒童遊戲場、美容院、電話、閱覽室乃至會議廳、展覽場所等，使顧客能受到一切服務的便利，而樂於在百貨公司購貨。

百貨公司雖然具備上述許多優點，但亦有其各種缺點：

(1)現代百貨公司規模過於龐大，管理階層與顧客之間缺少聯繫，顧客對於如此龐大而複雜的結構感到迷惑。

(2)百貨公司經營費用過高，更由於廣告、橱窗裝飾及內部陳列與布置等，均需支出大量的費用，加以對顧客提供各種服務，使得百貨公司失去低價競爭的機會。

⑶由於現代百貨公司採取自由政策，允許顧客所購買的貨物在一定期間內包退包換，根據美國百貨業的調查統計，每銷售一千美元的貨物，有九十元的貨物要求退款，而退回貨物僅能視爲次貨減價售出。

⑷另一個有關削價的問題是，百貨公司貨品繁多，數量不一，不可能全部照預期的價格售出，因此每過一個時期，對於逐漸失去時尚的貨品，必須削價售出，以免加重損失，此類必須削價求售的貨物所佔比例，在美國來說約佔全部銷售量 6～8%之間，尤其婦女高級時裝，此種比例更大。

⑸百貨公司的開設，投入資金甚鉅，一旦遇天災、暴動或戰爭等禍害，將造成極大的損失。

繼百貨公司之後，現代各種大規模零售商店興起，百貨公司面臨各種程度的競爭，以下是美國百貨公司目前所感受到的威脅：

⑴各種折扣商店的出現，使百貨公司在價格競爭方面處於更不利的地位。

⑵由於郊區人口的增加，許多的購物中心(shopping center)紛紛興建，以致百貨公司的業務被集合在購物中心的小獨立商店所替代。

⑶超級市場紛紛擴張其非食物產品線，除繼續經營非食物的日用品外，並開始出售廉價的成衣、家庭用品與日用品等。

⑷郵購商店不斷改進其經營方法與服務功能，使百貨公司的營業益受威脅。

美國各大百貨公司，面臨前述各種競爭，紛紛採取對策；包括重新檢討其價格策略，採取較彈性的訂價方法，以與折扣商店競爭。在郊區購物中心，儘可能興建分店。同時，又加強電話訂貨、送貨到府及信用銷售等服務，以繼續保持其優勢的競爭地位。但近年來面臨超大型連鎖百貨店的競爭，百貨公司的競爭地位已日趨衰退。

㈡連鎖商店

連鎖商店(chain store)在現代工商企業經營應用範圍至爲普遍，美、日及西歐各國舉凡金融業、旅館、餐館、電影院及其他大規模服務業，例如美國的大旅館兼餐館業 Holiday Inn 與 Howard Johnson 等，在全美各地乃至日本、西歐各國，開設數千家分店，美國著名連鎖電影院有 Lowes 等數十家，甚至於報紙在美國亦採連鎖經營，尤其麥當勞漢堡店更發展爲世界性連鎖經營。

現代大規模型態的連鎖商店創始於美國，初期乃是由四家以上的零售商店受同一中心組織管理及統籌進貨，各連鎖店的內外裝璜、商品種類及其陳列以及服務方法均具同一風格。美國第一家連鎖商店——大西洋太平洋茶葉公司(Great Atlantic & Pacific Tea Company，簡稱 A&P)遠在 1859 年成立於紐約，所經營的貨品除茶葉外尙兼營咖啡、香料與食品，十年後，即 1869 年已有六家連鎖店，其後發展更加迅速，1918 年至 1929 年的十年間，稱爲美國的連鎖商店時代(The Chain Store Era)，由於連鎖商店的有利經營方式，所出售同樣的商品價格遠低於其他零售商業，使得全美國各城市的獨立零售商店的存在均發生威脅，以致掀起三〇年代如火如荼的「反連鎖商店運動」。但廣大的社會羣衆認爲此種薄利多銷的組織，有存在的價值而加以支持，終至各種反對的風潮歸於無效，由此可見連鎖商店在零售商業經營方法上的優越地位與重大影響。

1. 連鎖商店的分類

連鎖商店的經營方式主要可分爲兩大類，即公司的連鎖(corporate chains)與自願的連鎖(voluntary chains)。美國工商業普查機構爲公司連鎖所下的定義是：「凡四家以上的零售商店，事實上性質相同而置於同一的資本、管理、商品政策之下，而組成一公司組織經營者。」至於自願連鎖，乃獨立的自營商店感到勢單力孤，無法與大規模零售商業從事競爭，遂仿照公司連鎖商店組成自願連鎖或稱結盟連鎖(franchise chains)；因此結盟連鎖中的每一成員仍是獨立的，但有一個中央組織負責進貨、陳列與廣告等統一規劃工作。結盟性連鎖由各獨立商店自動聯合，競爭力甚強，其中央機構可延聘專家主持商品政策，亦可利用結盟連鎖的品牌以與公司連鎖的品牌從事競爭。

2.連鎖商店的優點與其特色

連鎖商店除具有各種大零售商店的優點外，並具有其獨特的優點，茲扼要說明如次：

⑴連鎖商店由中心組織統籌進貨或規劃，每次進貨數量極大，且為連續的進貨，故可自生產者處獲得最低的折扣優待。

⑵連鎖商店的中心組織多聘專家主持商品策略，可將成本減至最低限度。而其銷售又多採顧客自助方法，又可減輕營業費用，故可儘量降低貨品的售價，競爭力極強。

⑶連鎖商店在某地區與同業競爭時，可採取減價方式爭取顧客，而在其他地區無競爭者，則不必減價，並將獲得較高利潤，用作彌補減價地區的收入減少。

⑷連鎖商店的貨品具有高度標準化，故其管理費用遠較獨立自營商店為低。

⑸連鎖商店具有集中存貨組織，管理比較周密，市場消息亦容易溝通，如甲地缺少某種貨物，而乙地可能存貨甚多時，可立即由乙地運往甲地，不致有過剩或不足之缺點。

⑹連鎖商店資本雄厚，故能選擇適當地點設置商店，挑選的條件常視該處交通量與來往行人的多寡，以及人們經過此地的目的何在？作為商店地址選擇的主要條件。

(7)連鎖商店遍及各地，可作大規模宣傳，所耗廣告費用雖鉅，但平均負擔費用則甚低。

3. 連鎖商店的缺點及其限制

(1)連鎖商店過於注重貨品之標準化與儘量減少營業費用之策略，以致難於適合各地方的需要及與地方零售商店相競爭。

(2)連鎖商店的進貨中心組織統籌辦理或規劃，因此對於時尚貨品，無法把握時效，迅速供應各地商店。

(3)連鎖商店經理人員不易發掘，而熟練優秀的人材常轉業其他企業，或改爲經營自己的事業。

(4)連鎖商店爲達成其訓練之目的，對於職員經常施行輪調，因此，職員與顧客間之聯繫不夠。

(5)連鎖商店不重視服務功能，諸如不推廣信用銷售(大型百貨連鎖除外)、不接受電話訂貨，甚至於代顧客送貨到府亦需另收費用。

(6)自消費者的觀點，連鎖商店具備獨佔的趨向，往往提高貨品售價，形成獨佔價格，譬如美國北部半數食品的銷售係控制在連鎖商店的手上。美國多數的州爲保障小零售商特通過法律，限制連鎖商店的經營原則及其最低利潤標準。

大型連鎖量販店是美國零售業發展新趨勢，這種量販店賣場面積約在四萬至十六萬平方英呎之間，例如 Wal-Mart、Home Depot 及 Price Club 等，不但銷售產品種類繁多，從冷凍食品到電動工具以及各種建材、室內裝飾用品應有盡有。並運用巨額採購數量及高科技追蹤系統，使美國零售業遭遇前所未有的震撼。一位資深零售業者表示：「此種趨勢將使美國零售業剩下巨型公司及小專業零售店，中間沒人可生存」。

近年來許多連鎖式量販店並去除掉本身的「中央倉庫」，而要求賣方直接送貨到各連鎖店。Wal-Mart 更是用電腦把供應工廠(或供應商倉庫)和各種連鎖店收銀檯連線，使工廠隨時知道每項產品銷售情形，以便隨時自動補貨，而工廠也因此可以很快知道那些產品是否好賣。

美國六大巨型連鎖量販店業績如下：

1. Wal-Mart Stores Inc.

性質：折扣連鎖店

1992 年銷售額：US$550 億

比 1991 年成長：25%

店面總數：1,853

1992 年新開張店數：160

2. K Mart Corp.

性質：折扣連鎖店

1992 年銷售額：US$390 億

比 1991 年成長：11%

店面總數：2,278

1992 年新開張店數：116

3. Price Co.

性質：會員制倉庫式連鎖店

1992 年銷售額：US$75 億

比 1991 年成長：10%

店面總數：77

1992 年新開張店數：12

4. Toys "R" Us Inc.

性質：玩具連鎖店

1992 年銷售額：US$72 億

比 1991 年成長：17.5%

店面總數：540

1992 年新開張店數：43

5. Home Depot

性質：建材連鎖店

1992 年銷售額：US$71 億

比 1991 年成長：39%

店面總數：214

1992 年新開張店數：40

6. Costco Wholesale Corp.

性質：會員制倉庫式連鎖店

1992 年銷售額：US$65 億

比 1991 年成長：25%

店面總數：100

1992 年新開張店數：20

相對於巨型連鎖量販店，美國結盟連鎖店的發展空間則在於速食業、旅館業、不動產業、會計服務業、便利商店、書店及娛樂事業等行業，尤其是麥當勞、肯德基等速食店，以及「7-11 便利商店」已發展爲世界性結盟連鎖店。美國結盟連鎖店所以會如此蓬勃，主要因爲擁有一套完整有效的經營管理技術，使得創業的風險減至最低限度。

㈢超級市場

超級市場的定義是：一個大型的、分部的零售商店，擁有食物方面完整的產品線，並兼售各種日用品，其經營的特色幾乎沒有售貨員，完全採取自助服務的方式。

美國最早超級市場創立在 1920 至 1930 年之間，由於當時經濟不景氣，有人以極低租金租了很大的房屋，並爲節省銷售費用而採取顧客自己取貨方式，來供應民衆廉價的食物，由於其一般售貨毛利僅 9～12%，較普通食物店的毛利低了一半上下，而獲得消費者廣泛的歡迎，超級市場由此而興起。二次大戰後，在世界各國獲得迅速的發展。

超級市場具備以下各種重要特色：

⑴超級市場最重要的特色是自助服務取貨，由於此項特色，才使超級市場迅速發展成大規模零售商業。

⑵由於不用售貨員，不著名品牌的貨物甚難售出，惟有全國著名品牌的貨物才能在超級市場暢銷。

⑶低價競爭是超級市場重要的促銷手段，以致形成每日都在低價競爭中。

⑷超級市場經常保持大量存貨，往往較一般食品店的存貨量多出四、五倍以上。

⑸由於超級市場注意包裝技術，食物易於保藏，消費者每次購買數量較大，而漸漸不需要每日購買，改爲一星期購買一至二次。

近年來，經營商品種類愈來愈多，大規模超級市場，經常出售二千種以上貨品。超級市場興起及迅速發展的最主要原因，乃是由於其採取自助服務的售貨方式，深受廣大消費者的歡迎，以下特將自助服務的優點與其經營原則分析如次：

自助服務適合於購買者心理因素，亦卽其優點有如下述：

⑴消費者可充分享受自由自在的樂趣，可任意在店內逗留，從容參觀選擇。

⑵多數消費者購物時，不願受到第三者的干擾，或由店員一旁的等待而感到侷促不安。

⑶消費者對於欲購買的物品，希望由自己親手選擇。

⑷消費者，尤其是女性消費者，對於所欲購買的貨物，時常中途改變意見，而在自助商店購貨未付款以前，隨時可以調換其他品牌或改購其他貨品。

至於自助商店的經營原則與方式，應該儘量發揮下述各種功能：

1.發揮刺激銷售的功能

即對顧客的視覺、聽覺、嗅覺、味覺與觸覺加以利用，以引起購買的欲望：

⑴視覺的利用 其效果最大者爲色彩的應用，如陳列貨品色彩的互相調和，或以燈光來強調商品的顏色，以吸引顧客的注意力，使顧客對陳列的貨品發生興趣，因而採取實際的購買行動。

⑵聽覺的利用 自助商店因爲沒有售貨員的輔助服務，如何充分利用顧客的聽覺至爲重要。因此，超級市場全日均播放輕快的音樂，使顧客在選購時感到輕鬆與優閒，而於音樂之間插播，向顧客報導新的貨品及其特點，並且告訴顧客每日的特價品，對於刺激購買功效至大。

⑶嗅覺的利用 國內某些超級市場，在水果陳列臺撒下各種香料，即係刺激顧客之嗅覺，以增進水果的銷售。而在另一個角度，超級市場以出售各種食物爲主，如魚蝦海鮮之類，氣味甚重，必須特別注意內部空氣的調節，以免引起反作用。

⑷味覺的利用 對於味覺的刺激，不限於實際品嚐的直接刺激，因現代大量銷售不可能樣樣舉行「試食」，但可利用視覺對味覺的連鎖反應，譬如精美的照片或圖片，均可使顧客產生聯想作用，而達成刺激味覺的目的。

⑸觸覺的利用 根據超級市場的調查統計，凡用手觸摸商品顧客，約60%具有購買的決心，因此超級市場無論包裝、陳列與燈光等設計，應儘可能引起顧客去按觸商品的欲望，而導致實際購買之行動。

2.發揮單純銷售的功能

超級市場之布置，無論外觀或內部布置，均顯得極其單純，這一方面與百貨商店大異其趣。由於近年以來，消費者每次在超級市場購買貨品的種類與數量均在不斷增加中，故超級市場在貨品陳列時，應予以分門別類，將有關連的商品陳列在一起，以便利顧客的選購，節省顧客的時間。

3. 發揮大量銷售的功能

超級市場最重要的策略是大量進貨與大量銷售，除採取低價政策配合外，應注意充分利用廣告與包裝技術，在自助商店，良好的包裝對於達成大量銷售目標更顯得特別重要。至於包裝方法應注意以下數點原則：

⑴儘可能使顧客能看見包裝內部的商品，或者應利用精美的彩色照片將貨品的品質與滋味顯示出來。

⑵應儘可能不損害原來的外形與鮮度。

⑶應確實標示內容物的名稱、品質與重量。

⑷每件商品均應予以標價，並照標價出售。

⑸在分量方面，應注意該地區消費者的購買傾向或購買習慣。

⑹易於陳列，但包裝成本不宜過高。

㈣郵購商店

郵購商店(the mail order house)在美國最為發達，第一家郵購商店——Montgomery Ward & Company 創設於 1872 年，數年之後，Sears、Roebuck & Company 緊接創立。後者是美國最大的郵購商店(但自 1992 年冬季起已停印郵購目錄)。

郵購商店大致可分為完全郵購商店與專業郵購商店。完全郵購商店類似百貨商店，擁有貨品種類繁多，美國最大郵購商店往往擁有數萬種不同之貨品。專業郵購商店僅擁有一類或數類商品，諸如珠寶、飾品、化粧品、玩具、禮品及衣鞋、家具等。

郵購商店所以能發展成為今日之大規模零售業，自有其重要之因素與特色，茲述其優點如下：

⑴郵購商店的經營費用較一般商店為低，僱用售貨員亦較少。

⑵郵購商店的店址可設於租金較低廉之地區。

(3)郵購商店往往大量進貨，而獲得減價之優待。

(4)郵購商店的顧客遍及全國，甚至於遍及世界各地，因此其業務不致於因一地的經濟衰退而受嚴重影響。

(5)顧客可利用餘暇時間根據售貨目錄訂購，節省往返商店購買時間與金錢。

(6)郵購商店根據訂購單隨時進貨，不致因缺貨而立即引起顧客的不滿。

(7)一般而言，郵購商店的貨物價格較低，如信用可靠，易獲消費者之信賴。

郵購商店亦有其缺點：

(1)對於多數顧客而言，郵購不若親自購買便利，而且憑售貨目錄選購，與貨品之大小、品質、式樣及顏色之實際情形總有一段距離。

(2)顧客如不滿意郵購的貨物，退貨或請求調換手續甚爲麻煩。

(3)郵購貨物從訂購到貨物送達有一段相當時間的等待，不符合消費者的購貨習慣。

(4)易毀性貨品或時尚貨品，使用郵寄銷售，負擔很大風險。

(5)印發售貨目錄需時甚久，費用極爲龐大，而貨品價格可能隨時發生變動，必須藉其他輔助的方法通知顧客。

二、日本配銷通路的特色

(一)日本的批發商

日本配銷通路以複雜著名，尤其是批發體系擁有許多層次，使外國出口商望而生畏。日本稱配銷通路爲流通體系，外商公司常抱怨日本流通體系關卡重重，儼然是一個巨大的非關稅障礙。大商社也是日本流通體系一大特色，在日本進出口流通體系中，大商社幾乎無所不在。

批發業居於特別重要的地位的確是日本配銷通路最大特色，因此，對於習慣於歐美配銷體系的人而言，日本的配銷通路顯然太過複雜，也很難應付。日本批發體系如此複雜，有其背景因素，主要由於其零售商小而多，往往仰賴批發商的服務功能。據統計日本有四十七萬零五百個批發商，和一百五十九萬個零售商店。也就是說每一萬日本人就有三十八人從事批發業，一百二十八人從事零售業，比例全世界最高。

因此，日本複雜的配銷通路體系，事實上是配合日本市場特色下的自然產物，並非人爲故意造成的非關稅障礙，更並非被歐美行銷人士形容「複雜又沒有效率」。如果認眞的去瞭解日本流通體系，懂得如何加以利用與運用，反而會帶來許多利益，以下是日本流通體系三項優點：

1.有效率和低成本的運銷體系

日本批發商不但家數多，層次多，而且資金雄厚、效率高，因此對於製造商和進口商配銷貨物，批發商經常提供迅速而有效率的服務。

日本流通體系代表高度精密的勞力分工，也就是說，配銷成本由製造商、進口商和許多批發商分擔，所以每一次配銷層次負擔就降低了；以社會整體來看，全部成本比歐美制度要低得多。

2.合理的勞力分工

在歐美配銷體系下，製造商或進口商往往超越批發商，將貨物直接運銷到各地零售點；爲了可節省配銷費用與迅速送貨目的，大型零售商店也經常超越批發商直接向製造商或進口商訂貨。

相反的，在日本的流通體系下，製造商或進口商只需要和少數批發商打交道，就能把產品送到全日本的各個零售點。零售商也較輕鬆，只要向數家批發商下訂單，就可以獲得迅速確實的服務。因此，對於熟悉日本配銷體系的進口商而言，反而易於將貨物配銷到日本各零售據點。

3.密切配合日本消費型態

行銷活動係以消費者爲中心，日本消費者購物喜歡在住宅或工作場所附近，因此零售店爲數衆多，而且日本消費者也偏愛各種專業小商店，服務親切，貨品齊全，因此需要爲數衆多的批發商，提供零售店各種服務功能，也就是說，間接滿足日本消費者購物的欲望。

㈡日本的綜合商社

日本綜合商社(Sogo Shosha)龐大的力量舉世聞名，兼負國內市場分配、進出口貿易及海外資源等投資活動。茲說明日本綜合商社之特質與組織功能如次：

1.綜合商社之特質

⑴規模龐大　日本的經濟規模，在全世界僅次於美國，但其九大商社的營業額、出口值與進口值，如果與其國民生產毛額比較，所佔比重往往高達30%、50%及60%，綜合商社規模之龐大可想而知。

⑵經營項目繁多　綜合商社的營業項目從小至速食麵的販賣，到人造衛星的合作生產；一家綜合商社的進出口貨品常在二萬種以上，而且還要投資各種天然資源的開發，經營各種服務業。

⑶資金雄厚　日本綜合商社多擁有自己的金融機構，財力雄厚，不但本身所需資金無缺，而且有足夠的資金融通給往來的廠商。

⑷分支機構遍布世界各地　日本綜合商社在海外的分支機構有兩類，一爲直系機構，一爲投資事業，依規模之大小可分爲當地法人、支店、事務所與出張所等。由於分支機構遍布全球各地，因此，只要全世界任何一地商情變動，或原料供應發生變化，日本商社便可經由其海外機構，迅速取得第一手資料，透過全球資訊網路傳回總公司。

⑸居於集團企業的核心地位　日本金融業與集團企業發生密切的關聯，綜合商社往往居於核心地位。一方面，商社的股東幾乎都是金融保險事業，另一方面，商社本身又投資於其他事業；因此，綜合商社對集

團企業在投資、融資、流通體系、商情資訊、促銷等各方面，往往提供整合性的規劃與服務。

⑹與政治保持密切關係　傳統上，日本企業將政治家延聘至企業體內，利用其人際關係，來擴大企業集團的利益。近年來，綜合商社甚至於將這種政商關係予以體制化，他們將商社的鋼鐵、機械、建設、糧食等各部門之重要職位，聘請通產、建設、運輸、農林、防衛各廳官員擔任。

而且綜合商社提供了政黨需要的政治資金，因此，日本執政黨在經濟財政上之法案或決策，都要先考慮綜合商社的意見，所以日本財經政策受綜合商社的影響甚大。

2.綜合商社的組織

日本綜合商社以整個世界爲其市場，因此它必須有一個龐大但可靈活運用的機構來推動全公司的業務，使商社能保持多國性公司的機動性與整體性。

綜合商社組織在縱的方面，由上而下爲會長、社長、常務董事、本部、部、課等系統，與幕僚人員，以及各種委員會等橫的組織系統。

商社最高決策機構爲常務董事會，由10～20人組成，主席由會長擔任，而會長多爲該商社前任社長。會長爲綜合商社的榮譽首長，爲商社的指導者、調停者。

日本綜合商社的眞正決策管理機構爲董事會，由30～40位董事組成，社長爲實際的決策者，負責使商社政策與國家利益相配合。通常商社政策由董事會決定，常務董事會核備。

每一事業的國際行銷策略由海外當地法人的社長、部長、國內外分支店負責人，以及各地區主管構成的委員會作成。委員會通常每年一次，以一星期時間在總公司聚會，除此之外，除充分授權分支機構主管自行決策，或透過與總公司溝通後作成重大決策。

商社的「本部」統括數個部，本部設置常務董事或稱本部長，是商社最高職位的幹部。部是商社的基本活動單位，設有部長一人，副部長一至數人，部以下設課，課長是商社最基層的幹部。

在國際方面，海外分支機構視當地法律規定與實際需要，分別設置支店(即分公司)、子公司、駐在地辦事處或業務代表部門。除了本國派遣人員，儘量僱用當地人員，以提供當地就業機會；同時，一方面保持分支機構經營獨立性，並能符合商社總公司一貫性活動。

3.綜合商社的功能

日本龐大無比、無所不在的綜合商社，對於輸入與輸出，三角貿易以及海外投資等國際行銷活動，皆發揮很大的功能與效用：

⑴資訊功能　綜合商社藉其遍布世界各地的分支機構，構成龐大而細密的資訊網，充分把握國際市場的變化，立即將商情資訊傳至總公司或世界其他分支機構，以便迅速採取因應措施。

⑵貿易網功能　透過各地分支機構及迅速資訊傳遞，綜合商社構成一個貿易網，無論發掘原料來源或尋找產品供應，促銷產品出口機會，以及推動三角貿易，綜合商社均能得心應手，捷足先得。

⑶融資功能　由於綜合商社規模龐大，資金雄厚，擁有自己的銀行與其他金融機構，其在國內外所建立的信用地位，每能獲得低利貸款，用以支持國內外往來廠商的週轉需要，或提供海外投資、週轉之用。

⑷整合功能　世界各國大規模的建設與開發計畫，工程費用往往達數億或數十億美金，押標金有時即高達數千萬或上億美金，非一般國際企業有能力負擔，唯有日本綜合商社挾其雄厚財力與人才，發揮整合國內外廠商的功能，任何世界大規模工程，皆有充分能力承作。

三、歐洲配銷通路的特色

歐洲有許多大型零售業，但規模沒有美國那樣大，數量沒有美國那樣多；歐洲批發商在配銷通路也扮演很重要角色，但數量沒有日本那樣多，體系沒有日本那樣複雜；歐洲也沒有規模龐大無比的日本綜合商社。但歐洲配銷通路另有其特色，尤其是像「採購組合」(purchasing combination)這一類的配銷組織，卻是美、日所沒有的，因此，特簡介歐洲採購組合如次：

採購組合是歐洲市場上重要而特殊的行銷通路，由批發商或零售商組成，亦可能是獨立公司組織，多採會員制，其營運方式通常與一般聯合採購模式不同，因爲採購組合僅是爲會員提供發掘貨源及先行墊付貨款的綜合服務，本身並不負採購的任務。

德、荷採購組合多採獨立公司組織，通常包含數個產品部門，亦可能多達十餘類產品；每一產品部門分別擁有數百或數千會員公司(多爲零售店)，甚至於自設專業連鎖店，至於營運方式，通常各產品部門均擁有數位經驗豐富的買主，負責發掘適合自己會員銷售的產品(多數利用參觀歐洲各地商展發掘適合會員銷售的產品)，每年爲會員舉辦數次內部展示會，會員就在展示會中與供應廠商直接洽談交易與訂貨，通常初次訂貨數量均不大，多作爲店中陳列之用及少許存貨，銷售情況良好時，訂貨會非常頻繁，而且交貨期通常非常迫切，所以外國供應商要和採購組合做生意一定在歐洲設有據點並有發貨之能力。

至於貨款，送貨後則由採購組合先付予供應商，再向會員廠商收取。因此，廠商與歐洲採購組合生意往來，並非一般大家熟悉的雙向貿易關係，而屬於三角關係，茲以圖(圖 7-2)示如下：

圖 7-2　歐洲採購組合關係圖示

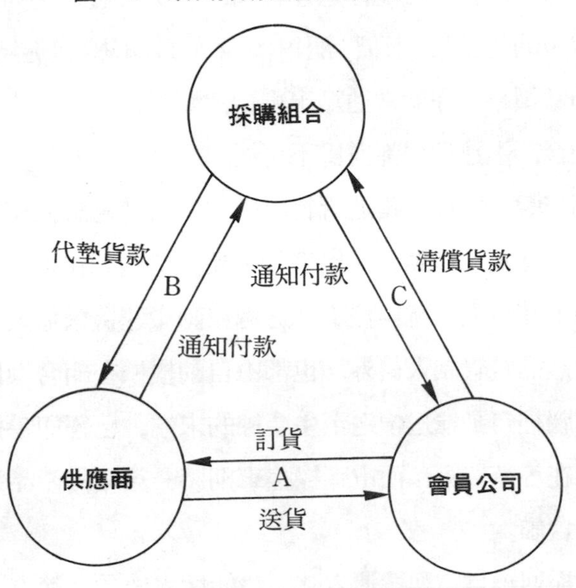

從上圖亦可以看出，供應商欲與歐洲採購組合往來，必須採取記帳付款(open account)的交易方式，對我國貿易商而言確很不容易適應。

事實上，歐洲這種交易方式既快捷、方便又安全，歐洲生意人已行之數百年，只要瞭解他們的一套制度後，交易起來反而非常順手。主要因爲歐洲銀行效率高，又可迅速提供各種金融服務，包括代收貨款(factoring)等服務，加以歐洲有完善的商業信用保險制度，不虞倒帳，所以和歐洲做生意，開始踏出第一步後，反而覺得一切便利而順暢。

第五節　國際實體配銷策略

產品的實體配銷(physical　distribution)或稱爲後勤工作(logistics)，係指產品自原料(含包裝材料)的選擇開始一直到運到消費者手中，乃至包括售後服務的零配件送達在內，一切實體貨物的流程在內。在過去行銷重視的是產品、訂價、配銷(側重所有權流程)與促銷，所謂將適當產品，以適當價格，在適當地點出售給消費者，但如果沒有良好的實體配銷策略配合，上述理想都變爲不可能。

舉例來說，當你一踏進新竹科學園區宏碁電腦公司的廠房，你立刻就發現實體配銷或後勤工作幾乎和產品製造同時在工作；各種零組件自倉庫貨架上在電腦系統操控下，透過自動搬運機械進入生產線上，生產線除了少數品質管制人員外，也都由自動機械在組合操作；經組合完成的整臺電腦經自動輸送帶送至生產線的末端，已經印妥標籤與到達目的地紙箱已在等待裝箱，而電腦操控車則將一箱箱的產品送到待運貨櫃，或者暫時倉儲。

至於採何種貨運與搬運方式，最能產生效益，節省成本，也是所有進出口商最關切的課題。

一、運輸的方法

㈠陸路運輸

陸路運輸又可分爲公路、鐵路與管路運輸三種，茲分別說明其特性及優缺點如次：

1.公路運輸

公路運輸是現代發展最重要的運輸方法，其原因可歸納於三項重要的因素：

⑴公路建設的進步，現代國家公路網四通八達。

⑵貨車與搬運設備的新發展，尤其是貨櫃的發明。

⑶運輸方法的競爭利益。通常對於價值較高的商品，短距離的運輸，

公路貨運顯然是最有效的運輸工具，能充分達成門對門(door to door)的貨運利益。

2.鐵路運輸

鐵路貨運費用低廉，最有利於大量物資長距離的運輸，尤其是貨物價值低而重量或體積大時，諸如砂石、煤、甘蔗、稻米、小麥與絕大多數農礦產品，均適於鐵路運輸。

3.管路運輸

管路(pipelines)運輸網已成爲現代最合經濟原則的運輸方法。管路運輸最初僅限於運送石油及天然氣等，近年來已使用它運輸化學品乃至各種固體如煤、礦物、鋼鐵產品等。今天縱橫在北美洲各地的管路，全長已超過數百萬公里，而且管路網仍在四面八方擴展中。

㈡水路運輸

水路運輸可分爲遠洋運輸、海岸運輸及內河運輸，水路運輸適宜於數量龐大、價値低、不易腐壞的產品，頗類似鐵路貨運。水路運輸是廉價的運輸方法，但也是屬於最緩慢的運輸方法，對於國際貿易而言，尤其海島型我國的對外貿易，幾乎90%出進口貨品，依賴遠洋運輸。對於歐洲、北美及中國大陸而言，海岸運輸與內河運輸亦均甚重要，不過內河運輸另有重大缺點，如屆冬季結冰之際，運輸即受嚴重影響。

㈢航空運輸

空運最大優點是迅速，最大缺點則爲費用昂貴。因此，空運的貨品大都爲質量輕而價値高的產品，或者易腐性的商品，譬如荷蘭花卉出口，必須全部採取空運；或者迫切需要的產品，譬如電子零件、紡織衣料等，由於加工需要必須經由航空迅速運送。空運的另一優點爲具有彈性，數量多寡不拘，而其他運輸方法，尤其是遠洋運輸，對於託運量往往訂有最低託運量的限制。

由於空運費用昂貴，因此，質量輕而價值高的產品也不一定完全採取空運。譬如全友電腦公司，以往輸歐產品幾乎都由臺北空運至歐洲各大城市；後來經一位荷蘭實體配銷專家建議，全友在荷蘭阿姆斯特丹租用免稅倉庫，出口到歐洲各國的貨品，可以全部由荷航或華航運抵荷蘭，然後由公路送往各大城市(72 小時以內可抵達)，因而節省了一半的空運費用。

二、貨櫃的興起

自從貨櫃發明以後，無論水路、陸路運輸乃至空運，均充分發揮貨櫃的功能，貨櫃運輸的優點可歸納如下：

(1)裝卸省時，其裝卸量較散裝貨碼頭要高出四至五倍。

(2)節省人力，貨櫃必須使用現代化機械裝卸，節省大量人力。

(3)降低運輸成本，貨櫃輪一到碼頭，將貨櫃卸下就啓程，節省大量碼頭停靠費用，並節省時間成本。

貨櫃並可發揮倉儲的功能，基於「門對門」(door to door)的服務觀念，貨運公司將空貨櫃送到外銷公司出貨倉門，一箱一箱外銷貨品裝滿一貨櫃，卡車頭立刻前來拖走，同時送來新的空貨櫃。而貨櫃運抵貨物買主公司時，如果是工業產品時，立刻運送至生產線；如果是消費品立刻送上貨架，雙方都節省倉庫的空間與費用。

貨櫃的另一項功能是，在國際行銷活動時，運送至各大城市作爲展示用途(display warehouse)。

圖 7-3 顯示貨櫃 door to door 的服務功能。

圖 7-3　貨櫃 door to door 服務

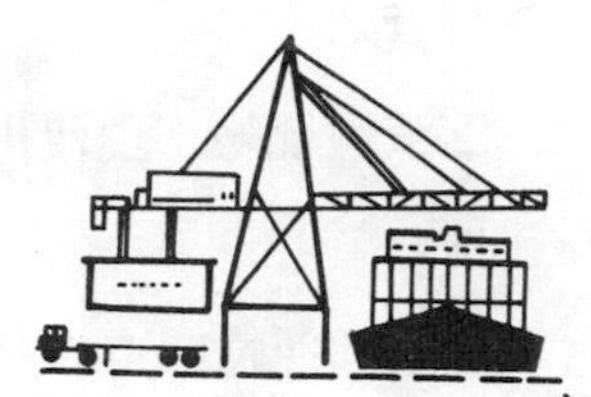

三、倉儲的功能

倉儲(warehousing)一詞在行銷學具備廣泛的含義，不僅指貨物的儲藏(storage)或存放而已，並包括了聚集、分類或分級，重新包裝或標籤，及再運送的各種準備工作在內。

倉儲最主要功能是創造時間的效用，由於許多產品的生產是有季節性，但消費卻是連續不斷的，諸如稻米、棉花、水果蔬菜等農產品及各種工業產品，皆有賴倉儲來創造其時間效用。又譬如歐美的聖誕假日，中國的年節，對禮品、食品及玩具等需求都較平日倍增，只有預行生產與倉儲，才能應付銷售的旺季。

貨物經倉儲以後，尚可發生下述之功能：

⑴資金的融通　貨物存放於具有公信力的公私倉庫，可憑倉單向銀行辦理貸款。

⑵減輕風險　現代化倉庫均向保險公司投保一般保險，貨主亦可自行投保。

⑶減低運輸成本　倉儲可發揮聚集、分類或分級等功能，因而可減低運輸成本。

⑷促銷的功能　由於倉儲具有上述各種功能，對於批發商與零售商具有促銷的效果。

四、倉庫的類別

就傳統的觀點，倉庫如按所有者情況來作分類標準，可區分爲：私有倉庫、公共倉庫、保管倉庫與政府倉庫四類；政府倉庫又有海關貨棧、保稅倉庫及政府經營的公共倉庫。

事實上，現代工商業發達後，只要符合金融機構與海關的管理規定，私有倉庫亦可發揮公共倉庫或保稅倉庫的功能；在歐美各國，甚至於在完整電腦體系的整合下，倉庫已經成爲一個抽象的場所，貨品可以存放在任何處所，甚至於保稅的貨品也可隨時自甲地移至乙地，不必通知海關人員，只要自行顯示在電腦資料檔案即可。

以荷蘭海關爲例，有一項稱爲「菲馬克」(FEMAC)的制度，即一種使用管理控制方法儲藏的虛構保稅堆棧，持有「菲馬克」執照的公司可在荷蘭境內任何地方設免稅存貨。公司可不通過海關隨時直接管理這些貨物，除隨時統計顯示於電腦檔案，每月只需作一次進出口的申報。當然檢查也是必要的，海關人員每年數次會到公司檢查管理情況。在「菲馬克」制度下，並允許公司執行包裝、再包裝、清理、抽樣等活動。

五、自由貿易區

自由貿易區(free trade zone)與經濟區域組織中的free trade area(中文亦譯爲自由貿易區)含義不同，free trade zone係政府設立一定區域，通常由海關負責管理，許可廠商從國外輸入商品運進區域內，暫時免繳關稅，並允許這些商品在此區域內進行加工、裝配、包裝、再包裝、重新換貼標籤，於運出區域銷售時再繳交關稅。

自由貿易區的優點可用以下兩個實例來說明之。

- 臺灣的艾德蒙電視機製造廠，以映像管或零件輸往美國自由貿易區，不需繳納22%的關稅，如果在自由貿易區裝配完成電視機運銷美國各地市場時，每臺電視機僅需繳納11%的關稅。
- 前述全友電腦公司將銷歐貨品整批運往荷蘭希浦機場自由貿易區存放，然後分批陸路運往歐洲各國市場，不但可節省空運費用，還可享受延後分批繳納關稅的利益。

六、搬運的重要性

物料搬運(material handling)表面看起來是一項簡單的搬運動作，但對國際行銷來說卻是十分重要，影響生產與運銷成本甚大。據統計，在生產成本項下，幾乎有⅓的支出是使用在物料的搬運上，在運銷成本來說，可能比例更高；就使用時間來分析，在傳統舊式工廠，在整個加工過程，事實上不到⅖的時間用於加工，而⅗以上時間用於搬運或等候搬運。

合理的物料搬運可發揮最大效益，降低生產與運銷成本，以下係一些基本原則：

- 物料在工廠中，生產前應儘量接近生產線；生產後應避免運進倉庫，儘量直接運往目的地。
- 在工廠中的物料搬運，儘量利用自動輸送帶，或無人搬運工具。
- 物料管理儘可能做到100%電腦化，無論進料或出貨均能充分掌握數量與進度。
- 減少搬運中物料的損耗，避免搬運工人過分操勞而發生意外危險。
- 昂貴的搬運設備，勿使閒置，應充分加以利用。
- 搬運器材的規格、式樣、大小與使用方法宜標準化。

如果貨櫃化(containerization)是現代運輸最重要的發明，那麼墊板化(palletization)是現代搬運最大的革命。兩者的優點皆爲提高運送的效率，減少運送的損失，藉以大幅降低行銷成本。

墊板的規格已漸趨國際標準化，一般通用的爲四吋間隙的雙層墊板，大小是40吋×48吋，配合叉舉車的叉桿插入搬運，便捷而安全，而且由於墊板係雜木製成，價格低廉，物料國內外輾轉運送，不需裝卸，亦不需退回，甚爲便利。

七、實體配銷的中間商

在實體配銷流程中尚有賴中間商，擔負多種功能，將產品運達顧客所指定的場所，謹擇重要者介紹如次：

㈠貨運服務業

貨運服務業(freight forwarders)通常本身並不擁有運輸工具，但由於它提供的服務使貨物儘速抵達目的地，並保持最佳狀況，在這種功能下，它的工作可能包括：(1)協助選擇運送路線與工具，並安排船期或班機；(2)代爲安排外銷貨物自工廠或倉庫至碼頭或機場的交通工具；(3)代辦外銷所需各種文件，並代辦出口驗關手續；(4)告之有關貨物之包裝及標籤各項規定，減少國際行銷可能發生問題；(5)並代爲安排貨物抵達目的地港口後之照料或轉運事宜。

貨運服務業對於中小型企業，或新加入外銷行列的公司而言，等於是一現成的「貨運部門」；一家優秀的貨運服務業擁有專門人才、豐富經驗和廣泛關係，足以提供最佳的服務。貨運服務業另一項的功能是將零星的貨物，合併滿載託運，可節省運費與搬運費用。

㈡報關業

報關業(customs expediters or customs brokers)係代理進口商辦理貨物一切通關手續，由於各國貨物進口通關手續非常繁雜，與所需塡報表格之衆多，以美國而言，若干年前進口報關表格多達八十種以上，使得報關行之服務成爲不可或缺之一環。

報關業的服務尙可以包括代辦貨物檢查、估計關稅，並代爲交涉，以及其他貨物運送事宜。通常報關業和貨運服務業採取聯營方式，提供更密切的配合與服務。

㈢公共倉棧業

公共倉棧業(public warehouses)係提供儲存場所，收取一定租金，租與進出口業、批發業或零售業暫時儲存貨物；部分公共倉棧業並提供分裝、再包裝、重貼標籤、運送、開製發票以及其他實體配銷服務。

公共倉庫多數由海關、銀行或其他政府機構管理經營，比較具有公信力，其所出具的倉單，銀行比較容易接受辦理抵押貸款；此外，保稅倉庫(bonded warehouses)海關通常指定由公共倉棧業兼營。

〔第七章附表索引〕

〔第七章附圖索引〕

〔問題與討論〕

1. 試說明批發商的重要功能。
2. 小零售店與大規模零售商業各有其優缺點，試比較說明之。
3. 如果你是一家相當有財力的成衣公司，決定超越國外進口商與批發商，將成衣直接銷售到零售據點，你如何擬訂配銷通路策略?
4. 試分析在海外設立配銷中心的優點。
5. 大型連鎖量販店與結盟連鎖店是美國零售業的發展新趨勢，試扼要說明之。
6. 日本的批發系統是日本配銷通路一大特色，試扼要說明之。
7. 試述日本綜合商社的特質。
8. 採購組合(purchasing combination)是歐洲配銷通路的特色，試說明其特點。
9. 貨櫃化(containerzation)與墊板化(palletization)是現代實體配銷兩大發明，請分別說明其優點。

第八章　國際訂價策略

國際行銷訂價是一項非常複雜而艱鉅的工作，不但要充分熟悉各項外銷訂價的成本計算，並且要考慮到匯率變動與通貨膨脹的因素；訂價過高固然在國際市場上失去競爭力，而訂價過低時又會面臨「傾銷」的懲罰，故國際行銷訂價不但是一門嚴格的科學，也演化爲一種藝術。

本章第一節爲概述，說明訂價的基本原理與方法；第二節討論外銷訂價的原則、流程與加成；第三節係分析多國性企業內部移轉訂價；第四節係敘述國際企業各種行銷訂價策略。

第一節　概說

現代企業在實際進行訂價(pricing)以前，無論內銷或外銷，應先擬定訂價目標❶，方有助於建立正確的訂價策略。一般而言，訂價目標必須與企業整體行銷目標一致，始能發揮最大的效果。以下茲就訂價基本原理原則，說明如次：

---

❶參閱本書作者著《行銷學》，三民書局，民78年12月初版，pp.199～202。

一、訂價的目標

㈠以最大利潤爲訂價目標

追求「最大利潤」(pricing maximization)幾乎是大多數企業的共同目標。雖然現代企業基於社會福利責任，宜以追求合理的利潤爲理想的目標，但是企業如果沒有涉及獨佔的地位，其以最大利潤爲訂價目標亦無可厚非，因爲市場景氣變化甚大，產品競爭日趨劇烈，企業在有利時機，獲取最大利潤，厚植實力，一旦景氣或競爭逆轉，仍能保持生存的實力。事實上，在現代自由經濟制度下，任何企業欲長期維持不合理的高價策略是不可能的，其可能遭遇的對抗行動將包括：替代性商品出現，新的競爭者加入，需求減少以及採購的延後等。

而且，一個公司「最大利潤」策略宜建立於以長期最大利潤爲目標，或以公司總利潤爲目標，而不是單一產品最大利潤，這樣衝擊才不致於太大。

㈡以獲致投資報酬的訂價目標

任何一個企業對於投入的資金，均希望在一定期間內獲得預期的報酬。此項訂價最爲合理與單純，但公司依然要愼重考慮下述問題：(1)公司是否在產業中居於領導地位，否則要參照競爭者產品售價來訂價；(2)對公司整體業務擴展是否會產生不良的影響？

㈢以穩定價格爲訂價目標

通常某項產品在市場上有一家獨大的公司，這家公司爲了穩定市場的價格，而訂定有主導性的價格稱爲領導者價格(leader's price)，其他較小規模的公司，參照領導者的價格訂定較低的價格，但亦不能太低，以免影響領導者產品的銷路，而遭遇領導者採取削價的報復。美國鋼鐵公司(U.S. Steel)在美國鋼鐵市場多年來居於領導地位，使得美國鋼鐵的價格相對的保持相當的穩定。

㈣以市場佔有額爲訂價目標

市場佔有額的比重一向受到企業的重視，保持一定的市場佔有額往往是企業創造利潤的重要武器，所以許多企業產品初上市時，往往寧可犧牲短期的利潤，來換取一定的市場佔有額。企業有時爲了增加市場佔有率，會採取降價的策略。

現代企業也不能無限制擴張其市場佔有額，因爲政府爲了保護消費者與主張公平交易，往往會出面干預，或者鼓勵或協助新的競爭者的加入。多年前美國通用汽車公司(General Motors Co.)曾經一度佔有50%美國汽車市場，深恐政府可能干涉，主動降低市場佔有額；而美國通用電器公司更爲保守，一向限制其公司各種產品的市場佔有額不超過20%。

㈤爲因應競爭的訂價目標

企業對於競爭者產品的價格均甚敏感，在訂價以前，多數會廣泛蒐集資料，將本公司產品與競爭者同類產品加以審愼的比較，然後採取以下訂價策略：⑴低於競爭者的價格；⑵與競爭者同等的價格；⑶高於競爭者的價格；公司爲了向消費者顯示本公司產品品質較佳，往往訂定較高的價格，同時提高利潤與形象，可謂一舉兩得。低於競爭者訂價則可迅速擴大市場。

二、訂價的步驟

在確定訂價目標以後，才開始實際進行訂價，可區分爲如下的步驟：

㈠估計產品的需要量

訂價的第一個步驟是估計產品的總需要量，對於市場上已有的產品估計並無困難，新產品需要量的估計則頗爲不易，但亦可依據類似產品加以推算。在估算得出總需要量後，先行擬訂市場預期價格，然後估計不同預期價格下的銷售量。產品訂價過高時，市場佔有額過低時，公司會發生生產過剩情況；反之，公司如果訂價過低，發生供不應求現象，公司平白損失應獲之利潤，並引起消費者與競爭者的不滿。

㈡預測競爭者的反應

如同上述，產品訂價過低時，可能引起競爭者的不滿，如果因此引起削價競爭，彼此都會遭遇到傷害。但訂價過高時，雖然會帶來高利潤，但也因而招來新的競爭者，決定價格前不可不愼。

㈢建立預期的市場佔有額

由於公司生產量有一定的限制，而市場上處處存在競爭者與潛在競爭者，更重要的需要考慮消費大衆的反應，以及是否因此會招致政府的干涉，因此產品訂價前應充分考慮主客觀因素，先行擬訂一個理想的市場佔有額，譬如前述美國通用電器公司將該公司各種家電產品，在美國市場理想的佔有額訂爲20%，不足20%的產品項目，設法運用廣告及其他促銷方法，使之接近理想的標準；超過20%的產品，也會削減促銷費用，使之市場佔有額趨於下降。

此外，應在訂價前通盤考慮公司的全部的行銷策略，包括產品策略、配銷通路策略及促銷策略等。

三、訂價的基本方法

訂價依據的方法甚多，但不外乎以下數種主要原則：

㈠按照成本加成訂價法

成本加成訂價(cost-plus pricing)是最簡單的訂價方法，而且大家習慣依據單位總成本加上預期利潤的訂價法。但是，事實上產品的成本有許多計算方法，公司可基於行銷策略依據下述不同成本觀念來訂定售價：

1.固定成本(fixed cost)

係指公司固定的投資，包括廠房、機器設備與高級員工的薪給，這些費用並不隨產量的變動而變動。

2.變動成本(variable cost)

係指生產所需原物料、工人工資以及由於生產所發生的管理費用，因此，變動成本係隨產量之變動而變動。

3.總成本(total cost)

乃以上二種成本的總和。總成本以產量來除所得的商數爲平均總成本(average total cost)，或簡稱平均成本。

4.平均變動成本(average variable cost)

乃變動成本被產量去除所得的商數，此項成本基本上是隨產量的增加而遞減的。

5.邊際成本(marginal cost)

係指每變動(增加或減少)一個單位產量所變動之成本，通常都從增加方面而言，則可稱新增成本(extra or additional cost)，這是生產者最關心的，如何求出一個產量以使能獲得最大利潤。

㈡便利或習慣訂價法

市場上許多產品，由於習慣的關係，形成一種便利的價格或習慣的價格，在物價愈穩定的社會，此種便利價格的範圍愈廣。任何人製造相同產品，爲打開銷路，必須依照便利價格訂價，否則銷路將受很大影響。

因此，市場存有強而有力的便利價格或習慣價格時，如果廠商並未具備特殊優越的條件，最好依照一般價格訂價，甚至於生產因素漲價時，售價與成本之間已毫無利潤可言，只有從降低品質或減少份量著手，甚至於兩者同時施行，而不宜提高售價。

但是如果廠商不願降低產品的品質，而份量又不能再減少時，廠商往往出品一種特大號，暫時仍維持原有產品一段時間，俟顧客認爲購買特大號較爲有利，而習慣於購買特大號時，形成新的便利價格或習慣價格，即可捨棄原有產品。

㈢按照本身生產能量訂價

無論公司規模的大小，在一定期間內，其生產能量均有一定限度，不可能無限制的擴充供應市場。因此公司在訂價前，必須充分瞭解其對市場供應能力，最好能經過一段試銷期間，愼重的比較各種定價下的銷售量。如果在某種定價之下，銷售量最大，而可能獲得利潤也最大時，原屬最理想之價格，但倘若此項銷售量非公司生產能力所足以應付時，則此項價格失去意義，如勉強訂價，最後如發生供不應求情形時，對於公司的利潤與聲譽而言，將遭受雙重的損失。

尤其是新產品上市時，宜將價格略爲訂高，確知本身供應能力能夠配合市場需求時，再行逐漸降低價格，而提高產品在市場的佔有額。

第二節　外銷訂價的原則

產品的訂價原係一項複雜的工作，外銷訂價牽涉因素甚多，其複雜程度更爲不同。在理論上，產品的出廠價格內外銷係相同的，但是事實上卻不然，廠商爲拓銷國外市場，如果不擔心受到外國政府「傾銷」(dumping)的控訴，產品的固定成本儘量由內銷充分負擔，外銷的出廠價格可以根據邊際成本訂定，便較之內銷出廠價格大爲降低，外銷競爭力則大爲增加。但是如果內銷市場競爭激烈，便不可能採取這種訂價策略。基本上產品外銷增加許多額外的費用，產品零售價格往往高出內銷三至四倍，有時甚至於更高，玆先說明外銷訂價所增加費用流程與術語如次：

一、外銷訂價的流程

產品外銷流程遠較內銷爲複雜，實體分配的費用也增加甚多，以海運爲例如圖 8-1 所示，產品從原產地經由內地貨車運送至港口碼頭，然後搬上貨輪，經由海上運輸，到達目的港口碼頭，再搬卸至內地貨車送交顧客，其間所增加內地運費、海運費、保險費及裝卸費用，或由賣方負擔，或由買方負擔，其常見的報價方式主要有如下數種：

(一) Ex-Works (point of origin)

Ex-Works 係指「原產地交貨價格」，是指出口廠商所報的價格只包括出廠價格，此種報價下，出口者的責任與義務都限於原產地(工廠、礦場、

圖 8-1 產品外銷(海運)流程圖

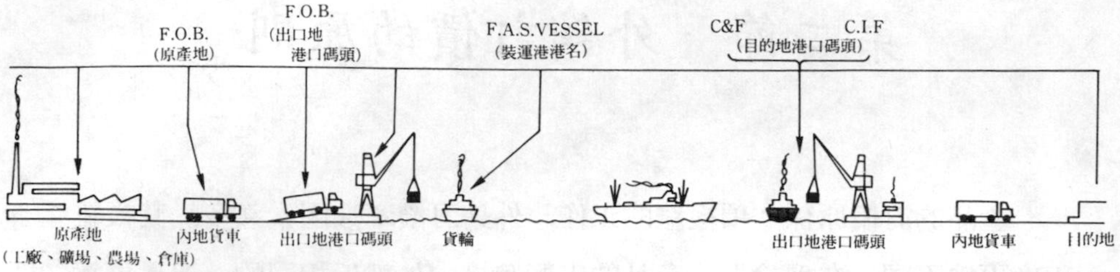

F.O.B.
(原產地)
F.O.B.
(出口地
港口碼頭)
F.A.S.VESSEL
(裝運港港名)
C&F C.I.F
(目的地港口碼頭)
原產地
(工廠、礦場、農場、倉庫)
內地貨車
出口地港口碼頭
貨輪
出口地港口碼頭
內地貨車
目的地

農場或倉庫),至於將貨品裝上貨車運往港口碼頭或其他場所,費用與責任皆由買方負擔。所以原產地交貨價格是所有報價中最低的。

(二) F.O.B.(free on board)

F.O.B.係指「船上(或車上)交貨價格」,出口商報價包括出口廠價及將貨品裝上船板(或車板)的費用。在此種報價下,出口商的責任及義務解除於船板或車板之上。事實上,F.O.B.一詞具有廣泛的含義,必須進一步加以界定,譬如「貨車上交貨價格」係以F.O.T(free on truck)來表示,後面還要加上地點(free on truck, Tainan factory, Taiwan),F.O.R.則代表「火車上交貨價格(free on rail),後面同樣要註明火車站的站名。至於「在船上交貨價格」則要寫成free on vessel, keelung。

(三) F.A.S.(free alongside ship)

F.A.S.係指船邊交貨,係指出口商的責任或義務終止於船邊,與前述F.O.B.的差別僅在於是否將貨品裝上船上,假如貨品體積很龐大或沉重時,這項費用的差別也會很大。F.A.S.正式書寫時也要加上裝運港的港名。

(四) C.I.F (cost, insurance and freight)

C.I.F 係包括「成本、保險費及運費」合併之報價，係指出口商所報價格包括貨品原產地價格、內陸運費、海上運費與保險費，以及其他使貨品運達入口港之所有費用，但不包括入口關稅。賣方之責任與義務終止於貨品到達目的地港口碼頭，以後的卸貨、內陸運費、進口關稅、港口費用及其他費用則均由進口商負擔。

至於 C & F (cost and freight) 報價與上述 C.I.F 報價之差別，僅有貨物運抵目的地港口碼頭前保險費一項，改由進口商負擔，其餘權利義務皆相同。

(五) Ex-Dock (named port of importation)

Ex-Dock 係指「進口港碼頭卸貨價格」，爲出口商所報價格包括貨品安全運抵進口港，並卸下船板，停放碼頭，等候進口商前來領取之前的所有成本。換言之，出口商之責任與義務要一直延續到貨品卸到目的地碼頭後某一段約定時刻爲止。Ex-dock 報價與 C.I.F 報價之差別在於戰爭保險費(若有時)、產地證明費、領事簽證費、進口關稅、港口費用等等，均由出口商負擔，所以 Ex-dock 之報價金額係以上各種報價最高者，而出口商之責任與義務亦最大。

二、外銷付款條件

外銷報價有如上述具備各種方式，同樣外銷付款亦具備各種條件，有的有利於買方而不利於賣方，有的有利於賣方而不利於買方(參閱圖 8-2)，通常由買賣雙方協商決定。茲就常使用的付款條件分述如次❷：

(一)預付貨款(cash in advance)

預付貨款是最利於出口商的付款條件，出口商幾乎不必負擔任何風險，而且立即有資金可供運用於生產。此項付款方式由於絕對不利於進口商，故在國際貿易往來事實上極少使用，除非出口商是一家著有聲譽的大公司，對於一家初次往來的小進口公司相當不信任，或者特殊規格訂製的貨品，出口商不願負擔任何風險。

圖 8-2　外銷付款條件風險三角圖形

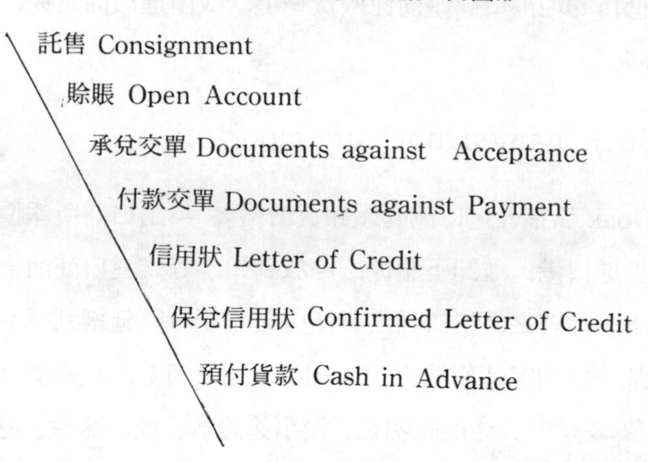

資料來源：Chase Manhatlan Bank, *Dynamics of Trade Finance*, 1984, p.5

(二)保兌信用狀(confirmed letter of credit)

又稱確認信用狀，凡信用狀由開狀銀行(opening bank)以外的另一家銀行加以擔保兌付受益人所開匯票者，稱爲保兌信用狀。開狀銀行

❷參閱 Chase Manhattan Bank, *Dynamic of Trade Finance*, New York, Chase Manhattan Bank, 1984.

若是名不見經傳，或是處在經濟上較差或政治、軍事不穩定的國家，則其兌付能力將遭到受益人(beneficiary)的懷疑，為避免無法收到票款的風險，受益人往往要求信用狀須由信用卓著的第三家銀行加以保兌(confirm)，使之承擔與開狀銀行同樣的責任，出口商在信用狀經保兌後，可不必再擔心開狀銀行能否履行其兌付責任。保兌銀行(confirming bank)通常委由通知銀行(advising bank)擔任，所以保兌信用狀一般都是透過銀行通知受益人。保兌信用狀必定為不可撤銷信用狀(irrevocable credit)，因為不可能有銀行願意對可撤銷信用狀(revocable credit)加以保兌。無保兌字樣者，一律為非保兌信用狀(unconfirmed credit)。

㈢信用狀(letter of credit)

簡稱 L/C，是國際貿易最常見的一種付款方式，指銀行(開狀銀行)徇顧客(通常為買方)的請求與指示，向第三人(通常為賣方)所簽發的一種文據(instruments)或函件(letter)。在該文據或函件中，銀行向第三人承諾，如果該第三人能履行該文據或函件中所規定的條件，則該第三人得按所載條件簽發以該行或其指定的另一銀行為付款人的匯票，並由其負兌付的責任。以信用狀作為付款方式，對出口商而言，只要將貨物交運，並提示信用狀所規定的單證，即可獲得開狀銀行的付款擔保，可不必顧慮進口商的失信，押匯銀行也多樂於受理押匯，故信用狀尚能給予出口商在貨物裝運後即可收回貨款的資金融通上的便利。就進口商而言，由於出口商必須按照信用狀條件押領貨款，開狀銀行審核單證完全符合信用狀條件後才予付款，故可預防出口商以假貨、劣貨充數，或以假單證詐領貨款。

(四)付款交單(documents against payment)

簡稱D/P，與承兌交單(documents against acceptance)同屬跟單託收(documentary collection)的方式。委託人(出口商)裝運貨物出口後，備妥必要單證委託銀行辦理託收時，指示銀行需俟進口商付款後，始交付相關單證的方式。在此方式下，進口商需向銀行付清貨款後，才能自銀行取得單據提領貨物，對出口商而言，則在進口商付款後，始交付代表貨物的相關單證，風險較小，但仍不如銀行信用狀付款方式來得可靠。

(五)承兌交單(documents against acceptance)

簡稱D/A，即在跟單託收，委託人(出口商)委託銀行辦理託收時，指示銀行只要付款人(進口商)對財務單據(financial paper)承兌，即可將商業單據(commercial documents)交付付款人的託收。此種託收所用的財務單據通常爲遠期匯票(usance draft)，進口商只要向銀行辦妥匯票承兌手續，即可領取商業單證提貨，並可獲得資金融通；但對出口商而言，其風險遠較付款交單託收(D／P collection)爲大，除非進口商信用良好，否則其於承兌、領單、提貨後，因市場或其他因素而拒絕付款，出口商將遭致重大損失。

(六)賒帳(open account)

賒帳是open book charge account的簡稱，簡稱爲O/A，又稱account receivable或on credit或on account。屬交貨後付款的付款條件，依此條件交易，賣方將貨物裝運出口後，即將貨運單證直接寄交買方提貨，有關貨款則記入買方帳戶借方，等約定期限(如每半年或一年)屆滿時，再行結算。由於以記帳方式交易對賣方而言風險較大，故國際貿易上較爲少見，一般僅在一些大公司對於其海外分公司或附屬子公司銷售產品時才以此方式交易。

賒帳在歐洲各國貿易往來時則較爲普遍。

㈦託售(consignment)

託售屬於信用交易，出口商以寄售人(consignor)的身分，將貨物運交國外，委託當地代理商或代銷商爲受託人(consignee)代爲銷售，俟貨物售出後，再由受託人將貨款扣除寄售佣金(consignment commission)及費用後匯與寄售人的銷售方式。商品在未出售前，其所有權仍屬寄售人，萬一受託人倒閉，寄售人仍可收回寄售商品，而受託人的債權人不得對寄售商品主張權利。該項寄售貨物在運抵進口地後，應由受託人自行洽存於海關保稅倉庫(bonded ware house)，取得保管單，並以保稅倉庫內交貨的條件洽銷寄售貨物。於售出後，由買受人納稅報關提貨。若在期限內無法售出，即將未銷貨物運回出口國或轉運他處銷售。各國海關均視貨物並未進口，可准免稅退運出口。寄售方式常使用於開發新市場或出售新貨物時，因爲受託人並無充分把握，不願採用一般的付款條件。此外，由於貨物輸出時尚無承購對象，何時售出並無把握，外匯收入甚難控制，所以實施外匯管制的國家多不鼓勵這種貿易方式。我國爲配合外匯管制解除，已廢止「寄售進口貨品辦法」，故所有涉及寄售的貿易行爲完全自由，不受限制。

因此審視圖8-2，就賣方觀點，預付貨款風險最低，而寄售風險最高；但就買方觀點，託售利益最大，而預付貨款對買方而言利益最小。事實上，買賣任何一方並不能主觀要求有利於自己的方式，應充分考慮客觀的因素和對方的立場。茲以出口商爲例，提出付款條件時應考慮以下因素❸：

---

❸參閱 Chase Manhattan Bank, *Dynamics of Trade Finance*, 1984, pp. 10～11.

⑴貨款的金額與保護的需要。

⑵競爭者對買方的付款條件。

⑶產業的慣例。

⑷國際金融移轉的能力。

⑸雙方的相對實力。

三、外銷報價的加成

在傳統的國際貿易觀念下，出口商的外銷報價只重出廠價加外銷利潤，充其量再進一步計算貨物運抵對方港口，加上所謂運費、保險費的 C.I.F 報價，至於此後關稅、港口費用、內陸運費、營業加值稅，以及進口商、批發商與零售商的利潤，就極少去關心了。但是，就現代行銷的觀點，出口商不但要知道自己產品在國外市場之零售價，甚至於顧客購用以後是否滿意，都成爲關心的課題，因此無論本身或進口商、批發商與零售商付出的管銷費用，都應加以瞭解，例如人事費、內陸實體配銷費用、行銷研究費用、公關費用及廣告支出等。

表 8-1 係各種通路架構下外銷價格的加成情形，第一欄係外銷產品經由最複雜通路體系，從進口商、大批發商、地方批發商到零售商，經過層層的加成，零售價幾乎是原產地價或出廠價的五倍；在這種通路分配情形下，外銷產品顯然失去競爭力，出口商往往希望簡化配銷通路，超越一個或兩個層次的中間商。因此表 8-1 第二欄係超越大批發商，零售價已降至 4 倍；第三欄則係直接經由大批發商到達零售商，零售價再降爲 3.2 倍，至於第四欄，表示出口商直接銷貨給零售商，這時零售價可能降至 2.5 倍，當然事實並不完全如此，零售商直接向出口商進貨時，擔負較大風險，支出費用也較多，故零售利潤往往較高，通常加成 100%，故零售價也與第三欄非常接近。

表8-1　外銷價格的加成

	(1)	(2)	(3)	(4)
生產者／製造商				
原產地價／出廠價	10.00	10.00	10.00	10.00
＋保險費、運費(C.I.F.)	3.00	3.00	3.00	3.00
＝到岸價格(C.I.F.價格)	13.00	13.00	13.00	13.00
＋關稅(10%×C.I.F.價格)	1.30	1.30	1.30	1.30
進口商				
＝進口商成本(C.I.F 價格＋關稅)	14.30	14.30	—	—
＋進口商利潤(20%×進口商成本)	2.86	2.86	—	—
＋營業加值稅(15%×進口商成本＋利潤)	2.57	2.57	—	—
大批發商				
＝大批發商成本(進口商報價)	19.73	—	14.30	—
＋大批發商利潤(25%×上項成本)	4.93	—	3.58	—
＋營業加值稅(15%×上項利潤)	0.74	—	*2.68	—
地方批發商				
＝地方批發商成本(大批發商報價)	25.40	19.73	—	—
＋地方批發商利潤(25%×上項成本)	6.35	4.93	—	—
＋營業加值稅(15%×上項利潤)	0.95	0.74	—	—
零售商				
＝零售商成本(地方批發商報價)	32.70	25.40	20.56	14.30
＋零售商利潤(50%×上項成本)	16.35	12.70	10.28	7.15
＋營業加值稅(15%×上項利潤)	2.45	1.90	1.54	**3.22
＝零售價	51.50	40.00	32.38	24.67

注：*本表營業加值稅以15%例示，主要由於歐洲單一市場各國統一營業加值稅以15%爲目標
**此處營業加值稅計算方式係15%×(進口成本＋利潤)

第三節　移轉訂價

移轉訂價(transfer pricing)或稱內部移轉訂價(intra-company

transfer pricing)，係指多國性企業全球行銷策略中，母公司與子公司間或各子公司間的移轉訂價，對多國企業整體之經營與利潤均發生重大影響，往往成爲多國性企業財務策略的一部分❹。

一、移轉訂價的含義

多國性企業內部的移轉訂價，係指企業體系內各事業單位間，半成品、成品等各項交易價格的訂定，由於產品在各事業單位間移轉，如同國際貿易一樣，常會受到許多限制和障礙，所以必須考慮之關稅、匯率、其他稅負、地主國合夥人的態度、子公司與當地社會關係、以及本國或地主國的法律限制、企業體系內部績效評估標準等多項因素，方能訂出最佳的內部移轉價格，使企業獲得最大整體利益。

當多國性企業進行內部移轉訂價決策時，通常會面臨無數來自企業內部或外部的壓力。在內部方面，譬如母公司與子公司的行銷主管，都希望產品價格在市場上具有競爭力，或產生最大行銷利潤。而在企業外部方面，譬如地主國稅務機關即對多國性企業構成壓力，要求當地子公司降低進口的移轉價格。由於在這許許多多相互對立、衝突的因素影響下，多國性企業應隨時注意移轉價格之調整。

多國性企業內部移轉價格之訂定，基本上有兩種方式：

⑴以對外界獨立客戶的報價或採購的「市價」爲基準，經各企業單位間協商而訂定之。

⑵以「成本」加成爲訂價基礎，此「成本」可採用總成本、變動成本或邊際成本等方式。

❹參閱王泰元教授著《國際企業經營策略與實務》，民 74 年 8 月出版，pp.460～472。

二、移轉訂價的功能

多國性企業經由內部移轉價格政策性的「訂高」或「訂低」，即可促使各事業單位達成其特定經營目標，茲擇要說明如下：

㈠提高市場競爭力

多國性企業若欲提高其國外市場競爭力，最簡單的方法即是「低」報出口價，以利子公司在當地市場的價格競爭，不過採取這項策略時，最要注意是否會受到地主國傾銷的控訴。

㈡靈活移轉內部資金

多國性企業亦可「高」報出口價，從地主國移出當地子公司的資金，以利其全球性資金的調度，尤其是預期地主國的貨幣將會大幅貶值時，或為了防止當地通貨膨脹侵蝕了子公司的資產。雖然，多國性企業可利用移轉訂價移出資金，減低財務風險，但仍須密切注意是否會嚴重影響子公司在當地的競爭力。

㈢減輕稅損負擔

1.減低關稅成本

在高關稅的國家，多國性企業為維持其子公司的市場競爭力，往往要儘量壓低出口報價，但是亦有一定的限度，一方面是顧及母公司的生產成本，另一方也要考慮避免反傾銷的控訴。

2.減輕所得稅負

在關稅低，但所得稅很高的國家，譬如大部份的歐洲國家，多國性企業對這些國家子公司的報價則應儘量提高，以降低獲利，而將利潤留在母國總公司，或移轉到所得稅負低的其他國家子公司，以享受當地之低稅率，進而提高企業整體的稅後總利潤。

3.克服各國政府管制

⑴突破貿易限制　若地主國政府採取配額、補貼或其他非關稅之貿易限制時，多國性企業因而必須採取不同因應措施。譬如地主國政府限制進口「數量」時，在不影響產品在當地之競爭力的原則下，宜將移入價格訂「高」，以彌補無法大量進口的損失；但若管制的是進口「金額」，則可將移入價格訂「低」，以增加進口數量。

⑵克服外匯管制　在地主國實施外匯管制情形下，不利於當地子公司進口他國產品時，多國性企業可以儘量用「低」移轉價格來克服外匯管制，使當地子公司以較少量的外匯支出，即可進口大量的產品。

⑶克服盈餘匯出的限制　多國性企業在地主國營運所得利潤，若地主國限制盈餘匯出，採取「高」移轉價格策略，可有效的將這些利潤，附加於內部移轉價格中匯出。

事實上，多國性企業移轉價格可發揮之功能頗多，除了上述四項外，可經由內部移轉價格之調整而達成許多經營目標。譬如，多國性企業可藉著「低」移入價格，「高」移出價格，提高子公司之獲利率，因而增加子公司的借款信用，而且如果子公司股票上市，更可藉此提高股票價值。此外，若子公司利潤過高，易引起當地消費者或政府當局的反感，甚而公會要求提高工資，此時母公司則可逆向操作，降低當地子公司的利潤。

三、移轉訂價的限制

雖然多國性企業經由內部移轉訂價達成特定的目標，但在實際運用時受到相當多的限制，茲扼要說明如次：

1.利潤中心之績效影響

多國性企業在其利潤中心制度之推行下，各事業單位都須對本身的績效負責，自然會抗拒不利於本單位獲利能力之任何移轉價格，因而往往使得內部移轉訂價政策較難靈活運用。

2. 子公司的股權比例

多國性企業之國外子公司若係合資企業，則合夥人對移轉價格之訂定，必然是以自己的利益爲主要考慮，致使多國性企業無法充分運用內部移轉訂價政策，達成企業整體利潤最大化之目標。

3. 各國政府對非常規交易的限制

五○年代，多國性企業在移轉價格上之任意調整，幾乎可達到隨心所欲地步。然而近年來，各國稅務當局對多國性企業內部移轉價格，均予以密切注意，除了廣泛蒐集市場交易價格資料外，並加強各國稅務資料的交互查證，以防止多國性企業利用內部移轉訂價逃避稅負。因此，今日多國性企業對內部移轉價格之調整，已不似昔之操縱自如，據最近某項研究指出，在歐洲之美國多國性企業，已不再使用移轉訂價政策作爲合法避稅手段。但就個別企業而言，儘管各國限制諸多，國際企業仍擁有相當大的移轉價格彈性可資利用，以達成其特定的經營目標。

第四節　國際行銷各種訂價策略

國際行銷環境瞬息萬變，國際訂價面臨極端複雜處境，經常遭遇競爭者的挑戰，或通貨膨脹與匯率變動的威脅，必須妥擬各種訂價策略以茲因應。

一、多國訂價的三種基本策略❺

㈠母國導向

母國導向(home-country oriented)訂價策略又可稱爲民族中心(ethnocentric)訂價策略，即多國性企業一切的訂價決策與策略均以母國的經營觀念爲取捨標準，因此國際訂價絕不考慮目標市場或地主國之需求與競爭狀況，此種策略的優點是簡單，但缺點是忽略了競爭及需求，公司整體利潤未能最大化。

㈡地主國導向

地主國導向(host-country oriented)訂價策略又可稱之爲多元中心(polycentric)，即多國性企業爲因應地主國及目標市場之特殊狀況，採取一切以地主國之特殊情況爲主之經營理念。在地主國導向經營理念下，訂價決策往往授權予各子公司，母公司對子公司並不管制，但是各國之訂價與子公司間之移轉訂價仍會給予協調以免訂價差距過大，影響公司整體利益與形象。

㈢全球導向

全球導向(world-oriented)也可稱之爲全球中心(geocentic)，即多國性企業既不偏重於母國也不關照地主國，亦即國際行銷係以公司整體爲基本著眼點，國際訂價以達成公司整體最高利潤爲目標。

---

❺參閱高瑞麟先生編譯《國際行銷學》，華泰書局，民 76 年 7 月初版，pp.272～274。

二、達成行銷目標的兩項基本策略

爲達成國際企業行銷目標，尤其初進入國際市場時，在價格方面可採取策略甚多，但最基本的兩項策略稱爲「撇脂訂價法」(skimthe cream pricing)與「滲透訂價法」(penetration pricing)，茲分述如次❻：

(一)撇脂訂價法

所謂撇脂訂價法是將產品價格訂得很高，儘可能在產品生命週期初期，或者進入一個國外新市場時賺取最大利潤，正如在鮮奶中撇取脂肪——提取其精華。此項高訂價策略如果未引起顧客的反感與排斥，公司可充分享受高利潤，運用豐沛的資金來擴充市場。如果因訂價過高而影響預期的行銷目標，則可用削價打擊競爭者。

此外，公司初進入一個國外新市場，市場不致發展過於迅速，使公司供應能力容易應付，不致發生供不應求之現象。

(二)滲透訂價法

滲透訂價恰與上述撇取訂價相反，係將產品訂價低於預期價格，進入國外新市場。採取此項低價策略，可在短期內迅速將市場打開。

滲透訂價法較撇脂訂價法具備積極的競爭性，在下述情況下，採取滲透訂價較爲有利：

(1)市場能否擴張與價格具有密切的關係，即產品的需求彈性因此會很高。

---

❻參閱本書作者著《行銷學》，三民書局，民78年12月初版，pp.205～206。

⑵由於單位生產成本與行銷費用，直接關聯銷售量的多寡。換言之，銷售量愈大，生產與行銷成本愈低。

⑶倘若潛在市場很大，而競爭者又容易進入市場時，採滲透訂價法，由於訂價低，利潤微薄，許多人不願參加競爭，以後再逐漸提高售價，則能充分享有市場佔有額。

⑷消費者購買力薄弱之市場，宜採滲透訂價法。

三、因應通貨膨脹的訂價策略

有如上述，訂價本身已經是一門複雜的工作，國際企業如果遇到通貨膨脹(inflation)很高的外銷市場，如南美洲多數國家，多年前巴西、阿根廷一年的通貨膨脹率曾高達1,000%以上，訂價工作更是難上加難。從另一個角度觀之，在通貨膨脹率很高的國家，其消費者多願意將手邊的錢變爲貨品，市場反而非常興旺，所以如果熟知因應通貨膨脹訂價法，國際企業反而會賺到更多的利潤。茲以阿根廷市場爲例，假定貨幣穩定情形下的訂價，與該年通貨膨脹假定達84%情形下的訂價，比較如以下二表❼：

穩定的貨幣下：

原　料	250	披索
間接費用	100	
人工成本	100	
包裝成本	50	
總成本	500	披索
毛　利(20%)	100	
售價(現金售價)	600	披索

❼參閱陳振田、呂鴻德兩位先生編譯《國際行銷管理》，五南圖書出版公司，民80年二版，pp.563～564。

每年84%的通貨膨脹率下：

※假定原料每四個月採購一次(使用前)，人工成本在產品銷售的一個月前計入，間接費用每一個月計算一次，包裝材料在產品銷售前三個月採購。		
原　料	250＋70(28%通貨膨脹—4個月)	320披索
人工成本	100＋7(7%通貨膨脹—1個月)	107披索
間接費用	100＋7(7%通貨膨脹—1個月)	107披索
包裝材料	50＋11.5(21%通貨膨脹—3個月)	62披索
總成本		596披索
毛利(20%)		119披索
售價(現金銷售)		715披索

以上舉例可以說是最簡單情形下的訂價方法，事實上，生產所需的原料可能多達數種或數十種，各種原料來源不同，漲價幅度也不儘相同，再加上其他行銷成本，故價格調整涉及非常複雜的公式，如果有所疏漏，便會賠累不堪。

此外，可任意按照上表調整價格，也可能僅是一種理想，因爲物價愈不穩定的國家，政府對物價干預的程度也愈高，因此國際企業擬訂訂價策略時，必須密切注意地主國政府對批發物價的管制，以及民生必須品價格管制措施等。

在通貨膨脹下訂價確屬不易，尤其又有政府干預與控制存在時。以下是應注意的重要步驟：

(1)良好的成本會計非常重要，尤其要有精確的成本預測。

(2)儘可能從其他國家的供應商得到較低的原料與零件。

(3)如果需要原料可自期貨市場操作時，儘可能預先訂購遠期所需之原料。

(4)長期採購合約中可能需要增加一些彈性條款。

(5)賒銷期限可能必須縮短。

(6)原料價格上升劇烈的項目可能必須找出替代品。

四、因應滙率變動的訂價策略

一國幣值的升值與貶值，對國際企業而言是不可控制的因素，如何因應雖然可運用外滙期貨的買賣對做以減少或分散風險，但仍然不能根本解決問題，因爲滙率變動之後，整個國內外經濟及物價等都會受影響。

當一國貨幣升值時，國際企業因應之道可能有如下數種方式❽：

⑴維持原來報價，由外國進口商負擔升值的部分。

⑵自行吸收升值部分，但減少管銷費用，俾維持利潤不變。

⑶由買賣雙方協商分擔升值之部分。

⑷自行吸收，但外銷利潤下降。

以上究竟那一種方式最爲妥當，要視各種情況而定，首要是升值的幅度，升值維持的時間，其次是出口商品的國外需求彈性，最後視公司的資源、目標而定。

至於一國貨幣貶值時，其可能採取的因應措施如下：

⑴售價不變，享受第一循環的利益。

⑵將貶值後多出來的利潤拿來作行銷活動的開支，例如改進產品設計，增加分配通路的效率，增加促銷活動等。

⑶降低部分外幣報價，使貶值的利益分享進口商。

⑷降低外幣報價，使貶值利益完全歸屬進口商。

---

❽參閱高瑞麟先生編譯《國際行銷學》，華泰書局，民 76 年 7 月初版，pp.265～266。

〔第八章附表索引〕

〔第八章附圖索引〕

〔問題與討論〕

1.試申述以最大利潤爲訂價目標的含義? 並請討論現代企業是否宜採取最大利潤爲訂價目標?
2.簡述產品外銷訂價的流程。
3.外銷付款各種條件中，請就賣方的觀點，說明何種付款條件風險最小? 何種風險最大?
4.外銷付款條件中，請說明保兌信用狀(Comfirmed letter of credit)與一般信用狀的區別?
5.說明多國性企業移轉訂價的含義，及其所面臨內部與外部的壓力。
6.多國性企業移轉訂價有那一些重要功能?
7.近年來，多國性企業實施移轉訂價時，受到各種限制，試申述之。
8.試比較說明多國訂價三種基本策略。
9.何謂撇脂訂價法(Skim the cream pricing)與滲透訂價法(Penetration pricing)? 試比較說明其優點與缺點。
10.國際企業面臨地主國通貨膨脹時，應如何加以因應?
11.國際企業遇本國貨幣升值時，可能採取那一些因應措施?
12.國際企業遇本國貨幣貶值時，可能採取那一些因應措施?

第九章　國際促銷策略

從傳統商業活動觀點，促銷(promotion)就是整個行銷(marketing)的範圍，企業的業務經理最重要任務就是做好促銷工作。但是，從現代行銷觀點，促銷工作卻似足球賽的「臨門一脚」動作，足球應經過全體球員密切的配合與努力，將足球傳送到門前，才有機會發揮臨門一脚的威力。本書從國際行銷環境分析，各種國際行銷策略的探討，最後才討論國際促銷策略，其隱含深意亦在於此。

至於促銷策略，國際促銷與國內促銷頗多類似之處，主要分別在於國內促銷面對熟悉的行銷環境，而擬訂與實施國際促銷策略時，宜時時注意目標市場或地主國的特殊行銷環境。

促銷策略最重要的有廣告、人員推銷、商業展覽與銷售促進等策略，但自八〇年代以來，公共關係與策略聯盟也逐漸成爲促銷策略之一環，尤其在國際促銷努力時，更居於重要的地位。

第一節　廣告

廣告係將產品或服務的訊息，透過媒體傳遞給潛在的購買者，希望喚起他們的注意、興趣、好感，從而引起購買行動。由於廣告支出，尤其是國際廣告費用非常龐大，所以在付諸行動以前，宜確實做好事前準備工作，方能以最小費用支出產生最大廣告效果。因此本節就從重要事前準備工作開始敍述：

一、實施廣告前的準備工作

㈠決定廣告訴求對象

廣告付諸行動前，首要工作是確定廣告訴求對象。無論國內外廣告，宜先應用市場區隔策略找出目標，再從目標市場找出那些羣體是潛在的購買者。針對購買者的廣告活動，不但效果直接而有效，費用支出也可節省很多。譬如六〇年代臺灣開始發展成衣外銷時，某大成衣廠先做了一項行銷研究，當時發現美國是發展潛力最大的市場，由於當年臺灣生產的成衣，在質料和做工方面都很落後，經過市場區隔策略的評估後，決定選擇十四～十七歲的美國青少女爲銷售對象，後來證明這項策略非常正確。

㈡決定廣告訴求目的

在實施廣告活動前，預先確定廣告訴求目的與訴求對象同樣的重要，訴求目的不明確，可能造成廣告費用的浪費而不能產生預期的效果。譬如許多外銷廠商僅是爲其產品發掘出口機會，甚至於僅針對某些特定目標市場，尋找進口商、經銷商或代理商，這種情形下，外銷廠商不妨儘量利用國內出版的外銷刊物，不但效果直接而且所花費用不多。但是如果廠商要爲其產品建立全球性形象廣告，廣告費用必然非常龐大，宏碁電腦公司就曾在 1992 年世界電腦市場陷於不景氣的時候，推動了一項爲數二千萬美元的全球產品形象廣告方案，廣泛引起全世界媒體的注意。

㈢決定廣告預算

廣告預算的多寡直接影響廣告的效果，但是公司的支出有一定的限制，而且與上述廣告訴求對象與目的，以及廣告的訊息、媒體的選擇、決定廣告代理商等均有密切的關係，以下係公司決定廣告預算一些常用方法：

- 根據銷售目標擬訂。
- 根據銷售量的一定比例而擬訂。
- 根據公司主管的判斷而擬訂。
- 盡公司最大負擔能力來做廣告。
- 比照競爭者的廣告預算。
- 比照上一年的廣告預算，或略作少許增加。

二、媒體的選擇

工商業愈發達，廣告媒體愈來愈多，愈來愈複雜；但大體上言，廣告媒體可分爲視覺媒體，主要有報紙、期刊、海報及戶外看板等；聽覺媒體主要有收音機廣告；視聽綜合媒體主要有電視、電影院及戶外電視牆等；茲分別分析如次：

㈠視覺媒體

報紙與雜誌(期刊)是兩種最重要的視覺媒體，原則上報紙是屬於地區性媒體，但是世界各國有幾份報紙在國際間擁有很高的聲譽，諸如英文報紙有英國《泰晤士報》、《金融時報》，美國《紐約時報》、《華盛頓郵報》、《前鋒論壇報》及《華爾街日報》等，而且《金融時報》、《華爾街日報》、《前鋒論壇報》以及《美國日報》(*U.S. Today*)發行已遍及全世界。上述各報皆發行量大，廣告費非常昂貴，但是對於產品欲建立全球性形象，仍是非常重要的媒體，前述宏碁公司二千萬美元預算，亦在上述數家報紙刊登全版形象廣告。

雜誌或期刊可區分爲國際性、地區性與專業性三種，都是國際行銷重要媒體，著名的英文雜誌有 *The Times, Newsweek, Business Week, Fortune* 及《讀者文摘》等，這些期刊並發行世界各主要語言之版本，與上述著名報紙相同，這些期刊讀者衆多，廣告費昂貴，只適合大規模跨國公司刊登企業或產品形象廣告，譬如美國 IBM、通用汽車、通用電器、波音，日本的新力、松下、東芝、豐田汽車，韓國的現代、金星，以及世界的各大航空公司均常利用這些期刊刊登形象廣告。專業性期刊是推廣產品最有利的媒體，不但達到區隔市場、區隔顧客的目的，而且廣告費用相當的低廉。至於區域性的期刊，是針對區隔市場最好的媒體，工業國家的各城市商會及各大都市世界貿易中心都出版有定期刊物，這些刊物通常廣告定價較低，但發行幾乎遍及各該地區的每一家企業。

如果出口廠商僅係單純發掘外銷機會，尋找進口商，則國內出版推廣外銷刊物，如外貿協會、中國經濟通訊社及貿易風出版的期刊，不但收費低廉，效果也非常直接。

海報與看板按單位算每一單位支出費用並不大，但數量龐大時則費用非常可觀，故應做好市場區隔工作，針對特定市場與潛在消費者實施。海報與看板常運用於運動比賽及音樂演唱會場合。

㈡聽覺媒體

收音機廣播是最重要的聽覺媒體，對於忙碌的現代人而言，收音機廣播可以伴同你工作、上下班、運動及休閒、旅行等，你寫作或看書時可以同時聽收音機，你上下班交通途中，或者散步、慢跑可以帶一個隨身聽，汽車、火車、輪船與飛機上也都可以收聽收音機廣播，所以聽覺媒體這方面的優點，是視覺媒體與視聽綜合媒體無法比擬的。收音機廣播雖然透過現代科技，無遠弗屆，但基本上，收音機廣播屬於地區性廣告色彩較爲濃厚。

㈢視聽綜合媒體

電視可以說是現代生活不可或缺的一部分，尤其從美國與臺灣的觀點，電視廣告無所不在，效果驚人，不過許多歐洲國家卻不許商業電視臺的設立，一般電視臺在廣告播送時間與內容方面都受到嚴格的限制，企業想要在電視上出現畫面，要採取迂迴的方法，譬如在重要運動比賽、音樂演唱會的場地設置看板，電視轉播時觀衆就有機會看到廣告畫面。近年來，衛星轉播愈來愈發達，歐洲及中東國家對電視廣告嚴格的限制漸失去意義，亞洲各國透過日本衛星、亞衛與無線衛視，幾乎已成爲一個單一市場。

臺灣電視廣告市場，由於衛視與有線電視的加入，三臺壟斷的局面已發生變化，事實上，一個大中華共同體的電視廣告市場，業已逐漸形成中。

在影院電影放映前播放廣告，也是視聽綜合廣告的一種，但其重要性遠不及電視廣告，故只能視爲地區性輔助性廣告。至於近年興起的各大都市電視牆廣告，其功能與性質頗類似海報與看版。

全世界市場購買力⅔以上集中在歐洲、北美與東南亞，故媒體效力如果能達到這三個地區，便可視爲世界性廣告媒體。

三、國際廣告內容的擬訂

製作國內廣告文案較爲單純，雖然設計一份的好的文案也不容易，但是國際廣告的內容，由於牽涉語言隔閡、風俗習慣、教育水準與政府法規的差異，稍有不愼，不但不能發生傳播的作用，反而產生負面的效果，所以設計國際廣告內容時，應週詳的考慮各種因素：

㈠語言文字的差異

語言文字是國際信息溝通的最大障礙，不同的國家使用不同的語言，甚至於同一國家不同地區使用不同的語言，譬如比利時北部講的是法蘭德斯語(Flemish)，係類似荷蘭語的一種語言，而南部用的是法語，人口幾乎各佔一半；又獨立國協中亞的六個共和國，主要語言不是俄語而是土耳其語；加拿大蒙特婁省使用法語遠較英語普遍；西班牙語廣泛使用於中南美各國，但巴西卻是採用葡萄牙語。

同時語言文字使用於廣告不僅限於正確而已，而且要能夠傳神，也就是說有說服力的語言必須用的是內心的語言(language of the heart)；因此，廣告內容轉換成另一種文字，不能只是翻譯而已，應透過當地廣告設計人，充分將廣告內容傳神的表達出來。

一個國際化的公司，在爲產品取名稱時就要注意到各種主要語言的含義，稍有不愼，可能帶來不可彌補的後果。例如，美國福特汽車公司一種小型車取名“FIERA”，在西班牙語中含義爲「醜陋的婦人」，因此銷路奇差。另一家美國汽車公司車名“MATADOS”，取名時採其英文具有「雄壯」的含義，但卻發現這個名稱在波多黎各語言中具有「殺人者」的意義，當地大家都不願意買這種車。

(二)風俗習慣的差異

歐美各國多不喜歡 13 這個數字，尤其 13 號又逢星期五，視爲大不吉利，新產品廣告在這一天刊出，一定效果欠佳。中國人都忌諱 4 這個數字，因爲 4 與「死」諧音。對於廣東人來說，對於 6、8、9 這三個數字，卻特別喜愛，因爲廣東音 6「祿」，8 爲「發」，9 爲「久」，「祿發久」是大吉大利的意思，因此中國人在美國汽車牌照號碼多選用這三個數字。但 9 字在日本卻不受歡迎，因爲它的發音與苦字相同。

此外，世界各地區對色彩和圖案也有特別的愛好和禁忌，設計廣告內容時，也要特別加以運用或者避免的。例如白色在歐美象徵純潔，在亞洲則與喪事關連；大象在東南亞是受歡迎的圖案，而英國是忌用的；豬的圖形在整個中東回教國家是不能使用的。

(三)教育水準差異

教育與文化水準較高的國家，具有創意的文字廣告，往往發生很大的傳播效果，而多數非洲、中南美國家，教育水準低，文盲率高，要儘量利用聽覺媒體與視聽綜合媒體，如果必須使用視覺媒體，儘量運用圖案代替文字。有的非洲、中南美國家甚至於收音機與電視機普及率甚低，廣告溝通就只好使用圖案的海報與看板，有時還必須利用廣播車在市區街道巡迴廣播。

(四)各國法規差異

工業先進國家包括臺灣在內，爲保護消費者，促進公平交易，對廣告內容作各種不同程度的規範，主要基於誠信原則，廣告內容不能誇大，不能作不實之陳述，以致誤導消費者購買。許多歐洲國家廣告內容不准攻擊其他競爭者產品，或誇說自己產品最好。有的國家規定廣告中不得出現不雅的言辭與恐怖的圖案。

此外，近年來許多國家都限制醫藥品與香煙刊登廣告，酒類廣告也受到很多的限制。

四、國際廣告代理商的甄選

國際廣告由於語言文字、風俗習慣、教育水準與各國法規的差異性，以及媒體的複雜性，已經不是一家企業本身可能負擔的工作，必須藉助具備專業人才、經驗豐富的國際廣告代理商，表 9-1 係世界最大三十家廣告公司，其中有多家在臺灣已設立分公司，選擇國際廣告代理商，除考慮其規模與專業人才外，並應考慮以下各因素：

- 在主要目標市場是否設分支機構？
- 在企業所在國是否設有分支機構？
- 在客戶中那一些是著名的國際公司？
- 代理商是否提供正確市場調查資訊？
- 代理商對公司產品競爭者的瞭解程度？
- 代理商的公共關係能力？
- 代理商的溝通能力？

從以上分析可以得知，在全世界設有分支機構的大規模廣告公司愈來愈受到國際企業的重視，上述三十家世界排名最大廣告公司，已經有⅓以上在臺灣設有子公司或辦事處。

表9-1 世界廣告代理商排名(1989)

名次	代理商	毛利 (百萬美元)	業績
1	Dentsu Inc.	$1,229	$9,450
2	Young & Rubicam	758	5,390
3	Saatchi & Saatchi Advertising Worldwide	740	5,035
4	Backer Spielvogel Bates Worldwide	690	4,678
5	McCann-Erickson Worldwide	657	4,381
6	FCB-Publicis	653	4,358
7	Ogilvy & Mather Worldwide	635	4,110
8	BBDO Worldwide	586	4,051
9	J. Walter Thompson Co.	559	3,858
10	Lintas: Worldwide	538	3,586
11	Hakuhode International	522	3,939
12	Grey Advertising	433	2,886
13	D'Arcy Masius Benton & Bowles	429	3,361
14	Leo Burnett Co.	428	2,865
15	DDB Needham Worldwide	400	3,020
16	WCRS Worldwide	290	2,029
17	HDM	279	1,938
18	Roux, Seguela, Cayzac & Coudard	210	1,527
19	Lowe, Howard-Spink & Bell	197	1,316
20	N W Ayer	185	1,348
21	Bozell, Jacobs, Kenyon & Eckhardt	179	1,283
22	Dai-Ichi Kikaku	142	978
23	Daiko Advertising	140	1,127
24	Tokyu Advertising Agency	135	1,115
25	Wells, Rich, Greene	117	836
26	Scali, McCabe, Sloves	107	771
27	Ketchum Communications	106	776
28	Asatsu Advertising	105	755
29	I&S Corp.	97	691
30	Ogilvy & Mather Direct Response	97	647

資料來源：*Advertising Age*, 1989年3月29日

五、廣告策略的探討

廣告策略係企業根據市場研究分析、產品研究與消費者研究等，在企業整體行銷策略以及廣告訴求對象與目的的原則下，對廣告活動的發展方式、媒體選擇和廣告文案重點作成決策，謹簡述如次：

㈠形象廣告策略與產品廣告策略

形象廣告是要塑造企業、產品品牌與商標的形象，並鞏固和發展這種形象，使廣大消費者與潛在購買者產生信譽和感情。因此這類廣告製作應具備高水準、高品味，辭藻美麗、情感動人、耐人尋味，例如廣告圖案充分表現產品高格調，擁有這些產品的人的風度，這些廣告不但塑造產品形象，進而塑造企業形象。

產品廣告的目標就是推銷產品，主要是推介、宣傳產品的優點和特點，引起消費者購買的欲望與行動。事實上，一則優美的產品促銷廣告，也會有助於提高企業與產品的形象；同樣，好的形象廣告也可以促銷產品。不過由於廣告策略不同，廣告內容，媒體選擇都有著很大差異性。

㈡總體市場策略與區隔市場策略

總體市場策略是企業將整個市場看成同質的，企業的產品幾乎是家家戶戶，甚至於人人要用的，譬如牙膏、洗髮精、果汁、速食麵、冰淇淋等這些大衆化的產品，企業面對總體市場策略，不但廣告內容要大衆化，普遍化，媒體也要選擇家家戶戶經常接觸的，譬如電視、銷路廣大的報紙、大衆化的雜誌等。

區隔市場係將整個市場細分爲若干不同的市場，企業向一個或數個區隔市場促銷，譬如某家玩具廠商僅生產幼兒玩具，因此僅需要向幼兒市場促銷，如果尚產製其他年齡階層玩具，因此市場區隔除幼兒市場外，至少尚可細分爲男童市場、女童市場、少男市場及少女市場等，廣告內容和媒體都要充分多樣化，才能達到促銷的效果。

㈢滿足基本需求策略與選擇需求策略

產品可以區分爲日用品與選擇品，消費者的需求也可以區分爲基本需求和選擇需求，消費者購買日用品或生活必需品係滿足基本需求，而購買選擇品係滿足其選擇需求。通常滿足消費者基本需求的產品，應是物美價廉，供應充足、長期耐用、購買方便，因此廣告應充分表現大衆化和實惠的特色，廣告所使用語言多簡明而通俗易懂。

滿足消費者需求的產品，應有其獨特性，與衆不同，能帶給消費者心理方面的滿足，因此廣告策略要宣傳產品的獨特性爲重點，或者顯示產品的高品質與高價格，對產品的銷售方式和銷售地點作出一定限制，廣告語言盡可能格調高雅與美好動人。

㈣推動需求策略與拉引需求策略

推動需求的策略是在產品已經上市的情況下，運用廣告來宣傳促銷這些產品，推動消費者需求來購買這些產品，擴大銷售。

拉引需求的一種新產品上市之前，或一種產品在新市場上市之前，先用廣告來宣傳推介這種產品，讓消費者先見廣告後見產品，創造與帶動消費者的需求。

上述推動與拉引需求的廣告策略，原則上皆是促銷產品，但一在產品業已上市，一在產品尚未上市，所以廣告內容的擬訂有很大差異性，前者促請立即採取購買的行動，後者預先傳播產品訊息，創造購買的欲望。

六、廣告效果的評估

廣告界流行一句名言:「我確切知道我在廣告費的支出一半是浪費掉,但是我卻不知道是那一半?」雖然這也說明廣告的效果非常難予評估,但是現代廣告費用如此龐大,企業永遠有著一份企圖去發掘那一部分是浪費掉的廣告費。

廣告效果的評估最好從廣告刊登之前做起,首先應預先測驗廣告文案是否會發生預期的效果,這項測驗可以包括預先訪問消費者,詢問他們的意見;或者先刊登在某一種發行量較小的媒體上,試探反應,如果能設計附回郵的問題,從回收數量可以預期廣告的效果。在廣告前設若先對消費者做一次認知(awareness)或回憶(recall)的測驗,在廣告後再加以追踪,就容易得到較正確的評估。

廣告刊登後進行效果評估,最常使用的縱的方法又稱歷史法,横的方法又稱比較法;而最有效的評估項目是銷售量,從歷史法的觀點,可以簡單的就廣告前後的銷售量加以比較;從比較法的觀點,就每一地區的成果與所支出廣告費用加以比較。廣告效果的評估也可以採用前述認知與回憶的項目,同時使用縱的或横的方法加以評估。

第二節 人員推銷

一、人員推銷的優點與方式

人員推銷是一種傳統的促銷方式，是指企業派出推銷人員或委託銷售代表與顧客直接面談來介紹和推銷產品。從國際行銷的觀點，人員推銷具有下述的優點：

1.具有選擇性和靈活性

國際市場千變萬化，國外顧客購買動機和消費行爲也有著很大差異性。而人員推銷，可以運用市場區隔策略選擇目標市場和顧客，靈活運用推銷技巧來進行推銷。

2.能傳遞複雜的訊息

人員推銷可以面對面向顧客解釋和說明複雜的產品與訊息，甚至可以進行樣品示範，使顧客全面深刻的瞭解產品。

3.立即促成購買行爲

由於人員推銷是面對面的洽談，經由雙方直接交流，推銷人員能觀察對方的態度和意願，隨時可以調整自己的談話和方式，或者適當的報價，激發其購買欲望，促使其立即採取購買行爲。

4.能及時獲得市場和競爭者訊息

人員推銷透過與顧客充分的交談，可獲得第一手市場和消費者訊息，尤其是競爭者產品的特點和報價，因而可據以調整本公司的促銷策略，乃至整體的國際行銷策略。

人員推銷的缺點是接觸面有限，促銷費用高昂，據美國企業的估算，人員推銷支出的費用是廣告費的 2.5 倍。人員推銷另一項缺點是優秀的推銷人員不易羅致，管制與考核也不易做到恰到好處。

在國際行銷領域的推銷人員，並不限於專業人員，往往老闆親自出馬推銷，所謂董事長、總經理親自兼任推銷員，在一般情形下，國際行銷的人員推銷常見以下各種方式：

1.企業的專職外銷推銷人員

這些專職人員除經常派遣赴國外擔任推銷任務外，在國內時則負責接待來訪外商洽談生意。專職推銷人員的優點具備良好的外語能力，瞭解國際環境知識，對外銷產品也具有專業知識，對大型出口公司而言，各產品部門並自設專業推銷人員，專業知識更見專精。

2.企業常駐國外機構的銷售人員

較大規模國際行銷企業的常駐國外分支機構，公司選派優秀業務經理或職員常駐拜訪顧客，或聘僱當地人士擔任推銷人員，負責向當地市場或鄰國市場推銷產品與蒐集市場訊息，包括競爭者的情況。

3.企業不定期抽調人員派赴國外市場推銷

這些人員不一定限於推銷人員與業務經理，有時技術人員也會派赴國外市場，一方面爲現有客戶提供技術服務，同時也負起拜訪新客戶的任務。在臺灣的企業，老闆與高階主管常親自赴國外市場擔任推銷工作。

4.利用當地代理商或經銷商擔任推銷

由當地代理商或經銷商擔任推銷工作，不但效果好，推銷成本也低，不過一定要代理商或經銷商有很高的配合意願，或者合約規定代理商或經銷商應擔負產品推銷的責任。

二、推銷人員的甄選與訓練

推銷人對任何企業而言都非常重要，他們工作辛勞、社會地位卻不高，因此如何甄選優秀的推銷人員並加以訓練，成爲每一個企業重要的課題。

㈠推銷人員的甄選

對於一個國際企業而言，甄選外銷業務人員首先會考慮到他的外語能力，除英語外是否曾學習當地國之語言？所以外語的測驗成爲首要的測驗項目。國際行銷的推銷人員還要具備廣泛的知識，熟悉國際行銷環境，包括文化、法律、政治、經濟金融及環境保護等，所以這一方面測驗的題目要包羅萬象，以測知應徵者是否具備興趣與知識。

此外，應徵者的性格與才能是否適合擔任推銷人員，也是一項重要考慮因素，所以許多大公司招募推銷人員時，尙愼重其事舉辦心理測驗，作爲推銷人員錄用與否的先決條件。甄選推銷人員常用的兩種基本類型是：能力測驗(tests of ability)與性向測驗(tests of habitual charactristics)，茲分述如下❶：

1.能力測驗

能力測驗明要測出一個人全心全力做一項工作之成果如何，也稱爲最佳工作表現測驗。包括智商測驗和特殊資質測驗。

⑴智商測驗　智商測驗的用途很廣，比大多數心理測驗確實可靠。但其所測驗之能力，係語言的運用、理解力、以及摘要的能力，或解決難題之能力，並非衡量創造力與洞察力。因此視爲測驗資質的工具，而不用以測驗一般智力。

應徵者若不具備能力證明，如大學畢業證件，則智商測驗是根據預定標準淘汰不合格的工具。

⑵特殊資質測驗　目的在測驗許多不同的特殊資質，諸如：知覺能力測驗、速度及反應時間測驗、穩定性及控制行動能力測驗、機械理解能力、藝術能力等測驗，對甄選推銷人員很有用。多數的銷售職位需要種種不同的資質及技巧。一組連貫的測驗對於擔任推銷工作者，尤爲適合。

2.性向測驗

性向測驗是測知可能的新推銷員將如何做他每天的工作，這不是指在表現最佳的情況，故可稱爲典型工作表現測驗。包括態度測驗、個性

---

❶參見 Richard R. Still and Edward W. Cundiff, *Sales Management*, 1961,Chap. 6, Recruiting and Selecting Salesmen.

測驗、及興趣測驗。

⑴態度測驗　此項測驗在工業界用以測驗員工士氣，較用以作爲甄選工具爲佳。工業界以之探知屬員對工作條件、待遇、晉升等的感覺與意見，用作甄選推銷員的工具。態度測驗的可靠性目前尙在存疑階段，因爲人們往往以外交辭令自稱有許多令人滿意的態度，而事實上卻並不如此，態度測驗亦難測知某些特殊態度所能持續的強度。

⑵個性測驗　該項測驗最初用以鑑定心智差異——人皆有心理傾向，某些測驗已證實能達到此目的。因此有人擬用以測驗一般正常人的性格特徵，但經應用後其可靠性大爲減低，甚至全不可靠。其基本缺點是：此種測驗所顯示的一致意義並不包括所要測量的特徵，如創造力及進取心等。個性測驗之主要用途仍在鑑別人們的不正常性格。

性向測驗是測驗個性的很好工具。但須熟練的專業測驗人辦理才行。否則其結果所代表者是主觀的見解，而非客觀的測量。

⑶興趣測驗　運用興趣測驗作爲甄選工具時，基本假定興趣與動機之間的旣存關係。因此如果兩個人具有同樣的能力，其中之一對某項工作的興趣較濃，則其擔任該項工作必較成功。另一項根本假定是興趣乃經常不變，一個人在四十歲時的興趣，本質上應與其二十歲時相當接近。

興趣測驗對職業輔導來說，是一項有用的工具，但用作甄選的手段則有僞造回答的機會。接受測驗者可能在某種情形下誇大其眞實興趣。

㈡推銷人員的訓練

推銷人員甄選決定後，在實際擔任推銷工作以前，公司應有計畫加以訓練，使成爲一位優秀的公司外銷業務代表。現有的推銷人員，每隔一段相當時間，也應該施以集訓，使瞭解公司新的經營計畫與新的行銷策略，以及公司新的產品。

推銷人員的主要內容通常包括以下各方面：

1. 產品知識

產品知識在任何推銷訓練中，被應視爲開始的基點。有些產品的型態，只須提供推銷員以基本的產品知識。如屬於高度技術性的產品，則訓練內容可能要一大半花在產品知識方面。推銷員應對自已的產品徹底認識，在推薦與建議產品時，才能予顧客信任。並須訓練其研究競爭者的產品，對主要的競爭產品之優劣能多瞭解，極爲有利，並對顧客所提出問題與異議可準備較好的答覆。

2. 對公司的認知

對公司整體的情況告知新進推銷人員將頗具價值。此可使其陌生感與不安感轉爲一種隸屬的意識。新進人員獲知其公司對工商界與社會上有所貢獻時，即可對於自己力圖推銷的產品獲得信心。有關公司對社會、勞工、股東和顧客關係等策略方面的知識，對推銷人員均有裨益。訓練應包含公司銷售部門之人事政策的詳細陳述。應授學員關於公司用人程序、升遷機會、薪給獎勵計畫、退休辦法、醫療及藥品供應辦法等。此對鼓舞新進推銷人員的士氣很重要。講解公司的策略與實務均應包括在推銷訓練之內。

3. 市場資訊

推銷人員對市場愈多瞭解愈有信心，推銷成效也愈佳，這些資訊包括當地產銷概況、進口來源、競爭情況，以及消費者爲何購買？在何處購買？所喜歡的產品型態與價格等？這些資訊可從當地市場研究機會與商會統計資料獲得，亦可自本公司銷售記錄分析而得。

訓練外銷推銷人員時，對國際行銷環境的認識十分重要，舉凡外銷目標市場的歷史文化背景、政治現況、法律規定以及經濟金融環境，都應讓推銷人員熟知，並應訓練推銷人員經常注意蒐集閱讀這一方面的資料。

4. 推銷技巧

外銷推銷技巧的訓練是多方面的，首先要訓練推銷人員充分做好推銷前的準備工作，除了上述認識產品和市場外，對於將要前往拜訪的準顧客瞭解愈多愈好，包括以下各方面：

⑴準顧客採購商品的特色及願支付的價格。

⑵主要供貨來源與對象。

⑶準顧客的採購對象。

⑷準顧客的付款方式。

⑸準顧客的財務能力。

⑹準顧客的業界地位。

⑺準顧客採購產品爲自己使用時，其用途爲何?

⑻拜訪的對象在其公司居於何種地位？有否決定購買的權力?

總之，推銷人員事前準備工作做得愈充份，成功的機率也愈大。訓練推銷人員的自信心也非常重要，如果本公司推銷的產品價格特別低廉，一定要讓推銷人員對本公司產品具有「價廉物美」的信心；反之，如果價格較競爭者高出甚多，則要訓練其對本公司產品具有「貨眞價實」的信心。

推銷人員的儀態也是訓練的重要課題，一位優秀的推銷人員一定注意自己的儀容，保持旺盛的精神；在衣著方面也要特別注意，在美國也許可以穿得輕鬆一點，但仍要保持整齊淸潔；在歐洲國家，尤其西北歐國家，最好白色長袖襯衫、質感好的領帶，配以深色西服。在歐美拜訪客戶時，如對方問你要喝那種飲料時，不必客氣，儘量採取正面答覆，但由於許多歐洲公司不一定準備冷飲，所以答覆咖啡或茶最爲適宜。其次在西方國家進餐的禮儀，也可列爲推銷人員訓練課程之一。

談判是國際推銷重要工具，也應列爲推銷人員的訓練課程。

三、推銷人員的報酬制度

建立正確的薪酬制度，對於發揮推銷人員的推銷能力至最大限度，擴展產品的市場享有額至爲重要。反之，沒有合理的薪酬，縱然最優秀的推銷人員，亦不能有優越的表現。一個理想的薪酬制度，一方面要做到公平，另一方面要能給予推銷人員最大的鼓勵。由此，公司的行銷目標亦因此可獲到最大的成就❷。

設計推銷員報酬制度以前，應先建立周密的薪酬計畫程序。其重要步驟包括：

⑴確立報酬的目標。

⑵決定每一推銷員所得的水準。

⑶訂定底薪及個人與團體獎勵辦法。

⑷確定評核銷售業績的標準。

⑸配合獎金支付辦法與衡量業績標準，設計薪酬支付的數學公式。

⑹將公式應用於過去個人及團體的經驗，測量以往記錄的業績。

⑺將新的薪酬計畫作一實際試驗，以決定其對銷售人員的適應性，並衡量其對推銷工作的影響。

通常薪金制可分爲三種主要類型，即薪金制、佣金制及薪金與佣金混合制。茲分別比較說明如次：

㈠薪金制

薪金制是僱用人給予受僱者最普遍採用的薪酬制度，但對於推銷人員的薪酬，此項制度已自十九世紀起逐漸減低其重要性。以美國爲例，

❷參閱本書作者著《行銷學》，三民書局，民78年12月初版。

所有的銷售組織中，採用純薪金制的不到¼。

雖然趨勢如此，但在某種情況下，薪金制仍有其採用的價值。諸如當銷售工作需具有教育性的產品服務，爲顧客提供技術或工程意見，或須負擔很多促銷工作時，薪金制仍是給付推銷員的最好方法。推銷人員的全部工作時間中，如果非銷售工作佔大部份時，薪金制度最值得公司考慮。

從管理者的立場看，薪金制有幾個重要的優點，如對在外工作的推銷人員提供有力的財務控制，賦予管理者引導推銷人員沿著既定而最具效果的途徑前進的最大權力。因此，改變推銷人員的工作遭遇較少阻力，其結果當銷售情況變動時，調整推銷工作較有彈性。推銷人員需作詳細報告或其他休閒時間額外工作時，如採用薪金制，即能獲得較好之合作；並在行政處理上比較經濟，因基本上的簡單，與佣金制相比則會計成本較低。

薪金制對推銷人員最主要的優點，是收入穩定而獲得最大保障，使其可集中精力從事銷售工作，並執行上級交付的任務。

但薪金制亦有缺點，因無直接的金錢鼓勵，許多推銷人員祇願達成一般水準而不望有突出的表現。除非管理者瞭解而指示採取行動，多半傾向於放棄可能增加銷量的機會。此種制度如不能很精確運用，常將導致優秀的報酬不足，工作差的報酬太多。若不公平的情形長期存在，則推銷人員效率愈益降低，而工作效力良好的推銷人員最先離去。如此不免增加重新招募新人、訓練和各方面的費用。在維持推銷員士氣而言，亦易遭遇問題。

此外，在歐美實施高度社會福利制度國家，採用薪金制僱用當地居民担任推銷人員時，往往發生「請神容易送神難」的困境，對於不適任的推銷人員，往往無法辭退，而讓其坐領高薪，苦無對策。

㈡佣金制

佣金制的基本理論，係依推銷員的工作效力致酬，且假定大部分佣金制所根據的工作效力可用銷售量來測定。其制度可歸納為下列二類之一。

1.純佣金制

僱主不付任何費用，一切開支由推銷人員自行負擔。

2.毛佣金制

僱主負擔推銷人員的交通費用。

佣金制具有若干優點，其中最大者，是對推銷員提供直接的金錢鼓勵，使其努力提高銷售量。採用本制度，推銷能力高的人員可較薪金制獲得更多報酬，而不致使能力低的獲得過分報酬。雖然採用佣金制初期，推銷員的變動率會增加，但仔細分析，離職者多為能力較低。留職的推銷員則能工作更久更努力，因為容易感覺到為自己而做的努力。此與薪給制度相反，推銷人員的報酬幾乎全部成為變動費用。此種制度的適應性大，故可適合公司的特殊問題。例如不同種類的產品採用不同佣金的比率，激勵推銷人員推銷高利潤的產品，否則將多銷低利潤產品。

佣金制亦有若干缺點，最主要是不能充分控制推銷人員的活動，尤其在推銷人員須自行負擔全部費用時。佣金制的推銷人員，容易發生一種錯誤觀念，即認為祇要爭取訂貨單即已盡責，而忽略呈送報表和其他需要的情報，並忽略遵照公司的工作指示。此外還有推銷人員無安全感，可能影響其效率。如很多推銷人員為其不穩定的收入而困擾，特別是新進推銷人員，適應變動的收入非常困難。最好的方法是新進人員採用薪金制或毛佣金制，直至其有能力在佣金制中可賺得更多時，才改用佣金制。

㈢薪金與佣金混合制

薪金與佣金混合制是兼採薪金制與佣金制的優點，而儘量避免兩者的缺點，是當前工商企業對推銷員最普遍採用的報酬方法。此制如能完善的配合運用，可產生下列的優點：

⑴推銷人員獲有固定收入的保障和直接的金錢鼓勵。

⑵公司獲有對推銷人員所需要控制以及鼓舞他們向希望的途徑努力的工具。

⑶銷售成本由固定的和變動的兩項組成，隨銷售情況變動而調整的彈性較薪金制大，較佣金制小。

⑷增強推銷人員的品德(他們瞭解與公司同享財務上的風險，更能和公司合作)。

⑸有關薪金增加和區域改變等意見不合問題發生時，不會像單純佣金制時那樣強烈。

可是薪金和佣金的混合制並不無缺點。茲分析如下：

⑴事務費用可能偏高，因爲工作的記錄需要更詳盡。

⑵規定內容易流於複雜，推銷人員不易瞭解。

⑶薪金和佣金的比例，很難決定。

如果薪金充裕，公司爲使銷售成本降低，則祇有採取低佣金辦法。如此，將很難收到鼓勵推銷人員銷售的效果。反之若將佣金比率增高爲收入的大部分，則推銷員對於與給付無關的工作將予漠視。美國一般公司的併用比例，大致是薪金佔 70%，佣金 30%。但國內多數情形，則佣金所佔比重高於薪金。

除上述三種主要的推銷員報酬制度外，若干公司以分配紅利作爲一種激勵。紅利與佣金不同，因爲佣金是根據銷售量或其他類似基準的一種獎勵，而紅利則是爲完成特殊銷售工作的獎金。例如，達到銷售配額的某一成數，完成交付的促銷活動，獲得指定的新客戶數，遵奉若干指示，完成交付的陳列配額，或實行其他所分配的工作等。紅利若用以激勵，是對推銷人員的成就超越預先訂立的最低要求的額外獎金。紅利亦常與三種主要的推銷人員酬金制度之一併用。

四、推銷人員的管理與業績評估

對於推銷人員的管理與業績的評價，需要建立一套完整的規則，但也要注意各國行銷環境的差異性，其重要的步驟有四：

㈠建立業績標準

業績標準的訂定，不宜制定一種以全體推銷人員適用的統一標準，而應衡量全體市場的銷售潛力，競爭者的概況，乃至於每一推銷人員所處地主國工作環境的差異，擬具較具彈性的業績標準，實施評估較易獲得公平的結果。

業績標準除了量的考慮外，還要包括質的考慮；除了短期績效的衡量外，還要就長期觀點予以評估。此外，推銷人員的成效，某些方面諸如對顧客關係的處理能力，產品知識，與對公司的忠誠度等，均不能直接藉數字來表示，或據以考評。

㈡記錄實績成效

擬定業績標準以後，次一步驟應設計各種方法，用以測定衡量實際成效。良好的報告制度，有助於推銷人員工作成效的改進。例如推銷人員在報告中記錄其一月的推銷成效時，勢必檢查他自己的工作不可。自我批評可能更有價值，比來自高階層的批評更有效。

推銷人員的報告類型很多，大致可分成主要的七項：

1.工作計畫

通常為一星期或一個月提出一次。此種報告主要為鼓勵推銷人員設計其工作，且可使管理階層隨時知其下落，並能比較推銷人員的計畫及其成就。

2.進度報告(訪問報告)

按日或按週報告，可使管理階層獲知推銷人員的活動。其他資料亦可從此中收集。諸如：顧客類型、競爭者的實力與活動、訪問客戶最適宜時間、競爭商品及未來展望等。

3.費用報表

推銷員按期記錄其費用，能使其耗費公司金錢更為謹慎。如報表中同時報告推銷成果，則推銷人員在道義上務使其費用與推銷量之間保有適當比例。

4.新業務報告

此項報告使管理階層注意新近獲得的顧客，及可能成為新業務之來源的客戶，並防杜推銷人員局限於老顧客的訪問。

5.業務消失報告

此種報告有助於瞭解各地競爭情況，可顯示產品需要改進之途徑，對顧客的更佳服務，及對推銷人員作更有效之訓練。同時並可從而收集各種不同資訊，此對尋求業務消失的特別理由有其必要。

6.不滿或調整的報告

此項報告極具價值，有助於管理階層探知其產品改進。尤其是在決定推銷、產品變更、推銷人員訓練等計畫方面尤為重要。

7.一般營業情況報告

可瞭解每一地區的一般營業展望。對每地區全盤推銷計畫、協助之設計等。亦可提供若干管理階層的資料，並為決定地區銷貨配額的基礎。

㈢對業績加以比較評估

駕馭推銷人員工作中最困惑的一步，即是實際成效與標準比較。同樣之標準並非對推銷人員均一樣合理。因有地區及其個別潛力的不同，各地區競爭情形的不同。建立個別推銷人員的成效標準時，可將若干差異予以考慮，尤其各國行銷環境的差異，建立成效標準時更應特別加以注意。

評價時，必須同時考慮成就之趨勢及現行記錄。有進步的推銷人員即使達不到規定標準，亦應予鼓勵，因標準可能發生錯誤。如大多數推銷人員經常不能達到規定標準，則表示此規定標準須加以檢討。

以實際成效與標準比較，科學上的正常程序是除衡量以外，將各種可變因素維持不變。但評估推銷人員時此辦法行不通，因不能由管理階層控制之因素太多。非僅時間因素改變，推銷人員，客戶、銷售概況、競爭者的活動以及其他情形均在變動。

㈣對推銷人員的督導

銷售督導制度係管理階層衡量與評定推銷人員工作的另一方法，督導人員主要任務除監督推銷人員實地工作情形外，其他職責爲：使推銷員熟悉推廣計畫，明確劃分推銷人員的職責隨時隨地予以鼓勵，並給予實地訓練。配置督導人員的一般目的，在於增進地區業務人員的工作效率與銷售能量。

在地區組織高度發展的公司中，通常均由分支機構或地區經理來承擔督導之責。經理多由幹部提升任用，故可勝任推銷督導工作。然而事實上分支機構經理往往是該地的總負責人，並非僅是一位推銷業務的執行人，須對公司在該地區的一切業務事項負責。在此種情形之下，可能無暇監督對推銷人員的工作，難以撥出充裕的時間親自督導。若干公司為克服此一缺陷，所以任用專職的推銷督導人員。但督導之工作績效必須能促進推銷人員的工作能量，足夠應付增設督導機構的成本。增設推銷督導人員時，其銷售總額必須較未增設時為高。

第三節　商業展覽

近年來外銷廠商對商業展覽的需求，已經使臺北世界貿易中心的展覽場地供不應求，商業展覽為什麼會有如此巨大的魅力？為什麼會被視為現代行銷利器，自然有其原因。

自 1974 年，「專業展覽會」這項現代行銷利器由外貿協會引進國內以來，國內專業展覽的項目及參展的廠商即不斷增加，最多的時候，每年自全球一百五十餘國前來參觀採購的買主高達六萬四千人，國內參觀人數更多達一百五十餘萬人。

在美國，根據商展協會(Trade Show Bureau)統計，每年舉辦大大小小的商展多達一萬次，這些地區性和國際性商展，吸引了國內外五萬家以上的廠商參加，四千萬以上的訪客前去參觀採購。

商業展覽對於國際促銷重要性有如上述，再就商業展覽的功能、展覽的類別、如何選擇適合的展覽、如何做好展覽促銷，以及怎樣作無攤位促銷等說明如次❸。

---

❸參閱陳敏全先生撰，有關商業展覽系列專文，刊於外貿協會《貿易快訊》，80 年 9 月至 81 年 5 月各期。

一、商業展覽的功能

一般來說，廠商對商業展覽趨之若鶩的原因，可歸納爲下列六項：

㈠符合成本效益原則

商業展覽的價值可以由簡單數字看出來。舉例來說，根據外貿協會統計資料，機器產品若採人員促銷法，平均每次需耗用新臺幣二千三百元的成本，而每次交易的達成平均約需 5.5 次的訪問行動，於是每一個案的銷售總成本爲 2,300×5.5＝12,650 元。

根據同一資料來源，在展覽中平均一次洽談約需一千一百元，而僅需 2.8 次的聯絡追踪即可達成，如此平均每一次的銷售成本僅爲三千零八十元，換句話說，一個人員促銷成功個案的成本，可以在展覽場上作成 4.1 個成功交易的機會，所以說參加展覽是非常符合成本效益的。

㈡發掘新客戶

展覽會是增加新客戶接觸機會最佳途徑。展覽會最有利的是買主自動上門來，他們因爲尋找新的產品、新的供應者而遍訪整個展覽會場。根據統計，在一個有效買主爲二百人的全國性展覽中，有一百六十人都是屬於新的訪客。

㈢三度空間的促銷方式

展覽比報紙、雜誌、廣播、電視、戶外看板等各種廣告媒體更爲有效，主要原因在於：展覽可使產品以最清楚的方式展示出來，例如促銷的是一部重型機器，在展覽場上的訪客不但可以看到販賣的機器，而且可以看到現場實際示範、操作以及機器性能的任何細節，進一步瞭解它的用途及優點，增加購買的機會。

㈣使作比較性選擇的買主作立即的決定

展覽是集合各種商品的短期性購物中心，由於許多競爭的產品在同一場所展出，買主可以反覆的參觀比較，提出問題或討價還價，而作成立即購買的決定。

㈤爲新產品作市場測試

爲新產品造勢時，沒有一種方式比參加展覽更爲有效。因爲在展覽會中，買主希望找到新產品或創意，而不是舊的式樣換上新的色彩而已，他們要的是眞正的新產品。

因此，透過展覽的引介，可以立刻獲知新產品是否會獲得市場良好的反應。因爲有經驗的買主對一項新產品是否能成功，都有敏銳的感覺。如果新產品在展覽會中能獲得多數買主的訂單，就可以肯定該產品將來必能在市場上大放光芒。

㈥展覽是與大公司競爭的機會

中小企業的行銷預算當然比不上業界巨人，但根據觀察，在展覽會中，小公司具有與大公司相同或者更好的行銷地位。原因是買主對於大公司的產品早已有印象，寧可花較多的時間用來參觀小攤位，發掘新產品、新創意，因爲平常較少有機會與小公司接觸，而大廠則會定期派員訪問他們。

二、展覽的類別

首先，展覽會之形態由參展者(賣方)或訪客(買方)之性質不同，可分爲兩大類：專業展與綜合展。

所謂「專業展」(vertical show)，就是展品全屬同一個產業的上、中、下游產品，包括製造設備、生產技術、原料、半成品和成品，參展者均爲來自同一產業之專業廠商(vertical seller)。

專業展又可分爲兩種，第一種專業展的訪客或買主均來自同一產業的上、中、下游，稱爲專業性買主(vertical buyer)，例如臺北國際金屬加工機展，買主均爲國內外金屬加工業者。第二種專業展的訪客則來自各行各業，例如臺北電腦展的訪客包括各行各業的電腦用戶，稱之爲綜合性買主(horizontal buyer)。

所謂「綜合展」(horizontal show)，其展品來自許多產業，參展者來自各種不同產業，稱之爲綜合性參展者(horizontal seller)。

綜合展一般也分爲兩種，第一種綜合展的買主來自單一產業或行業，稱爲專業性買主，例如臺北國際禮品展，其展品來自玻璃業，陶瓷業、金屬業，還有木質、紙質禮品，可說是包羅萬象，但其買主則淸一色來自禮品業。第二種綜合展的買主則來自各行各業，係綜合性買主，例如廣州的春秋交易會，法蘭克福的春秋消費展，參展者來自各個不同行業，買主也來自各行各業。

又展覽由於涵蓋地區範圍的區別，可區分爲地方性展覽、全國性展覽與國際性展覽三種，茲將美國區分方式簡述如下：

地方性展覽——若某一展覽之訪客有40%以上來自半徑三百二十公里以內的地區，則該展爲地方性展覽。

全國性展覽——若某一展覽之訪客有60%以上來自半徑三百二十公里以外的地區，則該展爲全國性展覽。

國際性展覽——若某一展覽之訪客，有10%以上來自國外，則該展爲國際性展覽。

若依據國際展覽聯盟(Union des Faires International，簡稱

UFI)的定義，則任何展覽符合下列任一條件者，得稱為國際展：

⑴訪客中有 4%以上來自國外，

⑵參展廠商有 20%以上來自國外，

⑶展出面積有 20%以上係由國外參展者使用。

瞭解展覽會涵蓋地區甚為重要，其原因為如果廠商欲作全國性促銷，而參加的是地方性展覽，就必須參加許多個地方性展覽才能達到目的。反之，若目標市場是一個小地區，參加全國性展覽不但會花費大，而且買主被稀釋，同樣也達不到目的。此外，國際性展覽的訪客多為製造商、進口商與大規模中間商，而地方性展覽的訪客主要為中、小零售商與批發商，許多地方性商展主要訪客甚至於是本地消費者，促銷對象完全不同。

三、如何選擇展覽

全世界每年舉辦的展覽約在七萬次之譜，而在美國每年就有一萬個以上。臺灣每年主要展覽也有十四個之多，有太多的業者因為作了錯誤的選擇，而浪費無數的人力、物力與時間，於是展覽的選擇便成為展覽行銷的重要課題。

不但初次參加展覽要作詳細分析評估，即使已長期參加展覽的廠商，由於時移勢易，或新的競爭者出現，或新產品的開發，或市場重心的轉移，企業內部因素的更易等等，五年前為適當的展覽，卻未必適合目前的情況，因此，每年對擬參加的展覽施予評估實屬必要。

選擇適當的展覽，應廣泛考慮以下各項因素：

⑴參展的目的是什麼？這個展覽能達成公司的參展目的嗎？

⑵這個展覽能涵蓋公司的目標市場嗎？

⑶展覽會的規模有多大？通常大型展覽的吸引力遠超過小型展覽。

⑷展覽會的性質如何？它是綜合展還是專業展？它是地區性展覽？全國性展覽？還是國際性展覽？

⑸有沒有法律方面的障礙，譬如參展涵蓋市場限制或禁止部分產品進口。

⑹當地市場的行銷通路或習慣如何？

⑺它能吸引有效訪客嗎？應依據主辦單位所作訪客調查，分析訪客人數、行業、所在地區、職務與職位、來訪目的、對採購策略的影響力、所代表企業的規模，來研判這個展覽會的訪客是否是有效的買主？或有效買主所佔百分比。

⑻主辦單位的財力、信用、辦展經驗如何？

⑼展場有否公司所需用的設備？如冷藏(凍)設備，或舉辦珠寶展的保全設施？

⑽參展廠商分析。有那一些是競爭對象？有那一些是合作對象？

⑾它適於公司作新產品發表的場合嗎？

⑿展出時機恰當嗎？是否能配合採購季節？

四、如何作好展覽促銷

一項參展決定後，緊接而來是如何做好展覽促銷，包括展前促銷、展中促銷與展後促銷，茲分別說明如下：

㈠展前促銷

展前促銷係指展覽之前將公司參加某項展覽的訊息，傳遞給潛在買主，以增加訪客的各種活動。大致可歸納為五項，茲分述如下：

1.刊登廣告

公司在參展前刊登廣告，最主要目的在於促請潛在買主前來參展攤位參觀採購，它的重要因素包括「創意」與「媒體」兩者。

一個有效率、有衝激力的展前廣告，應是實現參展目的的第一步。因此不但要告之潛在買主，公司將參加何項展覽，展出時間地點，以及參展攤位號碼；更重要的是要告訴他們非來不可的原因，譬如展出什麼新產品、新技術，或者解決老問題的新方法等等。

展前廣告要傳遞的訊息，必須能傳遞給大多的潛在買主，才能發揮作用，因此必須慎選廣告媒體。一般而言，專業展覽的廣告宜選擇專業期刊，如果潛在買主非常廣泛時，則可刊於經濟性日報或雜誌，譬如臺灣的《經濟日報》與《工商時報》，是各項展覽重要的廣告媒體。

2.寄發直接信函

寄發直接信函(direct mail，或簡稱 DM)也是展前促銷重要方法之一。根據美國一項調查顯示，在美國的專業展，訪客中有 15%是因爲接到參展者的邀請前來，另有 9%是因爲接到 DM 前來；受到專業媒體報導的影響前來佔 12%，受廣告影響前來的則佔 9%。由此可知，因報導和廣告影響前來參觀的訪客合佔 21%，因受邀(亦係 DM 的一種方式)和收到 DM 前來的訪客合占 24%，可見寄發直接信函的重要性。

一般而言，印製 DM 和請柬或邀請函都力求精美，以示慎重；通常一般傳遞展覽訊息的 DM 可在二、三個月前寄出，而請柬或邀請函宜於讓受邀人在展覽前二～四週的期間內收到，效果最佳。

至於 DM 寄發的對象，除公司自行蒐集的往來顧客與潛在買主外，公會名址與工商名錄也是重要資料來源。在國內，外貿協會對各項專業展均建立完整的買主檔，可供充分利用。

3.電話與傳真促銷

公司寄發直接信函後，若對主要目標對象如重要客戶、專業媒體編輯、業界意見領袖等，再作進一步電話邀請，則他們前來參觀展覽的機會便大大提高。

電話邀約的方式通常是寄發 DM 後，主動打電話給上述重要對象，安排對方與公司代表約會的時間和地點、餐會的安排、禮物的贈送、參加活動的座位，甚至安排專門接待人員等。如果對方是媒體的記者或編輯，則告之預先安排受訪人員的時間與地點。

由於傳真機使用的廣泛與便利，公司如果無法一一以電話邀約重要對象，亦可於展出前一星期，以傳眞再度發出邀約，效果通常很好。

4.宣布新產品上市消息

根據國際專業展的調查發現，參觀訪客中一半是來尋找新產品的，因此，參加展覽是發表新產品最佳的場合。藉展覽會發表新產品要注意下列事項：

⑴宣布的時機　新產品發表的事前宣傳最好在展前二、三個月開始，以廣告、直接信函、公關手法等方式進行，以吸引目標對象的注意力。

⑵發表的地點　公司發表新產品，通常爲了不想讓競爭者有深入瞭解的機會，最好在展場附近的旅館來作發表會，限受邀者參加。若要對媒體作發表會，則可以借展場的新聞室舉行。

5.公關活動

媒體發布的消息往往比廣告更具效力，因此在展前要與專業媒體與展覽當局保持密切聯繫，經常提供新聞背景資料供他們發布，最好提供新的產品資訊，或者新的行銷策略，讓公司參展的訊息經常見諸媒體新聞。

㈡展中促銷

參加展覽是一項劇烈的行銷活動，參展廠商在展覽會中面對的競爭對手，少則數家、數十家，多則千百家，耗費更是可觀，因此參展的每一個環節都要謹愼從事，非但展前促銷工作不可少，展覽時間的推廣工作更爲重要，謹扼要說明如下：

1.優秀的接待人員

參展花費大量人力和財力，但是，公司的高階主管與專業工程人員，往往因公務繁忙不克前往展場親自接待訪客，而派一兩位年輕的新進人員在展場工作，甚至於僱用臨時人員服務，發生一問三不知的情形，使展覽的效果大打折扣。

2.重視動態的布置效果

實物的動態展出是展覽會中最能發生促銷效果，如果無法做到，可採用幻燈片或錄影帶代替，現代還有許多結合電腦的多媒體可供選擇。

3.精美的產品介紹資料

幾乎每一家參展公司都在現場分送資料，所以如何準備一份印刷精美的資料非常重要，不過不要任意讓不相干的參觀者取去，要眞正分送給潛在的買主手中。

4.電話邀請當地的重要訪客

有經驗的參展公司，對於展覽會當地與鄰近地區的重要邀約對象，會準備一份電話名單帶到展場，利用展覽的空檔時間，再次撥電話邀請他們前來參觀。

5.邀請競爭者的訪客參觀

展覽會中如果有重要競爭者參展時，最好能安排一至二位服務人員，專門在競爭者攤位附近，分送宣傳資料或名片，邀請前往參觀自己的攤位，最能發生直接促銷的效果。

6.拜訪參展的潛在買主

每一項展覽，難免有許多潛在買主也同時參加展出，可以派遣人員去拜訪這些攤位，値得注意的是對方在展場中的工作人員並不是本公司要拜訪的對象，不過可以遞送資料請他們轉交適當的對象，或請代約晤面的時間地點。

㈢展後促銷

一項展覽結束後，往往就是促銷的開始，公司應就許許多多的參觀者中揀選出有力的買主，除了去函致謝外，並約期登門拜訪。對於沒有前往參觀的重要潛在買主，則應寄送資料促銷，往往會發生意想不到的效果。

五、怎樣作無攤位促銷

很多因素往往使得公司未能參加一項重要專業展覽，這時候，業務部門便要準備作無攤位促銷，因爲，公司的大部分的買主都會出現在展覽會場中，沒有參展而又希望發生參展一樣的促銷效果，顯然需要一套特殊的技巧。茲說明無攤位促銷的優點與技巧如次：

㈠時間較有彈性

公司在沒有參展的情況下，業務人員不會被綁在攤位上；清晨，可以輕鬆的與顧客共進早餐，也可以展覽會場餐廳招待顧客午餐；當每天展覽結束，許多參展者擁出展場造成交通擁塞，公司的業務人員可以邀請顧客早一步離開展場，到幽靜的場所商談買賣。

㈡機動性大增

參展訪客時間緊迫，往往希望在居住旅館與廠商見面，如果參展就會分身乏術，作無攤位促銷時，可以帶著攤位——手提展示架、產品資料、小型錄放影設備，甚至產品本身前往洽談。

或者也可以在展場自己旅館套房中布置一間小型展示室，邀請潛在買主隨時來參觀。

㈢較少的費用支出

參加一次展覽，包括攤位的租金、布置與人事費用，以及宣傳廣告等，支出非常可觀；作無攤位促銷，無論以如何闊綽的方式招待顧客，費用支出都會節省甚多，而且不必搭建與拆除攤位，時間也節省許多。

㈣瞭解展品趨勢與其他競爭者

沒有固定展場的束縛，業務人員可以花用較多時間參觀競爭者的攤位，瞭解他們的新產品，當注意到訪客與競爭者溝通時，也可以從旁瞭解買主的需求。

㈤可多參加研討會

每一項專業展覽，展覽當局往往安排許多場次珍貴的研討會。因爲沒有參展，業務人員有足夠的時間參加研討會，一方面吸收新知，在研討會上也有機會認識潛在的買主。

第四節　公共關係

公共關係(public relations)人員一向以改善他人的形象爲職志，但本身的社會地位卻一直無法提高，充其量被認爲是業餘的藝術工作者。迄至八〇年代，公關人員才揚眉吐氣，一掃過去低微的角色，被認定爲第三產業類的重要行業，大學紛紛開設科系與研究所，全球性的公關計畫與日俱增，國際公關公司也應運而生。

當前著名的超大型國際公關公司包括英國的 Shandwick 公司和美

國的 Hill&Knowlton 與 Burson Marstellar 公司。此外，幾乎所有大型廣告公司都擁有公關部門。據英國 Shandwick 公司估計，1991 年全球公關市場年營業額高達三十億英鎊。

根據美國《時代週刊》1993 年初在歐洲市場所做的一項產品形象調查，臺灣產品在歐洲各國消費者心目中的形象，首次超越了香港與韓國，主要得力於外貿協會近兩年來委託國際公關公司在歐洲所做的「全面提升臺灣產品形象計畫」，公共關係對國際企業促銷的重要性可想而知。

顯然，公共關係對於國際企業促銷日見重要，茲擇要說明如次❹。

一、公共關係的定義

公共關係畢竟是一門新興的科學，對公共關係(public relations)一詞的定義衆說紛云，仍未達成共識。美國教育學者 Melvin Sharpe 所下定義較受歡迎，他認爲：「公共關係係將社會中的個人與機構之間長期關係和諧化的一個過程。」(A process that “harmonizes” long term relationships among individuals and organizations in society.)

此一過程有五項原則：

- 誠實溝通以建立信用。
- 開放、一致的行動以建立羣衆對機構的信心。
- 公正的行爲以獲致互惠及友好。
- 持續性的雙向溝通以建立關係。
- 環境研究評估，以決定爲求社會和諧而應採取或調整行動。

❹參見符史生先生著〈公關與媒體〉，刊載於《貿協企訓》，民 82 年 9 月號。

由於今日社會民主化、全球化日益加深，下列事實也明朗化，這使得公關業務未來更趨蓬勃發展。

- 任何機構的經濟及社會地位之穩定十分仰賴公衆意見。
- 任何人均有獲知影響其生活資訊之權利。
- 除非溝通可獲取正確且持續性的回饋，否則機構無法正確評估公衆對它的看法，並適當調整它的行動。

公共關係的目的在協調機構內部與外部關係，俾使機構不但享有公衆的支持，更能協助機構追求長久的生命與安定。

二、公共關係的功能

公共關係人員基本功能係作爲機構與公衆之間的誠實詮釋者(interpreter)，不僅將機構管理階層的理念、政策、方案、執行成果等詮釋給大衆，同時將大衆對機構的態度及看法詮釋回饋給管理階層。

實際上，公關經常超越上述基本功能，更進一步管理機構內部與外部關係，參與機構重大策略規劃、擬定及執行。

行銷學教授 Philip Kolter 指出傳統的產品行銷時代已轉變邁入更微妙、更社會性的公關時代。對於國際企業而言，公共關係可爭取國外市場潛在顧客的了解、信任和支持，以樹立企業良好的信譽和形象。

三、公共關係的對象

就公共關係而言，所謂公衆(public)並非泛指一般大衆，而係指在某一主題上分享利益的人羣。公關對象的公衆可歸納爲下列幾類：

1.內部與外部公衆

內部公衆包括機構的管理階層、職工、董事會、股東等。外部公衆則包括與機構直接相對的媒體、政府、顧客、社區、各級行銷通路商人等。

2.主要、次要與邊際公衆

主要公衆爲對機構的活動最有助益，或最造成障礙者。次要及邊際公衆則按重要性遞減劃分。

3.傳統與未來公衆

由於公衆時代來臨，除了上述主要、次要與邊際公衆外，機構要及早注意並發掘新公衆的形成。

4.支持者、反對者與游離分子

機構對不同的公衆應採不同溝通方式，對支持者要強化他們對機構的信任，對於反對者以強大說服力的溝通來試圖改變他們的意見，對於游離分子的溝通也不可掉以輕心。

四、公共關係的策略

以上敍述一般公共關係原理原則，以下僅就國際行銷觀點，企業可以採用如下的公共關係策略：

1.宣傳性公共關係策略

這種策略通常利用大衆傳播媒介，如報紙、雜誌、廣播、電視等，爲企業進行宣傳，達到建立良好的公共關係之目的。這是企業最常採用的公共關係策略，也是最省事的公共關係方式。其具體作法有兩種形式：一種是公共關係廣告，把企業的形象塑造爲廣告的中心內容，來提高企業形象和知名度；另一種是宣傳報導，如新聞報導、專題介紹、記者專訪等，這種由公關公司或企業公關單位精心策劃製作的宣傳報導，不但公衆較易接受，效果也較佳。

2.社會性公共關係策略

這種策略是舉辦各種社會活動，如公益活動、慈善晚會、運動會等，以贊助的方式來擴大企業的社會影響，提高企業的社會聲譽，獲得公衆的瞭解、信用和支持，爲樹立良好的企業形象創造條件。

3.服務性公共關係策略

這種策略是一種以提供服務爲主要方式的公共關係策略，它的特點是，企業通過自己行爲向公衆提供週到的服務來宣傳自己，藉以建立良好公共關係。近代工商業愈發達國家，消費者對服務越來越看重，並對服務的要求也越來越高，因此，企業如果能提供高品質的服務，的確是一項有效的公關策略。

4.諮詢性公共關係策略

諮詢性公關策略即是聽取、蒐集、整理和反映公衆對企業的產品、政策方面的意見和態度。常採用的方式包括蒐集商情、消費者調查與民意測驗等，採用這種策略的目的在於讓企業充分瞭解消費者資訊與市場發展趨勢，特別是多國性企業，需要充分認知地主國經營環境，以及消費者文化背景與特色，據以實施最適宜的行銷策略。

5.矯正性公共關係策略

這種策略是在企業形象受到損害時，爲挽回聲譽所展開的公共關係活動，稱爲矯正性或彌補性公共關係策略。實施這種策略，企業必須表現最大誠意，以坦誠的態度，針對問題的癥結，向社會大衆說明發生誤失的原因，方能將損失減至最低限度。

第五節　策略聯盟

在國際競爭日益激烈下，企業爲迅速開拓海外市場，國際性策略聯盟已成爲國際促銷的一項新利器。所謂策略聯盟(strategic alliance)是指企業個體與個體間相互結成盟友，交換互補性資源，從而各自達成目標產品在各個階段的策略目標，最後能夠各獲致長期市場優勢。因此，企業個體爲達成目標產品在特定階段之策略性目標，而與另一個企業結盟者，即稱爲策略(性)聯盟。

策略聯盟的結合方式可大可小，可深可淺，以企業個體雙方介入程度的深淺，可粗分爲：

- 合資(joint venture)
- 購買另一企業之部分股權(corporation venturing)。
- 研究與發展(R&D)的合作。
- 原廠授權製造(OEM)協定。
- 技術授權(licensing)協定。
- 行銷(marketing)授權。
- 長期採購協定。
- 其他業務上之交流：例如員工交叉訓練，R&D資訊交流，經營資訊交流等。

自從八〇年代開始，美、歐、日企業紛紛結盟，近年來臺灣與南韓的企業也趕搭策略聯盟列車，茲說明國際企業策略聯盟的優點及應具備條件如次。

一、策略聯盟的優點

1.滲透新市場

企業欲在國外新市場佔有一席之地，必須投入大量時間、人力與資金，而與當地廠商結盟合作，無疑提供一條捷徑。譬如日本三菱集團和德國賓士汽車結盟，以便在 1993 年歐洲單一市場成立前攻入歐洲市場。

2.跨入新事業

企業欲進入一個新事業是一件非常不容易的事，充滿危機與風險，而運用策略聯盟，可大大降低失敗的機率。八〇年代初期，南韓政府鼓勵該國三大企業集團跨入汽車產業，當時三大集團因都沒有汽車生產的經驗，因而積極與美、日企業結盟。現代與三菱、克萊斯勒携手合作；大宇和通用、鈴木、五十鈴結盟，而起亞則和福特、馬自達建立合夥關係。

3.分擔研發成本

此點對於高科技行業而言尤爲重要，包括得到高科技發展的最新動向資訊，獲取高科技研發成功後可能應用途徑的資訊，以及獲得新的高科技所衍生的新產品。數年前宏碁電腦公司考量沒有自力開發 DRAM 的能力，而與德州儀器携手合作。

4.避免無謂的競爭

同業運用策略聯盟採取任何型態的合作，可以避免不必要的重複與競爭。國際航空業即經常採取此項策略，例如，新加坡、瑞士、達美航空透過合作關係，互相調整班機時間，共同分攤訂位、維修、登機手續及行李處理工作，而有餘力做好行銷及顧客服務工作。而荷航與西北航空，多年來合作開發國際航線業務。

5. 可以擴大經營規模

與其他公司結盟，可以彌補公司管理、技術及人力之不足，以及運用 OEM 或 licensing 方式，延伸自己公司的製造力或擴大自己的產品線。

二、成功的策略聯盟所應具備的條件

八○年代以來，策略聯盟雖已廣爲應用爲國際促銷手段，但是雙方欲長期建立和諧的合夥關係並不容易，美國一項研究資料指出，在八百八十件美商與外商的合資及合作案件中，只有 60%維持了四年以上的關係，至於合作時間長達十年以上者，僅有 14%。因此，成功的策略聯盟應具備某些條件，茲扼要分述如次：

⑴盟友相互交換互補性資源，而且該互補性資源相互結合後具有「相乘」的效果，而不僅只是「相加」的效果。

⑵結盟之後，雙方藉著所獲得的新技術或特殊原料，或將新產品導入新市場，而能取得市場領先地位。

⑶聯盟具有降低風險的功能。無論技術、新產品或製程的研究與開發，一般都要負擔極大的財務風險，成功的策略聯盟可以降低諸多的投資風險。

⑷雙方要能夠設定精確的策略聯盟目標，從概念的闡釋到詳細的工作流程，權責分際及最後成果的評估與驗收等。

⑸保證「雙贏」的結局，利益僅偏於一方的結盟，一定無法長久維持。

⑹盟友具有類似的企業文化或企業作風較易獲致成功。譬如雙方都具有民主型的決策系統或雙方都是權威型的決策型態。

⑺實力相當者的結盟較易成功。在實力懸殊的合作下，強勢的一方

總覺得被弱勢者佔了便宜，影響長期合作的關係。

⑻雙方已具有良好的業務關係，最有利於更進一步營造策略聯盟。

此外，具有下列一項或多項特質的產業最適合尋找策略聯盟：

- 投資成本高。
- 科技變動快速或顧客羣變動快速，或產品要不時更新作差異化。
- 市場規模已屆飽和或下降期，需要與同行作水平結盟，以保障市場佔有率。
- 市場導入成本高、風險大。
- 市場競爭態勢發生重大變化，如業內發生重大的合併或有外來強大競爭者加入。

第六節 銷售推廣活動

國際促銷活動，除了上述廣告、人員銷售、公共關係、展覽、策略聯盟外，均可稱爲銷售推廣活動(sales promotion)，包括獎金(premiums)、贈品(gifts)、競賽(competitions)、優待券(couponing)、免費樣品(sampling)、包裝盒附折價券(cents-off packs)、店內展示(demonstration activities)、消費者教育(consumer education)銷售現場促銷(points-of-purchase)以及銷貨折扣(discounts)等。

銷售推廣活動通常屬於短期的促銷活動，推廣目標可分爲下列五種：

⑴誘使消費者試用或立即採取購買行動。

⑵吸引顧客進入店內參觀。

⑶鼓勵零售商進貨並且陳列於貨架。

(4)鼓勵零售商增加進貨。

(5)支援並擴大廣告及人員推銷效果。

多年以前，在消費者保護觀念尚未普遍時，美國與我國國內各種的銷售推廣活動可謂無奇不有，爲所欲爲，毫無任何限制。但是，進入二十世紀下半期，從歐洲國家開始，基於對消費者的保護，公平交易的精神，對於銷售推廣活動加以規範，據 1978 年一項國際調查中顯示，在調查對象的三十八個國家中，對於廠商贈送獎金促銷有十個國家需經事前核准，並且訂有各種限制的規定；另七個國家，通常禁止，除非特殊批准，另四個國家則完全禁止；至於廠商致送贈品促銷方面，有六個國家需經事前核准，或有重要限制，另有三個國家通常禁止，除非特殊的例外；利用競賽促銷，則有二十一個國家需事前核准，或有重要限制，其他六個國家通常禁止，除非有特殊的例外，另有一個國家，完全禁止利用競賽促銷。

進入八〇年代以後，世界各國對銷售推廣活動的方式，給予愈來愈多的限制；譬如多數歐洲國家，規定免費贈品的價值必須低於售價的一定百分比(法國規定不得超過 5%)，又贈品性質必須與所售產品具有關聯性，例如促銷咖啡可以杯子爲贈品，但不宜贈送絲襪或領帶。此外，有的國家則禁止分發免費樣品或隨包附送點券，下表(表 9-2)係部分國家對於獎金、贈品與競賽的限制。

由於愈來愈多的國家，對於各種銷售推廣活動採取限制或禁止的規定，因此，作爲國際促銷的手段時，必須充分瞭解促銷對象的有關規定。此外，各種銷售推廣活動大多需要零售商或其他中間商的密切配合與支持，所以在實施國際性銷售推廣活動以前，必須先取得他們充分配合的意願。

表9-2 部分國家對於獎金、贈品與競賽的規定

國別	項目	沒有限制或少許限制	重要限制並需經核可	需經核准除特殊外	完全禁止
澳大利亞	獎金	×			
	贈品	×			
	競賽		×		
奧地利	獎金				×
	贈品		×		
	競賽		×		
加拿大	獎金	×			
	贈品	×			
	競賽		×		
丹麥	獎金			×	
	贈品		×		
	競賽			×	
法國	獎金	×			
	贈品	×			
	競賽	×			
德國	獎金				×
	贈品		×		
	競賽		×		
香港	獎金	×			
	贈品	×			
	競賽	×			
日本	獎金		×		
	贈品		×		
	競賽		×		
南韓	獎金		×		
	贈品		×		
	競賽		×		
	獎金	×			

英　國	贈品	×	
	競賽		×
美　國	獎金	×	
	贈品	×	
	競賽	×	
委內瑞拉	獎金		×
	贈品		×
	競賽		×

資料來源：J. J. Boddewyn, *Premiums, Gifts and Competition,* published by International Advertising Association 1988,

〔第九章附表索引〕

〔問題與討論〕

1. 電視是現代最重要廣告媒體之一，試述其特色及未來發展趨勢。
2. 設計國際廣告內容時，應考慮那一些特殊因素？
3. 國際行銷的人員推銷有那幾種常見的方式？
4. 試述商業展覽的功能。
5. 展覽由於涵蓋地區範圍的區別，可分爲地方展覽、全國性展覽與國際性展覽，區別標準如何？
6. 如何做好一項國際展的展前促銷？
7. 略述無攤位促銷的優點。
8. 試就國際行銷觀點，說明企業的公共關係策略。
9. 國際性策略聯盟(strategic alliance)已成爲現代企業國際促銷的一項新利器，試述其優點。
10. 世界部分國家對於獎金、贈品與競賽皆有限制的規定，試舉數例說明之。

第十章　國際行銷研究與資訊系統

企業從事國際行銷研究投入人力與金錢非常龐大，但面臨極端複雜的國際行銷環境，國際企業間劇烈的競爭，沒有做好行銷研究，宛如盲人騎瞎馬，夜半臨深池，稍有不愼就會遭遇重大挫折與失敗，對於企業的損失難以估計。因此，國際行銷研究的費用雖然昂貴，企業不但不能規避，反而要寬列預算，揀選公司優秀的人才來擔任，唯有充分運用行銷研究來幫助公司擬訂適當的國際行銷策略，才能決勝於千里之外。

而且，國際商情瞬息萬變，必須能夠洞燭機先，或者捷足先得，才能增大勝算，上述偏重於靜態的行銷研究尚不足以符合國際企業殷切的需要，現代的國際企業更需要建立或運用國際行銷資訊系統，以便迅速而確切掌握市場動態與消費者的需要。本章一至三節説明國際行銷研究的意義、重要性與步驟，第四節則討論國際行銷資訊系統的意義、蒐集的原則以及國內外重要的資訊來源。

第一節　國際行銷研究的意義與範圍

行銷研究(marketing research)係美國人於1911年最先創導，尤其是二次大戰以後，美國各行各業，特別是多國性企業，充分運用行銷研究來擬訂其行銷策略。但行銷研究一詞其含義如何？而且特別易與市場研究(market research)和市場調查(market survey)發生混淆不清，應清楚的加以界定，方能使行銷研究充分發揮其功能，而達到以適當的產品、適當的地點、適當的數量及適當的價格來滿足消費者的需要。

一、國際行銷研究的意義

在界定國際行銷研究定義以前先瞭解行銷研究的意義。美國行銷協會對行銷研究給予如下的定義：

行銷研究是有系統的蒐集、記錄及分析有關貨品與財務的行銷問題的資料，此項研究工作可由獨立單位擔任，亦可由企業本身或其代理人從事進行，來解決彼等的行銷問題。

Marketing research is the systematic gathering, recording, and analyzing of data about problems relating to the marketing of goods and services. Such research may be undertaken by impartial agencies or by business firms or their agents for the solution of their marketing problems.

上述定義頗感過於繁雜，國內學者黃俊英教授將行銷研究界定為❶：

運用科學的方法，有系統的去蒐集和分析有關行銷問題的資訊，以解決某一行銷問題。

---

❶參閱黃俊英教授著《行銷研究：管理與技術》，華泰書局，民76年元月出版，pp. 2～3。

從上面定義可知:

第一，行銷研究重視和應用科學的方法，行銷研究的進行應符合科學的精神和原則，有系統的去蒐集和分析資訊。

第二，行銷研究是一種管理工具，其目的在提供有關的行銷資訊，協助企業主管制定正確合理的決策。

因此，行銷研究的範圍遠較市場研究或市場調查爲廣，通常市場研究主要在尋求某一產品的市場資訊(參閱本節下段市場研究的範圍)，而市場調查係行銷研究或市場研究的手段與方法。

根據上述黃俊英教授對行銷研究所下定義，我們較易界定「國際行銷研究」的定義如次:

運用科學的方法，有系統的去蒐集和分析有關國際行銷問題的資訊，以解決某一國際行銷問題。

二、國際行銷研究的範圍

國際行銷可能遭遇各種問題，均可藉行銷研究謀求解決，故國際行銷研究範圍甚廣，幾乎是無限制的。以下各節所敍述行銷研究，乃是常見的數種類型。

㈠消費者研究

消費者研究(consumer research)主要研究消費者購買行爲與購買動機，亦即回答有關消費者的六個 W(who? what? where? when? how?與 why?)，包括消費者是誰與由誰擔任購買? 消費者購買什麼? 消費者在何處購買? 消費者何時購買? 消費者如何購買? 以及消費者購買的動機? 由於各國社會文化背景的不同, 消費者購買行爲存在很大差異性, 譬如家庭日用品, 在亞洲國家多由女性擔任購買, 歐美國家則男性擔任購買亦佔相當大比例, 至於汽車、大型家電的購買, 亞洲國家多屬男性主導, 而在歐美由夫婦商量後購買。至於每星期購買人潮, 國人多在週六下午與週日, 歐美各國則多在週五晚間與週六, 星期日商店多休市。

「至於消費者爲何購買?」是探討消費者購買動機(motivation research), 對消費者思想與態度深入分析, 以發現消費者購買特定產品或品牌的下意識原因。

消費者研究範圍甚廣, 以下係主要的研究項目:

- 消費者購買行爲分析。
- 消費者對產品的態度分析。
- 消費者購買場所分析。
- 影響消費者忠於品牌的因素、條件與原因。
- 消費者購買動機研究。

(二)產品研究

產品研究(product research)包括產品的設計、開發和試驗, 現有產品的改良, 預測消費者對產品的形狀、品質、包裝、顏色等的喜好情形, 以及對競爭產品的比較研究等等。

產品研究有以下主要項目:

- 新產品發展之研究。
- 現有產品改良之研究。

- 舊產品發展新用途之研究。
- 產品包裝之研究。
- 公司產品競爭地位之分析。
- 品牌之研究。

㈢市場研究

市場研究(market research)包括市場的潛在需要量、地區分布及特性等等，主要項目有：

- 消費市場分析。
- 工業品市場分析。
- 市場競爭情況分析。
- 新市場潛力分析。
- 潛在銷售量之估計。
- 一般商情預測。

㈣廣告研究

廣告研究(advertising research)主要在分析廣告的訴求、文案、圖樣、媒體選擇及測定廣告的效果，其主要研究項目如下：

- 廣告策略之研究。
- 廣告媒體之選擇。
- 廣告文案測試。
- 廣告活動認知度之測試。

• 廣告對品牌轉換影響之研究。

㈤其他重要行銷研究

其他行銷研究重要項目如下:

• 銷售分析與預測。
• 分配通路之選擇。
• 配銷成本之分析。

第二節 國際行銷研究的步驟

現代市場研究工作的費用非常昂貴，從事國際行銷研究所費更是不貲。所以在決定國際行銷研究以前，應先行妥爲擬訂研究計畫，確定研究的問題，如果能運用次級資料解決問題，就儘可能做「桌上研究」。不但可以減少大量的行銷研究費用支出，而且時間上也可大爲節省，有利爭取商機。因此如有必要時才進行初級資料的蒐集，蒐集初級資料又可委託當地市場研究機構進行，或者自行派員實地從事市場調查研究工作。

在討論國際行銷研究步驟以前，先將各項步驟圖示如下(圖 10-1):

圖 10-1　行銷研究的步驟

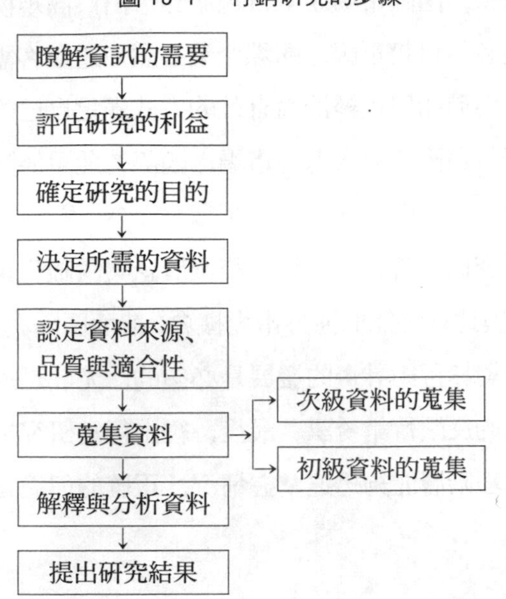

國內行銷研究的方法與技巧可以廣泛應用於國際行銷研究方面，但由於後者國際行銷環境差異性，以及資料蒐集的複雜性，兩者仍有著甚大的不同，茲就國際行銷研究的步驟說明如次：

一、認知國際行銷研究的需要

雖然現代多數企業，已經瞭解到國內行銷的重要性，但並不確知國際行銷研究同等的重要。許多中小企業在進入國際市場以前，從未接觸國際行銷資訊，甚至於已經從事國際貿易的中小企業，如果做的是傳統國際貿易方式，往來的只是出進口商，行銷主管也未曾認知國際行銷研究的重要性。

由於國際行銷研究艱難與費用昂貴，多數中小企業事實上寧願有意無意的忽視國際行銷資訊，寧願將國際市場的促銷任務交給進口商或代理商。但近年以來，國際市場競爭日趨激烈，出口商規模也日趨擴大，因而對國際行銷資訊日趨重視，國際企業必須知道顧客需要什麼？他們爲什麼需要它？他們如何以經濟而有效的方式滿足自己的需要？他們必須瞭解沒有做好行銷研究進入海外市場，國際營運可能隨時發生不可預測之危機。

國際行銷研究協助管理階層認定與發展企業國際化策略，這項工作包括認定、評估與比較可能的海外市場機會，繼而區隔與選擇海外市場。其次，行銷研究對於行銷計畫的發展是必須的，尤其是擬定行銷整合策略時，以及繼續的反饋行銷資訊。最後，經由行銷研究提供正確海外市場資訊，使得管理階層能夠迅速掌握情況，正確的與適宜的因應全球性的變化。

二、評估國際行銷研究的利益

國際行銷研究首要的限制來自資源的分配，企業欲要從事國際行銷研究，首先面臨資源的需求是時間與金錢，尤其對於中小企業而言，這兩項資源是最珍貴與缺乏的。因此，基於資源正確分配的觀點，行銷研究是否爲企業帶來利益，無疑是最重要考慮之點，國際行銷研究較諸國內行銷研究更爲重要，因爲從事一項國際行銷研究，需要付出的人力、時間與金錢都非常龐大，在進行研究以前必須加以審愼評估。

研究的價值可分爲兩方面來評估，其一是進行一項研究會爲國際企業帶來那一些利益；其二是不進行國際行銷研究，對於企業會產生那一些危機。

顯然的，企業進行一項國際行銷研究的利益，必須遠大於不做研究可能遭受的損失，爲做研究而研究，對於企業資源而言無疑就是一項損失。不過如何判定利益與不利益，卻不是一件易事，管理階層必須憑藉以往之經驗，客觀的理論根據，並且儘可能使許多資訊數據化，才不致造成誤導。

三、確定研究的目的

從事行銷研究人士應該非常小心的確定研究的目的，從各別企業國際行銷的觀點，行銷研究的目的存在很大差異性，茲分別探討國際行銷研究的目的如次：

㈠拓展外銷業務

最常見國際行銷研究的目的是海外市場機會的分析。當一個企業決定開始著手國際行銷活動，資訊無疑是它最先希望獲得的，作爲決策最基本的指引。這些基本的資訊包括人口數目、人口實質增加率、國民生產毛額以及每人平均所得等，譬如印度雖然擁有八億人口，但每人平均所得甚低，對於高價位的消費品並非適合的市場，這些粗略的資料，可以將世界一百七十五個國家，很快減縮爲三十五國或更少。

稍後，從事行銷研究人士可以針對特定產品蒐集市場潛力，市場增加速度，關稅稅率，以及對於進口有否限制措施，經過評估後，值得拓展的海外市場可能已減至十個上下。

進一步蒐集資料分析地主國同類產品價格與配銷通路，有那一些著名品牌，消費者對外國品牌持歡迎還是排斥的態度？其他進口品牌的競爭情況如何？經過進一步評估與分析以後，潛在的外銷市場已可能僅餘三～五個了。

㈡開發進口業務

企業欲開發進口業務，最關心的是供應來源，那些國家生產這些產品或原料，它們有出口嗎？然後評估品質與價格，運費與運輸所需的時間，以及有否能力準時交貨。

此外，國際企業還要考慮到地主國是否會頒布出口管制？或者母國爲保護本國工業是否會作進口管制？如果進口價格過低，本國生產廠商是否會提出反傾銷的控訴？

㈢市場擴張及投資、併購等目的

國際企業欲進一步擴張市場，需要更深入的行銷資訊來擬訂行銷整合策略。對於欲海外投資與併購的企業而言，更需要確立行銷研究的目的。

四、決定所需資訊

在確定國際行銷研究目的後，就較易決定所需那一類的資訊。不過從事研究人員應試擬就具體的問題，然後根據這些問題蒐集所需之資料。茲就一般策略、海外市場的評估與選擇以及行銷整合評估與選擇例舉的一些問題，供作參考：

國際行銷需要解決的問題

關於一般策略問題

- 公司發展外銷目的是什麼？
- 怎樣去區隔海外市場？
- 發展海外市場的最適合的國際行銷策略？
- 從公司整體觀點最佳的海外市場機會是什麼？
- 公司的產品或服務適合開發海外市場嗎？
- 海外市場的外銷潛力如何？

- 公司有足夠能力發展外銷嗎？

海外市場的評估／選擇

- 海外市場行銷環境的現況與趨勢如何？
- 行銷環境的變動對公司產品或服務影響如何？
- 海外市場公司現有與潛在的顧客是誰？
- 這些顧客的需要與欲望是什麼？
- 顧客的所得、職業、年齡、性別、社會階層以及個人興趣、品味如何？
- 他方的生活方式如何？
- 誰作成購買的決定？
- 影響購買決定的因素是什麼？
- 作成購買決定的過程如何？
- 產品在何處購買？
- 產品如何使用？
- 購買與消費的模式與行爲是什麼？
- 什麼是海外市場的競爭本質？
- 直接與間接的競爭者是誰？
- 公司產品或服務在競爭中所處地位？
- 地主國政府對國際貿易所持基本態度(鼓勵還是排斥)？
- 當地消費者對進口產品所持基本態度？
- 當地市場大衆傳播媒體如何？印刷與電子媒體的效果如何？
- 當地市場的運輸與倉儲設施如何？
- 公司產品在當地市場有適合的配銷通路嗎？
- 進口商、批發商與零售商的工作效力如何？

行銷整合評估／選擇

(產品)

- 公司的那一些產品適合外銷？
- 那一些特色——設計、色彩、大小、包裝、品牌、保證，公司的產品應該具備？
- 在海外市場公司的產品可滿足那一方的需要？
- 決定開拓海外市場，公司產品需要加以改良或者推出新產品嗎？
- 公司產品外銷時會遭遇到那一方面競爭？
- 產品外銷如何需要售後服務與維修，公司有能力擔負嗎？
- 在海外市場公司產品的生命曲線如何？
- 公司產品目前在海外市場的形象如何？
- 公司產品在海外市場是否能獲得專利或商標的保障？
- 公司產品在當地市場會影響消費者權益、或者環境保護嗎？

(價格)

- 公司產品在海外市場的訂價策略如何？
- 產品的品質是否能符合外銷的價格？
- 外銷訂價具備競爭力嗎？
- 產品訂價是否符合當地公平競爭法律，會被控以反傾銷嗎？

(配銷)

- 公司產品在海外市場採取何種配銷通路？
- 產品需要移往海外生產嗎？
- 應選擇何種類型中間商——代理商、經紀人、批發商、配銷商、零售商？
- 當地市場中間商的特質與能力如何？
- 何種型態的運輸工具可供充分利用？
- 倉儲設施符合需要嗎？
- 配銷通路與實體分配的收費合理嗎？
- 對於當地市場中間商需要給予那一些激勵措施與協助？

• 競爭者使用的配銷通路如何？

（促銷——廣告與銷售促進）

• 公司產品在海外市場如何促銷？利用廣告還是參加商業展覽？
• 傳播的對象與目的爲何？
• 需要預先訂定促銷總預算嗎？
• 當地市場具有適當的廣告媒體嗎？國內是否有適當的媒體可供利用？
• 是否需要聘用廣告代理商？如何加以選擇？
• 當地法律對於廣告與銷售促進有那一些規範？

（促銷——人員促銷）

• 海外市場有否需要人員促銷？
• 國外顧客需要推銷人員那方面的協助與服務？
• 海外推銷人員應如何加以訓練、激勵、報酬？
• 是否需要訂定銷售目標與配額？
• 本公司與競爭者在當地市場的推銷人員優劣比較如何？
• 如何評估海外推銷人員的業績？

五、認定資料的來源與品質

對於從事國際行銷研究人員而言，最重要的資料不是初級資料(一手資料)，而是次級資料(二手資料)，在今日資料發達社會，次級資料廣泛而眾多，尤其國際金融機構與工業先進國家資料幾乎遍地皆是，懂得利用次級資料，可以節省大量的金錢與時間。以下分別就資料的來源與品質敘述之。

(一)資料的來源

就國際行銷所需資料的觀點，下述機構是重要次級資料的來源：

1. 國際組織

國際組織通常提供許多有價值的資料給研究人員，諸如聯合國出版的統計年報提供世界會員國人口、生產等各種基本資料，世界銀行則出版各種金融統計，世界經濟合作與開發組織(OECD)與國際貨幣基金會(IMF)則按月或按季發布世界各國出進口資料與政府財政收支統計。

2. 服務性機構

世界各國許許多多服務性組織經常出版各種資料，包括銀行、律師與會計師事務所、運輸公司、航空公司以及國際管理顧問公司等，它們出版的金融與商業統計、法令消息、政治情況、貨運與客運統計、以及各國投資環境介紹等，均很具備參考價值。

3. 工商團體

包括各國國內與國際商會、各國世界貿易中心、貿易推廣組織(例如日本的 JATRO，韓國的 KOTRA 及我國的外貿協會 CETRA 等)均出版各種有關商業、國際貿易及國際市場資料。此外，各國工業團體與公會也提供各種產品的生產與銷售統計。

4. 政府機構

各國政府機構均或多或少提供各種統計資料，其中以美國政府機構提供資料最多最齊全，以美國商務部爲例，其派駐在世界各國蒐集與分析資料的專家多達一千一百人，每月每季發行各種的出版品，此外，美國農業部、財政部乃至於國務院也出版各種資料。除美國以外，日本政府機構也提供很多資料，日本大藏省出版品之多，足可媲美美國商務部。

我國工商資料主要由行政院主計處、經濟部統計處與財政部統計處發布，行政院經濟建設委員會則每年將我國各種統計用英文出版

Taiwan Statistical Data Book，資料相當完整。

5.名錄、新聞簡訊與資料庫

各種地域性、全國性與國際性名錄(directories)，提供貿易往來最直接的資料。過去幾年來，新聞簡訊(newsletters)的出版愈來愈多，包括國際貿易金融、三角貿易、易貨、關稅資訊、國際招標等。電子資料庫(electronic databases)的重要性也日增，據估計目前全世界已擁有三千七百個電子資料庫，能夠透過電子網路迅速提供各種資料，有助於爲現代國際企業建立國際行銷資訊系統。

關於國際行銷資訊系統，將於本章第四節中說明之。

㈡資料的品質

國際企業行銷策略的擬訂依賴行銷研究，而行銷研究的正確性依賴資料，因此資料的正確性足以影響國際企業的成敗。故研究人員十分重視資料的品質，關於資料的品質又可分爲資料來源的品質與資料本身的品質兩方面來加以考慮：

1.資料來源的品質

評估資料來源的品質，研究人員應該瞭解誰蒐集資料？原始資料蒐集的目的？以及資料如何蒐集來的？這些問題都應該一一予以檢查，否則易被一些資料所誤導，特別是一些國際統計資料，舉例來說，某些國家爲了吸引外國投資，往往會粉飾它們經濟與金融數字。對於另一些國家而言，爲了獲得國際組織的援助，又經常會低估或掩藏其經濟成長的事實。甚至於國際組織發布的統計數字也不一定正確，因爲許多落後國家根本缺乏可提供的數據，爲了應付國際組織的要求，僅給予一些粗略的估計數字。因此，研究人員引用資料時，首先要審慎評估資料來源的品質。

2.資料本身的品質

資料的正確性與可靠性是研究人員最關注的，研判資料正確性可從兩方面著手：第一，儘量採第一手發布的資料，亦即原始資料來源，可以較易檢查其資料蒐集的方法與過程，據以判斷其可靠的程度。其次，要研判其發布資料的動機，特別注意其隱藏的動機，以免造成誤導。第三，要分析所獲資料是否能確切中肯的答覆研究所要解決的問題，寧可捨棄那些不能中肯的答覆問題的資料。

資料的近期性(recency)也非常重要，許多國家發布的數字有時遲延三、五年，如果研究的問題屬於資訊產業，這些舊資料不但毫無用處，而且可能造成負面效果。

六、蒐集資料

確定資料的來源和品質以後，開始著手蒐集資料。資料的蒐集又可分爲次級資料的蒐集與初級資料的蒐集兩部分，茲分別加以敍述：

㈠次級資料的蒐集

在國際行銷研究工作，蒐集初級資料(原始資料)既費錢又耗時，如果能夠使用次級資料替代，應儘量採用次級資料替代。次級資料(二手資料)的蒐集又稱桌上研究(desk research)，因爲大部分的工作都可在本國公司總部內進行與完成。

關於次級資料的來源，從本章上節中已知各種資料散布於國內外各種機構中，如果一一去蒐集仍是非常耗時和費錢，所以研究人員應先下一番功夫，明瞭這些資料最易取得存放位置在那裏，以國內政府機關發布的統計資料而言，不必分別到各政府機關去索取或購買，中央圖書館和各縣市圖書館都陳列這些資料，如果需要購買的話，即可到臺北市重慶南路、衡陽路口正中書局三樓設有政府出版品供應中心。

至於世界各國的工商經貿出版品，中華民國對外貿易發展協會(簡稱外貿協會)擁有當今世界上最完善的貿易資料館，本章上節所列各種資料來源中的各種出版品，差不多都可以在外貿協會資料館中查尋到，外貿協會非書資料室中又提供各種電腦資料的服務，以下係外貿協會設在臺北、臺中、高雄與臺南四處資料館之地址、電話與傳眞：

臺北貿易資料館

地址：臺北市基隆路1段333號4樓

電話：(02)725-5200，傳眞：(02)757-6444

臺中貿易資料館

地址：臺中市英才路260號1-4樓

電話：(04)203-5933，傳眞：(04)203-8222

高雄貿易資料館

地址：高雄市忠孝一路456號8樓

電話：(07)201-6776，傳眞：(07)241-3279

臺南貿易資料館

地址：臺南市成功路457號15樓

電話：(06)229-6623，傳眞：(06)229-6615

此外，交通部數據通訊所所提供的「電傳視訊」服務，亦提供各種國內外工商與經貿服務，研究人員由電信局申請「電傳視訊」與本公司電腦連線，眞正可以坐在辦公桌前，閱讀各種國內外經貿資訊。

㈡初級資料的蒐集

國際行銷問題，事實上不是次級資料可以完全解答的，需要蒐集第一手資料來補充。國際企業蒐集初級資料，亦可分爲兩種情況進行，一是委託國際行銷研究機構或地主國行銷研究機構，一是自己派遣研究人員辦理；但無論採取何種方式進行，費用都非常高昂，所以在決定採取蒐集初級資料以前，都應先做好桌上研究，將所需次級資料儘可能蒐集齊全，而將必須進行蒐集的次級資料濃縮至一定範圍之內。

國際企業如果決定委託行銷研究機構代為蒐集一手資料，宜優先考慮國際著名行銷研究機構，雖然收費高，但人員素質好，具備豐富的經驗，所蒐集的資料可信度高，不致造成誤導。關於國際或地主國行銷研究機構名址，均可自外貿協會貿易資料館查尋得到。

至於國際企業決定自己從事第一手資料的蒐集時，則應妥為準備，預先做好每一項細節的規劃，將所需時間縮至最短、支出費用減至最低、所蒐集資料準確性提至最高，本書因而在次節——「國際行銷調查的實際程序」中特別說明之。

七、解釋與分析資料

當資料蒐集齊全(包括次節中蒐集的初級資料)，研究人員應立即進行資料的整理工作，包括資料的編輯、編碼、製表以及解釋與分析等重要程序。茲扼要分述如次：

㈠資料的編輯

編輯工作係資料整理的靈魂，擔任編輯人員必須是學識與經驗都非常豐富的資深行銷研究人員。編輯的目的主要在發現與剔除所蒐集資料中明顯錯誤部分，譬如國際資料發布單位明顯誤導的統計數字，或者資料抄錄時明顯的錯誤，譬如發現某一項表列比利時首都布魯塞爾人口一千三百萬，事實上比利時全國人口僅有一千萬，便應該立即加以訂正。又例如調查人員在訪問時加入主觀的偏見，答覆者存心敷衍的回答或者矛盾的答覆，都應該予以剔除。

㈡編碼與製表

編碼是用數字符號來代表資料，使資料易於編入適當的類別，現代行銷研究資料統計，多已採用電腦處理資料，編碼已是一項必須的步驟。

製表是將已經分類的資料，有系統的製成各種統計表，以便分析與利用。

㈢解釋與分析

行銷研究所蒐集的無論次級資料或初級資料，經過編輯、編碼與製表以後，在撰寫報告以前，還需要經過資深研究人員對所獲資料加以解釋與分析，包括次級資料的來源、初級資料的蒐集方法與過程，包括抽樣的方法、問卷的設計、訪問人員的訓練等。研究人員在分析國際行銷資料時，並應具備以下兩種能力：

第一，對於當地行銷環境具有高度的認識，包括社會文化、政治法律、經濟金融環境等，以及商業慣例去分析各種資料，方有助於問題的正確解答。

第二，對於所蒐集的各種資料，無論次級或初級資料均採懷疑的態度，假如從旁的數據察覺研究發現存有疑問，則應從旁查證。例如對某些地區的報紙發行數量，消費者所得有所疑問，寧可親自觀察或查證後才利用，以免被誤導。

八、提出研究結果與報告

資料經過解釋與分析以後，次一步工作將是提出研究結果與報告，爲爭取時效，在正式報告提出以前，研究人員宜將研究結果，準備一份摘要報告，如果能濃縮到一張A 4的紙上最爲理想。並應準備幻燈片、圖稿等，乃至於樣品，以便向管理階層提出口頭報告。

至於研究報告的撰寫，宜注意以下兩項提示❷：

㈠編寫報告的原則

⑴應時刻切記調查的目的，在整個編寫報告過程，並隨時掌握此目標。

⑵報告內容應求扼要及重點。

⑶報告文字宜簡短中肯，用字避免晦澀，技術性名詞宜少用。

⑷撰寫報告內容應力求客觀。

⑸報告內容應加以組織，能給讀者在最短時間內一個全盤的印象。如果能在報告之前列一綱要，更可協助讀者瞭解報告的結構情形，也可以幫助寫報告者能確知每一項目皆包括在內，不致重複，亦不致遺漏。

⑹應具有報告的型態與結構。

㈡報告的結構

行銷研究調查報告的結構通常分爲三大部分：即導言(introductory terms)、報告主體(body of the report)及附件(supporting material and appendices)，美國行銷協會曾爲典型的行銷研究報告擬定一標準大綱，轉錄於下，以供參考：

一、導言(introductory terms)

㈠標題扉頁(title pages)。

㈡前言(foreword briefly stating)，包括：

❷參閱本書作者著《行銷學》，三民書局，民78年12月初版，pp.328～330。

1. 報告的根據(authority for the report)。

2. 研究的目的與範圍(purposes and scope of the study)。

3. 使用方法(methods employed)。

4. 致謝忱(acknowledgment)。

二、報告主體(body of the report)

(一)詳細的目的(purposes stated in detail)。

(二)詳細的解釋方法(methods explained in detail)。

(三)調查結果的描述與解釋(findings described and explained)。

(四)調查結果與結論的摘要(summary of findings and conclusions)。

(五)建議(recommendation if authorized)。

三、附件(supporting material and appendices)

(一)樣本的分配(distribution of sample)。

(二)圖表(graphic charts)。

(三)附錄(appendices)。

第三節　國際行銷調查的實際程序

初級資料的蒐集與調查工作，確是一件高難度的工作，尤其在從事國際行銷研究時，更是十分的複雜而艱鉅。這些工作包括蒐集初級資料的方法、設計問卷、準備樣本、甄選與訓練訪問工作人員，以及監督與考核調查工作的進行，必須每一項預備工作都做得十分妥當，才能在有限的時間和經費預算的情形下，蒐集到有價值的初級資料，本節將分爲以下各項目予以說明。

一、蒐集初級資料的方法

蒐集初級資料的方法主要有三種，即訪問法或稱調查法(surveys)、觀察法(observation)與實驗法(experimentation)。訪問法是利用人員訪問、電話訪問或郵寄問卷等方法蒐集所需的資料，這是行銷研究採用最廣的一種資料蒐集方法。本節即自訪問法開始說明。

㈠訪問法

訪問法顧名思義係採取詢問問題而蒐集資料的一種技巧，通常應預先準備許多問題，最好能預先設計一套精確的問卷，或稱調查表以便詢問，故訪問法又稱調查表法(questionnaire technique)。訪問法通常採用下列三種方式進行：

1.人員訪問

人員訪問是蒐集初級資料時使用最廣的一種訪問方式，也是單位成本最高的一種方式，尤其從事國際行銷研究時，爲了避免語言的隔閡，必須僱用地主國本地訪員，薪資是一項可觀的支出。至於人員訪問的優點與缺點，茲分述如下：

⑴人員訪問的優點

A.人員訪問是所有資料蒐集法中最具彈性的方法，經由面對面的交談，訪員可利用各種不同的詢問技巧，亦可借助儀器、圖片或其他道具。

B.人員訪問由於時間較充分，透過面對面的談話，有機會對某項問題作深入談話，談話過程並可能發現新問題。

C.人員訪問對於複雜的問題，訪員可加以解釋。如果受訪者的答覆不完整或含糊不清，訪員可做進一步的探究，以取得完整而明確的答案。

D.人員訪問可獲得觀察資料，包括被訪者是否具有代表性及其年齡、所得及家庭社會經濟狀況；詢問問題時並可觀察受訪者面部的表情與行動。

E.人員訪問之前，訪員可以出示身分證件，印妥的問卷以及專業人員的風度，以證實訪問者的合法性，也可向不願接受訪問的人解釋調查的目的及取得資訊的重要性。

⑵人員訪問的缺點

A.人員訪問時，訪員主觀偏見影響所蒐集資料的正確性最爲嚴重，由於訪員詢問問題時，往往對於自身感興趣的問題特別強調，或者加重語氣，無形中造成偏見與錯誤。

B.人員訪問成本偏高，尤其樣本分布地理區域範圍廣大時，人員薪津及差旅費之支出，甚爲龐大。

C.人員訪問時，受訪者面對訪員詢問問題，須儘速回答，因此較沒時間作深入及詳細的考慮，容易產生記憶錯誤的偏差。

⑶人員訪問注意事項

人員訪問有其優點與缺點，此外，人員訪問有許多值得注意的地方，尤其從事國際行銷研究人員訪問時，基於各國社會文化環境的差異性，更有許多值得注意事項，以下係一般以及需特殊注意之點：

A.在開始訪問調查前，須對參與訪員加以訓練，務使每一位訪員對問題與情況完全瞭解。由於各國訪員水準參差不齊，一般而言，在美國與西歐國家訓練訪員，半天到六小時已足，但在西南亞或西北非洲，訪員的訓練往往花上二至三天時間。

B.由於被訪者時常不在家，或者不願答覆問題，而往往發生訪員自行塡寫搪塞，或者請其他家人代答，乃至孩童代答，訓練者應明白告訴訪員，研究計畫有一套檢核與驗證制度，譬如利用電話或派員複查，如發現作假，將受到扣薪解僱等嚴格處分。

C.儘量避免晚間進行，如果必需時，儘可能不要太晚，至少兩人以上一起進行訪問。

D.尊重受訪者的私人隱密權，在訪問前後寒暄時，避免觸及家庭生活、宗教信仰、所得等問題，更要避免以宗教與種族差異等作爲談笑話題。

E.在低度開發國家，訪問內容必須予以相當的簡化，訪員儘量聘用男性，回教國家絕對不能僱任女性爲訪員，也不能以女性爲訪問對象。

F.作家庭訪問時，最好要約好男女主人均在家時，而且儘量以男主人爲訪問對象。

2.電話訪問

電話訪問有下述的優點和限制❸：

(1)電話訪問的優點

A.經濟而迅速　電話訪問較其他調查訪問都來得節省，而且迅速而有效率。在有限的時間內，電話調查能完成較多的訪問。

B.特殊樣本的普遍性　雖然電話訪問方法未能包括所有的社會大衆，但是有許多羣體的人幾乎全部都有電話，譬如醫生、律師、汽車經銷商、資訊業、以及其他專業人員，他們幾乎已百分之百擁有電話。而分類的電話簿已提供充分完整的樣本來源。某些研究對象僅限於少數幾類樣本之研究，電話訪問亦提供了有效的方式。

C.接受訪問的機會較大　通常電話比按門鈴易使受訪者接受訪問。因爲假如人們在家，他們總會去接電話，但是他們不見得會開門讓

❸參閱黃俊英教授著《行銷研究：管理與技術》，華泰書局，民 75 年三版。

訪員進入屋內，訪問公司企業人士亦有相同情況。

D.易獲得坦誠答案　面對面的人員訪問，受訪者往往有所顧慮迴避眞實的答案，而電話訪問較能獲得眞實的資料。譬如電話訪問中，婦女較易承認會喝酒。

E.受到訪員的影響較少　電話訪問中可能影響受訪者的僅有聲音而已，而人員訪問時，訪員的衣著、個人特徵、獨特風格等等都多少會對答案造成影響。

F.具備彈性　電話訪問可以採取非常自由的方式，亦可以實施嚴格的控制。前者譬如可讓訪員自己選擇樣本、不受監督以及允許他們依自己方便的時間在自己家中打電話訪問。亦可實施極端的控制方式，譬如將訪員集中在一間辦公室中進行訪問，同時給予預先準備好的樣本，並由監督人員在旁監聽。事實上，對受訪者而言，這兩種方式並沒有差別。

G.完全自動化操作　在現代先進國家包括臺灣在內，簡單的電話訪問現已可使用電腦來操作。問卷內容被錄成音帶，受訪者被要求按「1」號鍵表示贊成的答案，按「2」號鍵表示反對的答案，按「3」號鍵則表示無意見。近年來臺灣家庭偶爾會接到電視節目收視率調查，電話中一端傳來聲音說：「對不起，打擾您半分鐘，我們正在做電視節目收視率調查，您如果在看臺視請按1，中視按2，華視按3，其他臺按4，沒有看電視請按5」，當你按下鍵碼以後，電話中又會傳來一聲親切的「謝謝您」。

(2)電話訪問的限制

電話訪問雖然具備以上的優點，但在實用上仍然遭到許多限制，茲略述如次：

A.不完全的母體　由於並非每一個人都有電話，如果以電話簿爲抽樣基礎，所獲得的樣本並不具完全代表性。許多低度開發國家，電話普及率非常低，便不適宜採用電話訪問方式。

B.不能使用訪問的道具　某些行銷研究的調查必須有包裝、產品或示範圖案輔助說明，因此需要道具輔助的調查研究，均不適合採行電話訪問。

C.訪問時間較短　電話訪問的時間無法像人員訪問時間那樣長，通常電話訪問的時間愈短愈好。但是亦有例外，問卷內容如果充滿有趣的問題，一次電話訪問也可長達二十～三十分鐘。

D.獲得意見較扼要　開放性問題若採電話訪問，則所獲得的意見無法像人員訪問時所獲得的那樣詳細，受訪人在電話中的答覆通常較簡短扼要，同時，訪問員可能會在短促時間中用較少的字來摘要記錄受訪者的意見。

E.其他的限制　電話訪問無法獲取觀察的資料，譬如受訪者的年齡、身體狀況、衣著、社會經濟地位，住家型態等等。另外電話訪問亦無法獲得行爲上的暗示，譬如談話姿勢、態度、表情等。

3.郵寄問卷調查

郵寄問卷調查，又稱通訊調查，茲扼要說明其優缺點如次：

(1)郵寄問卷調查的優點

A.可做全國性的調查　郵件可以毫無困難的寄到全國任何一個角落，因此不必將訪問調查限於某一些代表性城市或鄉鎮，可做較大地區之調查。

B.分布偏差較少　郵寄問卷調查並不會對某一村里、家庭、或個人有所偏好，而這正是人員訪問所面臨困難之一。

C.不會發生訪員偏差(interviewer bias)　郵寄問卷調查不需訪員參與，不受訪員主觀的影響，故無訪員偏差的存在。同時，可以匿名回答，個人隱私不致爲人知道，眞實性大爲提高。

D.較能提供深思熟慮的答案　受測者可以自由塡寫，不受時間限制，也不受旁人干擾，因此較可能提供經過思考的答案。

E.節省時間　郵寄調查比人員訪問省時，所調查地區愈遼闊時，所節省時間愈顯著。

F.集中控制　可使用一個辦公室中進行郵寄問卷調查，並控制各項作業。

G.節省成本　郵寄問卷調查比人員訪問節省成本，用少量的經費，就可以節省大量樣本。

⑵郵寄問卷調查的缺點

郵寄問卷調查的優點有如上述，因此許多大規模的行銷研究調查有如上述，多利用這種方式。不過，郵寄問卷調查也有許多限制和缺點，不能不加以考慮，茲扼要說明如下：

A.所需時間甚長　郵寄問卷調查從寄出問卷到收回，往往需要6至8週時間，再加上整理、分析、撰寫報告時間，一項大規模調查往往長達半年以上。

B.代塡情形普遍　郵寄問卷調查常發生代塡的情形，譬如妻子代先生塡答，秘書代主管塡答，甚至於孩子代父母塡答，在在皆影響樣本與資料的正確性。

C.不適合複雜問題　問卷內容如果太難作答、太費時或太複雜的話，受訪者往往擱置一邊；有時問卷太長的話，受訪者甚至於予以丟棄，因而降低回件率。

D.不適合特殊的主題　有些行銷研究的主題或性質，可能須藉助於某些訓練有素的訪員始能完成，譬如有關消費者心理動機之研究，可能需藉助心理學家親自去訪問受訪者。

E.郵寄名冊獲得不易　有代表性的名冊，有時候無法獲得，因而無法利用郵寄問卷調查。

㈡觀察法

觀察法乃避免直接向當事人提出問題，而代以觀察發生的事實，以判別消費者在某種情況下之行爲、反應或感受。例如公司派出調查員，到百貨公司某項商品櫃檯，觀察並記錄顧客購買的習慣、態度與行爲。觀察法亦有其優點與缺點，茲分別說明如次：

⑴觀察法的優點

與訪問法比較起來，觀察法的優點有二：

A.客觀　觀察法可避免訪員對問題的措辭不同而影響受訪者的答案，可減少訪員與受訪者之間交互影響的機會。觀察法可消除在訪問下遭遇到的許多主觀偏見，是比較客觀的一種方法。

B.正確　觀察員只觀察及記錄事實，被觀察者本身又不知道自己正在被人觀察，因此一切行爲均如平常，所獲的結果自然比較正確。

⑵觀察法的缺點

觀察法雖然有上述客觀與正確兩項優點，但其應用並不普遍，因爲它也有下列兩項缺點，因而限制了它在行銷研究上的應用。

A.觀察法只能觀察人們的外在行爲，無法觀察人們的態度、動機、信念和計畫等內在因素及其變化情形。

B.觀察法的成本較高，所費的時間較長。爲了觀測具備客觀的結果，有時研究人員必須事先在適當地點安置或隱藏各種器械，等待事件的發生，所花費的時間及費用都較訪問法爲高。

⑶觀察法常採用的器械簡介

A.測錄器　用以記錄收音機及電視機的使用時間或所收聽所收看之電臺。美國納爾遜公司(A. C. Neilson Co.)經常將特殊設計的機器附裝於家庭電視機上，有錄音設備自動將所需資料加以記錄，每隔一段時間將錄音帶携回公司，加以整理與分析。該公司近年來並直接將錄音帶上之資料輸入電腦，所得資料極爲迅速與正確。

B.心理測定器　以測驗人的情感的各種反應，常用爲測定被測驗者對某些廣告的反應。

C.眼相機　屬於測驗廣告反應機器的一種，不過專以記錄人類的眼部活動，其用法爲給予被測驗者一件廣告，眼相機對於被測驗者眼部的活動，先注意廣告的那一部分，循著那一順序來讀此則廣告，以及那一部分吸引最長的注意力，均自動攝下影片。

㈢實驗法

實驗法係選擇互相配合的受試羣組，給予不同的處理，同時把不相干的因素控制住，然後查驗各組反應的差異。如果能把不相干的因素消除或控制住，那麼反應的差異就和處理的不同有關。譬如某一化粧品公司，欲測驗本公司的洗面乳與競爭品牌消費者使用後的比較意見，可將二或三種洗面乳都裝於同樣的純白色塑膠管內，僅以 A、B、C 英文字母識別，請受測者各使用一星期，然後塡答一張預先準備好的問卷，三星期後據以比對各問題的答案，似可獲得相當客觀的意見。

又譬如一家連鎖速食店欲推出一項新產品，如果不能決定最適當的售價，不妨先做一項實驗，將最高訂價、中位訂價與最低訂價，分由三個城市的速食店推出，經過數天或一週後，可以推算出那一個價位獲利最大，便是最適合的訂價。

又實驗法常使用於廣告方面，常見的有分割試驗(split-run test)與銷售區域試驗(sales area test)兩種。前者用以測驗兩種或數種廣告稿，從被測驗者反應而選擇其中一種效果較佳的廣告稿；銷售區域試驗則用以測驗不同市場的廣告、促銷、陳列、產品及包裝設計等行銷活動的效果。

二、設計問卷

應用前述訪問法蒐集原始資料，如何設計理想的問卷(questionnaire)是整個調查工作最重要的一環，任何一個單一問題，措詞或語氣略有不妥，所得結果往往與事實相去甚遠❹。譬如美國寶鹼公司的市場研究部門，某次欲測驗消費者對肥皂顏色的反應，而以兩塊品質完全相同僅顏色不同的肥皂，詢問消費者的意見，其中一個問題是：「你認爲那一種肥皂比較溫和些?」結果是：

A 肥皂溫和些	57%
B 肥皂溫和些	23%
無意見	20%

此結果令行銷研究人員驚訝，經檢討結果，將上項問題換成「那種肥皂對於你皮膚刺激性較小?」結果是：

A 肥皂對皮膚刺激性較小	41%
B 肥皂對皮膚刺激性較小	39%
無意見	20%

因此可以知道僅由於措詞不同，結果發生甚大的差別，「溫和」二字大多數主婦無法確實瞭解其含義。

設計問卷藝術成分遠大於科學的成分，必須由智慧很高與經驗豐富的人擔任，否則必將影響整個研究工作的正確性。在國外從事訪問調查，問卷的用詞和語氣，更要能符合當地人士的用語和習慣，所以問卷一定要經過當地人士的修飾。關於問卷的設計並應注意以下各點：

1.決定訪問方式

❹參閱本書作者著《行銷學》，三民書局，民 78 年 12 月初版，pp.319～322。

採取電話調查、通訊調查抑或人員訪問調查，對於問卷內容的設計截然不同，故應首先決定，方能著手擬定詢問問題。

2.決定採用那一類型的問題

例如自由作答的問題與雙面的問題(即僅有「是」或「否」兩項選擇的問題)，但前者答案範圍過廣，對於所蒐集的資料不易評核；後者即問題伸縮性過於呆板，被測驗者沒有表示自由意見的機會，故現代行銷研究機構多採用「多種選擇的問題」。

3.決定個別問題的內容

包括：(1)本問題是否必須列入，如不列入亦無妨礙，則不必列入此問題。(2)是否需用幾個問題代替一個問題，由於問題文句不宜太長或使人不易明瞭，因此如某問題內容過於複雜時，應分爲數個問題，將獲得較佳之效果。(3)被測驗者有否能力回答此問題，對於各地區被測驗者的教育程度的認識至爲重要。(4)是否被訪問者需要費很多功夫供給此項資料，如需要較長的時間答覆，應儘可能採用通訊調查法，或者在人員訪問以前先將說明函件及調查表，寄與被測驗者，使用充分的時間考慮答覆。

4.決定問題的措詞與語氣

問題措詞與語氣，往往決定整個調查的正確與否，下列各點是擬訂問題時應注意之點：

(1)問題應針對何人、何處、何時、何故、爲何以及如何各點加以斟酌，使被測驗者確信問題淸楚，而樂意抽出時間答覆詢問。

(2)問題是主觀的抑客觀的？主觀的問題較客觀的問題易產生可靠的結果。

(3)應用簡單的文字，不要用特殊名詞，並避免意義含糊的問題。

(4)不要問一概而論的問題，應該以明確的句子來說明。

(5)問題的字裏行間，不可含有暗示，亦即避免用引導的詞句。譬如

「你喜歡黑松汽水嗎?」或「你是否使用固齡玉牙膏?」

(6)避免對被測驗者提出不合理的問題，或者涉及私生活問題。

5.決定問題的順序

第一個問題宜富有趣味性，開始幾題宜簡單，方便其回答，以建立其答覆之信心。容易發生困難之問題應置於每一組問題主要部分，倘若該問題可能影響以後問題的回答。例如有關公司產品問題，應儘可能置於每一組問題或全部問題的最後面，以免影響其他問題。在決定問題的順序另一項重要原則，是問題須按照對被測驗者的思想合乎邏輯的次序排列。

問卷的全部問題與次序決定後，將是表格的印製問題。爲使被測驗者產生良好印象，問卷的紙張應良好，印刷須清楚，問題依次編號，使編輯和製表時減少錯誤，表格大小、形式應便於傳遞、攜帶、整理、計算及歸檔，頁數較多時，宜裝訂成册。

三、準備樣本

應用訪問法蒐集原始資料，如想要瞭解的對象全部加以調查，事實上恐無可能，因此，必須就全部對象中，即母羣體(population)中選擇一部分具有代表性加以調查，稱爲抽樣或選樣(sampling)。關於國際行銷研究的抽樣原理與方法，原則與國內行銷研究的抽樣並無不同，茲扼要簡述如次❺:

選擇的基本前提爲可從很多具有充分相似的人中，選出足以代表全體的少數人，問題是應用何種方式使選出的少數人能代表全體。選擇如果欠妥當，往往使研究工作的正確性發生嚴重的偏誤。譬如 1936 年美國

---

❺參閱本書作者著《行銷學》，三民書局，民 78 年 12 月初版，pp.322~324。

《文學文摘》的民意測驗中，預言蘭頓州長將以壓倒性多數票擊敗羅斯福總統的連選，結果蘭頓州長在四十八州中僅獲得兩州的多數票。此乃抽樣拙劣的代表，原來《文學文摘》的樣本是從電話簿上找到，彼時正值美國商業不景氣時期，⅓以上的美國家庭沒有電話，其選樣不周可想而知。

現代應用統計學科學抽樣方法甚多，茲簡單介紹數種抽樣方法如次：

1.簡單隨機抽樣法(simple random sampling)

隨機抽樣即在母羣體中隨機抽取若干個體為樣本。所謂簡單隨機抽樣，即抽樣者對於全體中之各個體，不作任何有目的地選擇，用純粹偶然之方法抽取個體，使全體中每一個體均有被抽出之機會。

隨機抽樣之基本原則為使全體中每一個體被選取之機會皆相等，但如無適當的技術，頗難做到。下列三種為應用最廣者：

⑴等距抽樣　即系統抽樣，乃每隔若干個選取一個，譬如欲抽查某城市一萬戶家庭所得情形，預定抽取樣本5%，即每二十家選取一家，亦即每隔十九家抽查一家。

⑵任意抽樣　即將所要調查的全部對象編以號碼，寫於卡片或紙圖上，加以混合，而任意抽出所需之樣本數目。

⑶利用隨機號碼表　利用隨機號碼表(table of random numbers)最常用隨機抽樣方法。所謂隨機號碼表係依機遇化之法則編製者，使表內任何號碼均有出現之可能。最早之隨機號碼表於1927年英國Tippett所編，其後Kendall與Babington Smith所編於1939年，H. Burke Horton編於1949年。茲將Kendall與Babington Smith所編隨機號碼表(包含十萬個數字)，第一面開首一百個數字刊出如下表，以供參考：

23	15	75	48	59	01	83	72	59	93	76	24	97	08	86	95	23	03	67	44
05	54	55	50	43	10	53	74	35	08	90	61	18	37	44	10	96	22	13	43
14	87	16	03	50	32	40	43	62	23	50	05	10	03	22	11	54	38	08	34
38	97	67	49	51	94	05	17	58	53	78	80	59	01	94	32	42	87	16	95
97	31	26	17	18	99	75	53	08	70	94	25	12	58	41	54	88	21	05	13

2.計畫抽樣法(purposive sampling)

又稱爲定義抽樣法，係法人盧布雷氏(Le Play, 1806-1882)所創，即按某種標準自全體對象中選取若干數目爲樣本。所謂標準，多數情形係指中等形狀、中等程度、中等品質或中等數量而言。譬如物價調查，選取中等價格商品爲對象，屬於典型的計畫抽樣法。

前述簡單隨機抽樣法與計畫抽樣法，各有其優點與缺點，隨機抽樣法之最大優點，在於根據樣本資料以估計全體的某種數値時，可用機率(probability)之方式，客觀地測度估計值之可靠程度。其缺點爲各樣本所表示的情況，可能彼此相差甚大。計畫抽樣法的優點在於更易獲得一種代表性的樣本，但其缺點爲具有由抽樣者主觀而來的偏誤。因此由計畫抽樣法所得的估計值，通常無客觀的方法來評定其正確程度。

3.分層抽樣法(stratifield sampling)

又稱爲分層隨機抽樣法，由於隨機抽樣法與計畫抽樣法各有其優點與缺點，分層抽樣法係採取兩者優點而成，現廣泛的應用於行銷研究的抽樣工作。

分層隨機抽樣即抽樣者根據其已有的資料，按某種標準(與其研究目的有密切關係者)，將母羣體分爲若干組，每一組稱爲一層(stratum)，然後於每一組中選取一部分個體作爲樣本。如某幾層均採取同樣比例的個體數，即稱爲分層比例抽樣(stratifield proportional random sampling)。倘若自分類的某一層中，再按另一標準細分爲若干層，然後再抽取一部分個體作樣本，則稱之爲「附屬分層抽樣」，其樣本爲「附屬樣本」

(sub-samples)。

四、甄選與訓練訪員

(一)甄選訪員

訪員的良莠及其工作的績效，可以決定全部訪問工作的成敗。因此，如何選擇適當人選，至爲重要，在國外甄選訪員時，並應特別注意各地風俗習慣、法律規定，儘量避免聘用女性擔任訪員，如當地法律規定有最低薪給與意外保險規定，一定要嚴格遵守，如果需扣繳所得稅時，也要按照規定辦理。

一般而言，選擇訪員學識與經驗同等重要，教育程度至少須要高中畢業以上，性情最好外向，但穩重柔和，善於和陌生人應對相處，頭腦靈敏長於隨機應變，且勤勉有耐性，還有「忠誠」。這最後一點關係非常重大，即對於所接受的工作，他絕對必須能夠按照指示規定，絲毫不苟地一一確實辦到如期如數完成，不管遭遇任何困難阻礙，絕對不會欺瞞公司當局，而在資料上作虛僞的塡報。

至於專門知識方面，最好具備行銷研究與行銷學的知識，並且應具備一般豐富的常識。關於語言方面，當地語言一定是第一母語，國人如欲聘用華僑爲訪員時，最好是聘用當地出生之華僑。

國外城市往往地區遼闊，甄選訪員最好住家鄰近所要訪問調查地區，或者自備交通工具，以減少交通費用。

(二)訓練訪員

本章前節曾提到，由於各國民衆教育水準不同，訓練訪員所需時間長短有著很大差異，在歐美日先進國家，一項複雜的訪問調查有一天的訓練已經足夠，但是在中南美、北非與東南亞國家，至少要花上二至三天時間來實施訓練。訓練工作應由豐富經驗人士來擔任，首先解釋關於本次訪問的特定主旨及有關重要規定，在正式訓練前，各種訪問表格與工作須知均應先印發與受訓人員，對於問卷內所有問題，應一一解釋清楚，並反覆加以討論，受訓人員所提出的問題應詳予解答。

在整個訓練工作中，有兩點常被負責訓練人員所忽略：

(1)應教導受訓人員「人與人間的溝通術」，即訪問的技巧與藝術，蓋由於整個的訪問工作是否圓滿成功，被訪問者是否誠懇合作答覆問題，關係很大。而此一境界之達成，則有賴於訪員的妥善處理人與人之間許多微妙的應對關係。所以主持訓練人員，必須告訴從事實地訪員所有「必須如此」——以及「必須不可如此」——的種種事宜。此點，如果公司當局聘用當地大專院校學生來工作，更爲不可或缺。

(2)爲個案研究模擬訓練方式的採用，行銷研究訪問工作，表面看來似乎十分簡單容易——拿著問卷去問那些指定的樣本對象然後記載下答案——實際情形，並非如此，經驗的有無，其績效差別極大。不過，爲保障訪問成果的準確可靠性，對於那些新手工作人員，不能讓他們把工作當作試驗品，而以不佳的收穫來作爲他們吸取經驗的代價。必須防範或設法克服他們由於缺乏經驗所可能產生的種種不良影響。即在未派遣其前去實地訪問以前，要磨練他們，使他們先行有所經驗。其方法即爲本節所述的，由有經驗的負責訓練者，扮演被訪問對象，而叫那些沒有此種工作經驗的新進訪員假戲眞做地來調查訪問他。在訪問過程當中，扮演被訪問的人，應該要把親自經歷以及聽過見過的各種可能困難情況表現出來，故意挑剔爲難那些受訓練者，考驗其應對技巧，然後從中解說、指示及糾正。經過如此演練，必可對未來可能遭遇的情況有所心得，並知如何正確處理。

㈢管理訪員

對於訪員的監督與管理，應自第一次出發訪問時開始，終於整個調查工作的結束。

1.初步的編輯

係就已獲得部分資料，先試行加以整理與編輯，其優點為：⑴可瞭解工作的進度。⑵可以發現錯誤，或令訪員再訪問其中的某些被測驗者，或對訪員再施予訓練。⑶可以隨到隨辦，節省時間，提前完成報告。

2.檢查與評核

⑴現場檢查(spot checking)　現場檢查制度是監督調查工作者最有效的手段，其方法有如下述：

A.追查訪問(follow-up interviews)　即另派調查員實施複查，以確定訪員是否確曾前往訪問。此種偵察欺騙方法雖然甚佳，惟費時且成本甚高。

B.電話檢查(telephone checks)　即以電話對受訪者實施複查，此種檢查方式迅速而正確。但此種檢查僅限於有電話者，並因長途電話費用過於高昂，而限於市區之內。同時接電話者與受訪者是否同一人不得而知。

C.通訊檢查(mail checks)　即以信函附回程郵票複查，詢問受訪者是否確曾被訪問過，以及對整個訪問工作有否補充意見或批評。

D.路線檢查(checking of routing)　派員依照訪員預定的路線察看，核對其是否依照預定時間抵達訪問，每次訪問的時間以及詢問的時間以及詢問的態度與方法等等。倘若訪員有疑難時，亦應隨時為其解決。

⑵評定工作成績

A.比較成本　卽對同一地區訪員每一訪問的單位成本(包括費用及薪給)加以比較。

B.比較收回率　比較同一地區訪員發生拒絕訪問的百分比，卽收回率的比較。

C.比較錯誤次數　訪員應遵照指示工作，是重要規定之一，因此錯誤次數，亦被視爲每一訪員評分的基礎。

評定工作成績不僅是給予每一位訪員的考核，或作爲獎勵的資料，其評分結果並可作將來重僱訪員的參考。

第四節　國際行銷資訊系統

國際商情瞬息萬變，往往能洞燭機先，或者捷足先得，成爲企業經營成敗的關鍵。故對於行銷經理人而言，著重靜態的、代表某一時期、或某一區域的行銷調查研究，已不能滿足其迫切的需要。面臨激烈的競爭，行銷經理渴望的是繼續不斷湧來的商情資訊，使他們能夠確切的掌握顧客的需要是否獲得滿足？產生那一些新的顧客需要？競爭者是否在開發新的產品？訂價與促銷策略如何？以及國際行銷環境的變化等。他們不但希望迅速獲得這些資訊，並期待經過評估分析確切掌握那些正確有用的資訊。由於電腦軟硬體的快速發展，已使得這種近乎奢望的冀求變爲可能。

據美國行銷學者 Philip Koter 在其《行銷導論》(*Marketing, An Introduction*)一書中對行銷系統所作定義如次❻：

❻ Philip Koltler 與 Gary Armstrong 合著, *Marketing, An Introduction,* 1987 年版，p.89。

行銷資訊系統(marketing information system)是指一個由人員、設備(主要指電腦及其週邊設備)與程序的結構，連續不斷的蒐集、分類、分析、評估、並迅速傳播適需、適時、正確的資訊，以供行銷決策者使用。

故以上述科學方法連續不斷的蒐集、分類、分析、評估的資訊包括國際資訊，即係國際行銷資訊系統。

以下茲就國際行銷資訊蒐集範圍、蒐集的原則以及國際行銷資訊的來源分別說明如下：

一、國際行銷資訊蒐集範圍

現代社會資訊範圍愈來愈廣大，尤其是國際行銷資訊，甚至於已達泛濫的地步，據一項非正式統計，美國辦公室人員中，幾乎超過65%的人力在產生或處理資訊，故一個企業對於其所需的資訊，如不加以預先評估與規劃，反而會造成人力與財力嚴重的浪費。

所以對於行銷經理而言，不應存在資訊愈多愈好的念頭，而是迅速獲得所需正確的資訊，作爲釐訂各項行銷策略的參考。以下係受到現代大多數企業普遍重視的各項有關行銷活動的資訊：

㈠內部記錄與報告

所謂知「己」知彼，一個優秀的行銷人員，首先要認識與瞭解自己，不但要熟知公司創立的背景，財務的能力，產品的特色，配銷通路以及訂價與促銷策略等，而且要時時能迅速獲知內部各種記錄與報告，諸如生產與存貨、成本、銷貨、訂貨、應收帳款、現金流量等詳細記錄，以及各種財務報表等。

㈡駐外人員蒐集之商情

歐美日大型國際企業，多派駐人員在國外蒐集商情資訊，每日經由電傳送至國內總部，尤其日本綜合商社，常駐國外蒐集商情人員常達數百人之多，所蒐集商情包羅萬象，而且能針對本身需要評估、分析，不折不扣成為企業致勝的武器。

㈢來自配銷通路的訊息

經由配銷通路各層次所獲得反應意見，可以立即獲知經銷商與消費者對本公司產品與服務的態度，以及競爭者的資訊等。

㈣其他公開來源之資訊

包括來自報紙雜誌、各種出版品、資料庫(data banks)發布與供應的資訊，諸如新的法律與行政命令，新的原料來源與替代產品的發現，科學技術的突破，國內外市場流行趨勢以及競爭者的策略等。來自各種媒體的資訊，數量極為龐大，必須先訂定需求標準，加以篩選，而且相當大的一部分資訊，可能係由競爭者故意散布，用意在造成誤導(misleading)，不得不慎防注意。

二、國際行銷資訊蒐集的原則

國際行銷資訊的範圍極廣，蒐集的方法與途徑也甚多，除內部記錄與報告，可藉建立電腦管理系統隨時便利查閱外，行銷資訊的蒐集必須符合以下四項原則：

㈠系統性

屬於行銷資訊系統的資訊，在時間上須有連貫性，亦即對於所確定要蒐集的資訊範圍，應注意其資訊來源保持連續不斷。

㈡準確性

資訊欠正確，甚至於可能造成誤導，不如沒有資訊，故決定要蒐集的資訊，對其準確性必須先有相當程度的評估與信心。

㈢客觀性

行銷資訊除了注重其準確性外，客觀性也同等的重要，主觀的資訊往往會造成決策的偏差。

㈣完整性

行銷資訊亦宜力求其完整性，以免分歧而不適用。

掌握以上四項原則後，企業可以根據本身的需要，經過篩選與評估，建立國際行銷資訊系統。

三、國際行銷資訊的來源

我國企業不可能像日本綜合商社，在全世界各大城市建立自己的商情網，必須藉助於國內外公開服務的商情網路，來蒐集所需之國內外行銷資訊，茲分爲國內與國外兩部分加以介紹。

㈠國內來源

在國內商情資訊最主要來源首推中華民國對外貿易發展協會(簡稱

外貿協會)，外貿協會在世界各大都市設有四十餘個辦事處，在臺北、臺中、臺南與高雄設有四處貿易資料館，自八〇年代起，該會已購置大型電腦設備，自行蒐集資料建立貿易資訊系統，並與國內有關機構(如經濟部國貿局、財政部海關等)交換電腦磁帶或與國內外資料庫連線等方式，近年來已開放十二個電腦資料庫供廠商利用，這十二個資料庫的名稱如下：

- 外國潛在買主資料
- 國內專業展買主資料
- 我國進／出口廠商資料
- 我國廠商基本資料
- 我國海關進／出口統計月別資料
- 美國海關進／出口統計月別資料
- 日本海關進／出口統計月別資料
- 國貿局進口簽證統計資料
- 美國進口商月結關資料系統
- 全球經貿資料庫——88 個國家
- 我國駐外單位名址資料
- 商情選萃系統

上述資料庫除了可以向外貿協會各地資料館檢索參考外，並可以透過電訊局電傳視訊的服務，將資料連線到自己公司的電腦系統，直接在終端機上查閱資料。

外貿協會於 1993 年底並開放了七個新的資料庫爲廠商提供服務，這七個資料庫的服務內容介紹如下：

資料庫名稱：近期外商來函交易機會
領域：市場行銷
內容：國外買主或賣主有興趣之產品項目、公司名址、連絡人、電話、傳眞號碼及登記日期
資料來源：外商投函貿協或貿協駐外單位，要求協助採購或推銷商品之資料
收錄期間：最近一個月之資料
更新頻率：每日
資料庫型態：名錄式
提供方式：線上／現場檢索
費用：線上檢索依每分鐘十二元計價，離線檢索依每張報表五十五元計價
主要欄位名稱：產品代碼及名稱、性質、有興趣項目、連絡名址、收文日期及文號

資料庫名稱：商旅指南資訊系統
領域：其他
內容：含八十餘國之簽證、匯率、當地交通、小費、商業拜訪須知、餐廳、旅館等資訊
資料來源：貿協向相關單位蒐集彙編而成
資料量：八十餘國資料
收錄期間：近一年資料
更新頻率：隨時更新
資料庫型態：全文式
提供方式：線上
費用：連線檢索每分鐘十二元計價

資料庫名稱：CCC 中英文產品名稱檢索系統

領域：其他

內容：我國所有進／出口產品與 CCC CODE 之對照

資料來源：貿協依據我國進／出口產品稅則貨品分類表建檔而成

更新頻率：年度更新

資料庫型態：全文式

提供方式：線上

費用：線上檢索每分鐘十二元計價

主要欄位名稱：產品代碼、產品名稱

資料庫名稱：Thomas Register(美國製造商名錄)

領域：CJ／市場行銷／其他

內容：美國十九萬四千家製造／出口商資料庫，五萬四千種產品項目

收錄期間：1992

更新頻率：每半年一次

資料庫型態：B／名錄式

資料庫名稱：Directory of U.S. Importers & Exporters(美國進出口商名錄)

領域：CJ／市場行銷／其他

內容：三萬至四萬餘筆美國進出口商最近十八個月內通關資料

收錄期間：November 1991

更新頻率：每半年一次

資料庫型態：B／名錄式

資料庫名稱：3 W 中國大陸企業名錄

領域：C／市場行銷

內容：三萬一千餘家大陸公司名册，可列出其公司連絡名址資料、負責人／連絡人姓名、資產、成立時間、員工人數、營業額、股票上市狀況、是否從事進出口業務、產品、所有權、以及標準工業分類(SIC)代號

收錄期間：1992

更新頻率：每年

資料庫型態：B／名錄式

資料庫名稱：3 W 大陸國際法及商業法規

領域：G／法律規章、政令、專利商標

內容：收羅中共當局通過之國際法及商業法規，近一百萬言(英文)；主題包含海關法、稅法進口仲裁法、版權／商標法，中共最高法院出版之案例史亦在其中

收錄期間：1992

更新頻率：一年兩次

資料庫型態：D／全文式

除上述外貿協會經貿資料庫外，透過交通部數據通訊所的「電傳視訊」系統，可以收到其他政府與民間機構提供的國內外資訊。「電傳視訊」可向各電信局營業單位申請，不過須具備下述的硬體設備：

(1) IBM PC XT/AT 或相容之個人電腦一部。

(2)傳輸速率 1200/2400 BPS 數據機(Modem)一部。

(二)國外來源

自從資料庫(data bank)蓬勃發展後，國際行銷資訊重要來源首推各先進國家所建立的電子資料庫，尤其我國國際企業多以中小型態企業爲主，不可能在全世界各地建立自己的商情網路，因此如何有效利用現有資料庫，建立本身企業的行銷資訊系統，殊爲重要。

美國與日本是資料庫最發達國家，據日本資料庫推廣協會發布之資料，1991 年底美國擁有一千家資料庫製造商(自建資料庫者)，日本約有一百一十家；美國資料庫約四千個，日本約二千九百個；在年銷售額方面，美國達九千億日元，日本僅一千零六十億日元。茲將 1991 年底美日兩國資料庫比較如下表(表 10-1)：

表 10-1　美日資料庫比較

比較項目	美　國	日　本
1. 投入資料庫行業企業	2300	200
2. 資料庫製造商	1000	110
3. 資料庫數目	4000	2900
4. 經貿類資料庫數目	1700	1300
5. 資料庫密碼數	2400000	140000
6. 資料庫銷售金額	¥9000 億	¥1060 億

資料來源：日本資料庫推廣協會

常見資料庫依主題性質可分為：一般類、經貿類、自然科學類、人文科學類，因需求增加，目前經貿類已成為發展主流，資料庫提供服務方式，多採國際電腦連線作業，更隨資料量的擴大，光碟(CD-ROM)成為新的發展趨勢。茲介紹美日兩國數個著名資料庫如下，以供參考：

1. Information Access Co.(San Francisco, U.S.A.)

1977 年在舊金山成立的專業公司，員工超過一千人，其重要資料庫名稱及內容如下表(表 10-2)；但該公司本身不提供對使用者直接之連線服務，而透過 BRS, Dialog Compuserve Data-Star, Mead-Data Control 等資料庫間接提供服務。

表 10-2　Information Access Co. 連線資料庫內容

資料庫名稱	內　容
1. Newsearch	一萬二千種資料來源之每日新聞要目以商業新聞為主，每日更新二千則
2. Newswire ASAP	包括 Kyodo's Japan Economic Newswire, PR Newswire, Reutes Financial Report 三家公司所發布新聞全文
3. Trade & Industry ASAP	包括新產品技術、經濟發展、新貿易機會 M&A 等，資料來源包含六百種出版品，每日更新二萬則
4. Trade & Industry ASAP	為上述資料之全文檢索
5. Computer Database	一百四十種有關電腦期刊摘要
6. Computer ASAP	上述資料之全文檢索
7. Magazine Index	四百五十種雜誌之要目
8. Magazine ASAP	上述資料庫之全文檢索
9. National Newspaper Index	
10.Academic Index	各大學研究報告
11.Management Contents	提供人事、財務、廣告行銷等管理有關主題文章

12.Legal Resource Index	
13.Industry Data Source	有關全球重要市調、統計摘要

2.路透社(Reuter Ltd.)

Reuter 爲國際知名通訊社，在全世界一百三十餘國設有一千位以上記者，提供各種媒體及財經金融界建立於電腦上之資訊，同時擁有世界數一數二的通訊網路。

Reuter: File Products 爲其資訊系統名稱，下分爲文字(text)及數據(numeric)兩種性質之資料庫(表 10-3)❼：

⑴文字型態資料庫共有六個，收錄全球重要政經及一般消息或資料，畫面處理簡明完善，並可利用任意單字或字串在「標題」或「全文」內檢索到所要的資料。在這六個資料庫中，以 Country Reports 最接近利用需求，內容具時效又詳實，可列入商情蒐集對象。

⑵數據型態資料庫　有五個數據型資料庫，但除了 Econline 爲經濟資料庫外，其餘多爲股市、期貨等性質資料庫，畫面表現與外貿協會現有經貿資料庫規劃近似。比較特別的是資料可以 Download 到 PC 其他套裝軟體上做分析或繪圖。Econline 包括有外貿、外債、利率、匯率、勞工等統計資料，除年外，並有日、週、月、半年性資料。所需資料由海外一千多位記者蒐集提供，並利用國際知名資料(如 IFS、EIU 等)，以及近千種國際報章雜誌。

❼參閱外貿協會 1991 年 7 月 8、 9 日出版之《貿易快訊》。

表 10-3　路透社資料庫內容

資料庫名稱	重點說明
※ Text(文字性質資料庫) 1. Textline	①利用 Indexing System 或單字、字串檢索, 單選標題, 也可選標題加全文。國內《卓越雜誌》也有類似系統, 但全文部分爲剪貼文稿, 以分類設檔存查方式處理; 臺視公司利用光碟可做全文檢索, 爲較先進, 但設備貴。 ②資料來源其除自有管道外, 另有全球自 1980 年以來近千種報章雜誌上消息及評論; 所有非英文資料全部翻譯爲英文後進入系統, 投資不小。
2. Newsline	提供全球及時新聞之標題索引, 國內時報資訊之「即時新聞」系統與此類似, 但時報同時以視窗方式提供全文。此兩者皆爲彩色畫面、比例字體, 非常人性化, 也非常吸引人。
3. Accountline	提供英國公司之公司報告。
4. Dataline	提供國際上三千家以上公司(製造商)五年內之財務分析資料。
5. Country Report	分爲十大類, 其中 ①有三類爲新聞標題庫(有 Political、Economic、General Headlines), 另有一類爲與此相輔相成的全文系統(News Focus), 唯涵蓋範圍太廣, 使用時需花時間挑選。其附屬功能是對其他資料庫內之數據變動, 可提供背景、分析或評論等參考資料。 ②有三類爲數據(Indicators)資料庫(有 Structural、Liquibity、Policy), 資料處理方式與外貿協會系統類似, 但不及該會現有系統多, 其對「資料來源」採一併列印方式, 該會暫仍列管(Display 時才能看到資料來源)。 ③ Government List 類, 列有政府各部門(含經貿部門)人員名單。 ④ Who's Who Index 類, 對各國政要有極詳之資料。 ⑤ Country Profile 類, 從地理、氣候、人口、風俗習慣到財經、貿易、法規、交通、政治等共有十九項資料, 內容豐富詳盡, 其中包括東歐國家, 及主要社會主義、第三世界國家, 值得加以利用。

※ Numeric(數據性質資料庫) 1. Econline	①存有世界各國／地區經貿數據資料。 ②資料可溯自1960年(部分爲1913年)。 ③除利用國際性資料(例 IFS, EIU, OECD 等)外，對部分特殊國家則採用特殊資料，以補不足。
2. Finance Link	爲國際金融資料，包括期貨、股票指數等。
3. Corporate Action-line	爲股利、資本變動資料庫。
4. Reuter Snapshot	提供國際主要國家動態金融變動價格。
5. Pricelink	提供國際金融價格及統計圖表。

3. Datastream International

爲世界著名徵信公司 Dun & Bradstreet Co. 之關係企業，資料庫內容以提供金融、證券業爲主，共有七個資料庫，其中以 Economic Database 最被廣泛應用，存有一百五十國經貿數據，其來源爲官方資料，例如英國中央統計局、OECD、德國 Bundesbank、以及國際貨幣基金(IMF)等之資料磁帶，再經程式處理成各式報表及圖形。

Datastream 資料庫最值得欣賞的地方是統計圖表的提供，可黑白或彩色，每一圖表的設計非常精美，係採用下列三種套裝軟體處理：Dsplot, Dslaser 及 Dstodtp，顯然，套裝軟體的應用已爲趨勢。

4. Control Risks Group(CRG)

成立於1975年，爲一專業管理顧問公司，除提供國際性風險評估、危機管理(應變方案)、安全防護等顧問服務外，也接受專案委託調查，擁有許多專業人員(英國公司即有六十人)負責蒐集、分析各項資料，因而也有出版品及資料庫服務，根據其所提供參考之樣品(係現場請其提供影本)，具有相當專業水準及參考價值。在美、澳、荷、西班牙有分公司，在德、哥倫比亞、秘魯有代表處。

CRG 有二個資料庫，一爲 Security Forecast，爲國際(各國)風險分析資料，一爲 Travel Security Guide，提供各國商旅資訊服務，資料隨時更新。

所有資料庫資料除提供連線服務外，同時100%提供其出版品使用。其出版品分爲月刊(每月出刊)及年刊(每兩年出刊一次)，主要內容有政情現況報導，包括對政府、政權、核心政治人物、經濟情勢、內政、國防、犯罪、示威活動等資料，以供月刊使用，另有政情回顧、風險分析、風險報告及大事紀等資料，供年刊使用。

九〇年代之國際經貿除受商業因素影響外，也受各種天災人禍及政治因素影響，因此對風險之評估與預測也愈顯重要。

5.日本經濟新聞

⑴基本背景：1876年成立，現有員工四千名，年營業額二千億日幣(含關係企業達五千億日幣)，美國Standard & Poor's，花旗銀行Dow Jones Knigat-Ridder，DRI等均爲其合作對象，爲日本最著名之經濟新聞社。

⑵現有資料庫簡介：NEEDS(Nikkei Economic Electronic Databank System)自1970年9月起提供對外服務，爲日本經濟新聞資料庫簡稱，除日本國內可直接連線外，目前於紐約、倫敦、香港、新加坡等地可透過NEEDS-NET與其連線，其他地區亦可透過公共通訊網路連線，目前該系統約含四十個自建資料庫及二十個國外資料庫(表10-4)。

NEEDS的利用方式可用連線、磁帶或bulk(直接轉資料至用户電腦)。目前提供之連線服務Nikkei Telecom共有二萬名用戶，可利用其資料庫資料進行製圖，擁有PC Network可與其他使用者交換電子郵件，該資料系統設計完善，檢索便利，極值得我業者參考利用。

目前我國對日貿易逆差約八十億美元，NEEDS資料庫之資料豐富，其中如工商名錄、商品行情、消費需求等資料庫，對廠商擬訂拓銷策略有極大助益，因通信問題尚未克服，NEEDS目前尚無法對臺灣地區提供低廉之連線服務，惟短期內可利用購買其出版品、磁帶等方式滿足需求。

表 10-4　日本經濟新聞 NEEDS 資料庫內容

類別	資料庫名稱	內　容	我業者需求性
1.工商名錄	① Corporate Attribate ② Nikkei Who's Who	一萬八千家公司名址等基本資料 二千八百家公司及九千名政府委員資料	high high
2.財務報表	共九個資料庫	包括銀行、證券、保險等上市公司、工廠等之財務情況	low
3.市場情報	①五個資料庫 ②上市公司風險評估資料庫 ③商品行情資料庫	股市、期貨、證券行情	low high
4.總體經濟	共八個資料庫，以 ① Nikkei Economic File ② Statistical Data on Wholesale Price ③ Statistical Data on International Trade 最有價值	內容類似外貿協會全球經貿資料庫	medium
5.金融情報	三個資料庫，其中 Daily Data	提供外匯匯率利率，遠期外匯交易資料	medium
6.地區市場及行銷	共五個資料庫 ① Regional File ② Regional Business Activity File ③ Nikkei Consumer Radar	三千四百城鎮面積人口等人文資料以區域劃分，提供七百項有關產業、商業、消費財務等指標 提供消費者需求，行爲分析等資料	high high high
7.新聞資訊	① Real Time News ② Text Search	提供即時資訊 全文檢索(內容除日經新聞外並包括其他重要報紙)	medium medium
8.外文類資訊庫	共十七種，包括聯合國 OECD	統計美國大公司財務報表等	

資料來源：外貿協會

6.世界貿易中心協會(WTCA)

坐落於紐約的世界貿易中心協會，由於近年來世界貿易中心遍布全球各大都市，亦建立了一個龐大的電腦連線資料庫，可迅速提供各種國際貿易資訊，臺灣工商企業亦可透過臺北世界貿易中心(亦即外貿協會)申請連線。紐約世界貿易中心協會資料庫稱爲 GLOBAL Database，所提供主要資料庫內容如下：

(1)公司資料

(2)工業新聞

(3)企業管理

(4)企業信用與銷售預測

(5)環球新聞

(6)國家別資料

(7)美國進出口資料

(8)美國政府新聞與法規

(9)專利、商標與著作權

上述美日各資料庫收費均相當高昂，而且要支付國際長途電話費，故使用前應先明瞭各資料庫收費標準與規定。

〔第十章附表索引〕

〔第十章附圖索引〕

〔問題與討論〕

1. 試說明行銷研究與國際行銷研究的意義。
2. 比較說明行銷研究與行銷資訊系統的意義。
3. 消費者研究範圍甚廣，試簡述之。
4. 國際企業行銷策略的擬訂依賴行銷研究，而行銷研究的正確性依賴資料，試說明有經驗的行銷研究人員應如何評估資料的品質?
5. 蒐集初級資料的重要方法有幾? 試比較其優點與缺點。
6. 採取人員訪問法蒐集初級資料，從國際行銷研究觀點，有那一些值得注意的地方?
7. 試述國際行銷資訊蒐集範圍。
8. 外貿協會貿易資料館係國內最重要國際行銷資訊來源，請擇期前往參觀或查詢資料，並請撰寫一篇短文參觀印象記。

三民大專用書書目——國父遺教

三民主義	孫　文 著	
三民主義要論	周世輔編著	前政治大學
大專聯考三民主義複習指要	涂子麟 著	中山大學
建國方略建國大綱	孫　文 著	
民權初步	孫　文 著	
國父思想	涂子麟 著	中山大學
國父思想	周世輔 著	前政治大學
國父思想新論	周世輔 著	前政治大學
國父思想要義	周世輔 著	前政治大學
國父思想綱要	周世輔 著	前政治大學
中山思想新詮——總論與民族主義	周世輔、周陽山 著	政治大學
中山思想新詮——民權主義與中華民國憲法	周世輔、周陽山 著	政治大學
國父思想概要	張鐵君 著	
國父遺教概要	張鐵君 著	
國父遺教表解	尹讓轍 著	
三民主義要義	涂子麟 著	中山大學

三民大專用書書目——行政・管理

行政學	張潤書 著	政治大學
行政學	左潞生 著	前中興大學
行政學新論	張金鑑 著	前政治大學
行政學概要	左潞生 著	前中興大學
行政管理學	傅肅良 著	前中興大學
行政生態學	彭文賢 著	中興大學
人事行政學	張金鑑 著	前政治大學
各國人事制度	傅肅良 著	前中興大學
人事行政的守與變	傅肅良 著	前中興大學
各國人事制度概要	張金鑑 著	前政治大學
現行考銓制度	陳鑑波 著	
考銓制度	傅肅良 著	前中興大學
員工考選學	傅肅良 著	前中興大學
員工訓練學	傅肅良 著	前中興大學
員工激勵學	傅肅良 著	前中興大學
交通行政	劉承漢 著	成功大學
陸空運輸法概要	劉承漢 著	成功大學
運輸學概要（增訂版）	程振粵 著	臺灣大學
兵役理論與實務	顧傳型 著	
行爲管理論	林安弘 著	德明商專
組織行爲管理	龔平邦 著	前逢甲大學
行爲科學概論	龔平邦 著	前逢甲大學
行爲科學概論	徐道鄰 著	
行爲科學與管理	徐木蘭 著	臺灣大學
組織行爲學	高尚仁、伍錫康 著	香港大學
組織原理	彭文賢 著	中興大學
實用企業管理學（增訂版）	解宏賓 著	中興大學
企業管理	蔣靜一 著	逢甲大學
企業管理	陳定國 著	前臺灣大學
國際企業論	李蘭甫 著	香港中文大學
企業政策	陳光華 著	交通大學

企業概論	陳定國	著	前臺灣大學
管理新論	謝長宏	著	交通大學
管理概論	郭崑謨	著	中興大學
管理個案分析（增訂新版）	郭崑謨	著	中興大學
企業組織與管理	郭崑謨	著	中興大學
企業組織與管理（工商管理）	盧宗漢	著	中興大學
企業管理概要	張振宇	著	中興大學
現代企業管理	龔平邦	著	前逢甲大學
現代管理學	龔平邦	著	前逢甲大學
管理學	龔平邦	著	前逢甲大學
文檔管理	張翊	著	郵政研究所
事務管理手册	行政院新聞局	編	
現代生產管理學	劉一忠	著	舊金山州立大學
生產管理	劉漢容	著	成功大學
管理心理學	湯淑貞	著	成功大學
品質管制（合）	柯阿銀	譯	中興大學
品質管理	戴久永	著	交通大學
可靠度導論	戴久永	著	交通大學
執行人員的管理技術	王龍輿	譯	
人事管理（修訂版）	傅肅良	著	前中興大學
人力資源策略管理	何永福、楊國安	著	
作業研究	林照雄	著	輔仁大學
作業研究	楊超然	著	臺灣大學
作業研究	劉一忠	著	舊金山州立大學
數量方法	葉桂珍	著	成功大學
系統分析	陳進	著	前聖瑪利大學
秘書實務	黃正興	編著	實踐學院

三民大專用書書目——心理學

心理學（修訂版）	劉安彥	著	傑克遜州立大學
心理學	張春興、楊國樞	著	臺灣師大等
怎樣研究心理學	王書林	著	
人事心理學	黃天中	著	淡江大學
人事心理學	傅肅良	著	前中興大學
心理測驗	葉重新	著	臺中師範
青年心理學	劉安彥 陳英豪	著	傑克遜州立大學 省政府

三民大專用書書目——經濟・財政

經濟學新辭典	高叔康	編	
經濟學通典	林華德	著	臺灣大學
經濟思想史概要	羅長閭	譯	
經濟思想史	史考特	著	
西洋經濟思想史	林鐘雄	著	臺灣大學
歐洲經濟發展史	林鐘雄	著	臺灣大學
近代經濟學說	安格爾	著	
比較經濟制度	孫殿柏	著	前政治大學
經濟學原理	密爾	著	
經濟學原理（增訂版）	歐陽勛	著	前政治大學
經濟學導論	徐育珠	著	南康湼狄克州立大學
經濟學概要	趙鳳培	著	前政治大學
經濟學（增訂版）	歐陽勛、黃仁德	著	政治大學
通俗經濟講話	邢慕寰	著	前香港大學
經濟學（新修訂版）（上）（下）	陸民仁	著	政治大學
經濟學概論	陸民仁	著	政治大學
國際經濟學	白俊男	著	東吳大學
國際經濟學	黃智輝	著	東吳大學
個體經濟學	劉盛男	著	臺北商專
個體經濟學	趙鳳培	譯	前政治大學
個體經濟分析	趙鳳培	著	前政治大學
總體經濟分析	趙鳳培	著	前政治大學
總體經濟學	鐘甦生	著	西雅圖銀行
總體經濟學	趙鳳培	譯	前政治大學
總體經濟學	張慶輝	著	政治大學
總體經濟理論	孫震	著	國防部
數理經濟分析	林大侯	著	臺灣大學
計量經濟學導論	林華德	著	臺灣大學
計量經濟學	陳正澄	著	臺灣大學
現代經濟學	湯俊湘	譯	中興大學
經濟政策	湯俊湘	著	中興大學

平均地權	王全祿	著	內政部
運銷合作	湯俊湘	著	中興大學
合作經濟概論	尹樹生	著	中興大學
農業經濟學	尹樹生	著	中興大學
凱因斯經濟學	趙鳳培	譯	前政治大學
工程經濟	陳寬仁	著	中正理工學院
銀行法	金桐林	著	中興銀行
銀行法釋義	楊承厚	編著	銘傳管理學院
銀行學概要	林葭蕃	著	
商業銀行之經營及實務	文大熙	著	
商業銀行實務	解宏賓	編著	中興大學
貨幣銀行學	何偉成	著	中正理工學院
貨幣銀行學	白俊男	著	東吳大學
貨幣銀行學	楊樹森	著	文化大學
貨幣銀行學	李穎吾	著	臺灣大學
貨幣銀行學	趙鳳培	著	前政治大學
貨幣銀行學	謝德宗	著	臺灣大學
現代貨幣銀行學（上）（下）（合）	柳復起	著	澳洲新南威爾斯大學
貨幣學概要	楊承厚	著	銘傳管理學院
貨幣銀行學概要	劉盛男	著	臺北商專
金融市場概要	何顯重	著	
現代國際金融	柳復起	著	新南威爾斯大學
國際金融理論與實際	康信鴻	著	成功大學
國際金融理論與制度（修訂版）	歐陽勛、黃仁德	編著	政治大學
金融交換實務	李麗	著	中央銀行
財政學	李厚高	著	行政院
財政學	顧書桂	著	
財政學（修訂版）	林華德	著	臺灣大學
財政學	吳家聲	著	經建會
財政學原理	魏萼	著	臺灣大學
財政學概要	張則堯	著	前政治大學
財政學表解	顧書桂	著	
財務行政（含財務會審法規）	莊義雄	著	成功大學
商用英文	張錦源	著	政治大學
商用英文	程振粵	著	臺灣大學
貿易英文實務習題	張錦源	著	政治大學